Zabbix
监控系统入门与实战

胡杨男爵 著

清华大学出版社
北京

内 容 简 介

Zabbix 凭借其既丰富又优秀的特性，在国内外的监控市场蓬勃发展，投靠 Zabbix 阵营的用户不计其数。面对 Zabbix 的蔓延，与其逡巡观望，不如尽早加入抢占先机！本书详细介绍 Zabbix 各项功能，包括安装、配置、告警、可视化、分布式监控、自动化等。

本书分为 14 章，由浅入深地对 Zabbix 的基础和高级功能进行细致地讲解。第 1~6 章主要讲解 Zabbix 背景、基本原理、安装方法和基础配置方式。第 7~11 章主要介绍事件与通知、图形、Web 监控、正则表达式、权限、宏。第 12~14 章介绍数据可视化、Zabbix API、性能优化和常见问题解决方案。

本书内容充实详尽，示例丰富，文字描述辅以大量配图，是广大 Zabbix 初学者入门必备的参考书，同时也非常适合大中专院校师生学习阅读，也可作为高等院校计算机及相关专业的教材使用。

图书在版编目（CIP）数据

Zabbix 监控系统入门与实战/胡杨男爵著.— 北京：清华大学出版社，2020.6（2025.1重印）
ISBN 978-7-302-55629-9

Ⅰ. ①Z… Ⅱ. ①胡… Ⅲ. ①计算机监控系统 Ⅳ.①TP277.2

中国版本图书馆 CIP 数据核字（2020）第 091636 号

责任编辑：夏毓彦
封面设计：王　翔
责任校对：闫秀华
责任印制：杨　艳

出版发行：清华大学出版社
网　　址：https://www.tup.com.cn，https://www.wqxuetang.com
地　　址：北京清华大学学研大厦 A 座　　**邮　　编：**100084
社 总 机：010-83470000　　**邮　　购：**010-62786544
投稿与读者服务：010-62776969，c-service@tup.tsinghua.edu.cn
质量反馈：010-62772015，zhiliang@tup.tsinghua.edu.cn

印 装 者：北京鑫海金澳胶印有限公司
经　　销：全国新华书店
开　　本：190mm×260mm　　**印　　张：**15.75　　**字　　数：**403 千字
版　　次：2020 年 8 月第 1 版　　**印　　次：**2025 年 1 月第 2 次印刷
定　　价：69.00 元

产品编号：084301-02

前　言

为什么学习 Zabbix

“假舆马者，非利足也，而致千里；假舟楫者，非能水也，而绝江河”。正是通过对工具的使用，人类才可以上天入地、移山潜海，完成人类自身不能做到的事。原始的 IT 运维工作依赖于大量的人工操作，尤其在监控方面，纯粹依靠人力，效率低下且容易出错。通过借助监控系统可以减少大量烦琐的操作，节省时间和人力成本，Zabbix 正是众多监控系统中首屈一指的监控解决方案。

Zabbix 使用范围相当广泛，国内外公司已将 Zabbix 应用于航空航天、银行金融、教育、化工能源、政府机构、医疗健康、IT 电信、市场营销、零售等各行各业，积累了大量的成功经验。随着 Zabbix 对中国市场的重视，尤其是对中文的支持，将会有更多的中国公司采用 Zabbix 作为系统监控方案。

Zabbix 作为监控解决方案具有以下优点：

- 开源免费

Zabbix 遵循 GPLv2 开源协议，所有源代码对外公开，用户只需要遵循 GPLv2 协议，就可以在源代码基础上进行修改、编译，二次开发出适合自己需求的监控系统。Zabbix 没有商业版，只通过服务收费（如培训、定制开发、部署服务等）。

- 拓展性强

Zabbix 支持自定义监控项、自定义报警通信方式、自定义图形展示方式，扩展性强，用户自定义范围广。

- 数据采集方式多样

支持多种数据采集方式，既可以通过自带 Agent 采集，又可以通过 IPMI、SNMP、JMX、SSH、Telnet 等协议采集，常见的设备类型都可以支持。

- 部署简单

Zabbix 程序依赖条件较少，安装方式简单，Agent 支持 Windows、Linux 和各种类 UNIX 操作系统。

- 自带 Web 图形界面

Zabbix 自带图形界面，可通过 Web 界面配置监控方式，查看历史数据渲染后的图形。

- 允许批量配置

支持通过链接模板来批量配置监控项、触发器，对于一些通用配置，可以制定一套或多套模板，不需要对每一台机器都做重复配置，只要链接到相应主机就可以使用，管理方便，能节省大量配置时间。

- 报警能力灵活高效

支持多条件、阶梯告警，允许自定义媒体报警方式，能够将主机问题通过邮件、短信、微信等快速报告给用户。

- 丰富的 API 接口

除了通过 Web 界面和直连数据库访问数据外，Zabbix 还提供了一套丰富的 API，可用于外部应用程序调用。API 的支持进一步强化了 Zabbix 的扩展性。

- 支持分布式监控

面对大型、复杂的监控环境时，Zabbix 依然能够应对自如。可以部署 Server-Proxy-Agent 分布式架构，以 Proxy 作为数据缓冲，减轻 Server 负载压力。

- 插件众多

Zabbix 有专门的开发团队维护其稳定性，不断迭代开发 Zabbix 新功能。伴随着 Zabbix 的流行，越来越多的爱好者将各类工具插件分享在社区中，目前 Zabbix 各类插件已经相当丰富。

本书特点

- 见微而知著

本书通过大量精心挑选的实例讲解 Zabbix 使用方法，实例操作的每一步都会通过图片+文字描述的方式展示出来。这些实例相对于每个知识点都比较简单，读者既可以通过这些实例快速上手，又可以以这些实例为基础点，发散到更多的应用中。

- 运筹帷幄之中，制胜于无形

展示操作流程的同时兼顾讲解理论知识，讲解理论知识有助于读者了解 Zabbix 工作流程和运作机制，在实践前已对整个 Zabbix 布局了然于胸。

- 博观而约取

Zabbix 核心特性讲解全面，基础配置、自定义功能、可视化、架构部署均有涉及，读者只需学习本书即可了解到 Zabbix 常用的功能，掌握书中介绍的知识点，在实际操作过程中便能游刃有余。

- 他山之石可以攻玉

面向读者，贴近实际。书中将介绍大量第三方辅助工具的使用方法，分享作者在实践过程中遇到的常见问题和解决方法，帮助读者快速定位和解决问题。

图片下载

本书使用了大图幅的图片，如果需要看清细节，请扫描下面二维码下载相关文件。如果下载有问题，请联系 booksaga@163.com，邮件主题为“Zabbix 监控系统入门与实战”。

本书读者

- 从未接触过 Zabbix 的初学者
- 从事 Zabbix 方面的运维工程师
- 对扩展 Zabbix 功能有兴趣的开发工程师
- 有意从事运维工作的大中专院校的学生
- 各种培训学校的学生
- 已经接触过 Zabbix，想了解 Zabbix 新功能的爱好者

本书作者

胡杨男爵，软件开发工程师，从事服务端软件开发工作，有较长时间的 Zabbix 使用、开发经验。在公司先后参与过互联网广告系统的研发、证券交易系统的研发。现于某证券公司参与 Zabbix 系统监控与研发，目前该 Zabbix 系统监控平台已接入数千台机器的监控。

作 者
2020 年 4 月

目　录

第 1 章

监控系统的意义

本书将从监控系统的产生背景展开，阐述使用监控系统的必要性，分析监控系统与传统人工维护方式相比的优势。本章将介绍常见的开源监控系统，并对这些监控系统的特点进行对比，目的是让读者认识到使用监控系统的意义，对监控系统有初步了解，为后面章节的学习做好铺垫。

本章主要涉及的知识点有：

- 监控系统的背景：监控系统产生的背景、存在的意义以及使用价值。
- 常见的监控系统：介绍常见的监控系统，分析各自的特点，以方便选用。

1.1 为什么需要监控系统

在传统的IT系统中，工程师习惯于肉眼观察整个IT系统的运行状况，手动恢复故障系统。这种人工处理方式对于只部署了几台机器的系统是可行的，经验丰富的工程师可以单独完成故障检查，及时分析出异常原因并进行恢复。但是，当整个系统的规模变得很庞大很复杂的时候，服务器增加到数百乃至上千台，每台服务器都部署很重要的应用程序，仅靠人工来维持这些应用的稳定运行、机器的正常运转显得很不靠谱：人工精力有限，不能无时无刻地监视着机器；系统构成繁杂，要维护数据库、操作系统、网络、硬件设备以及诸多应用软件的正常运转，依靠纯手工操作的方式耗时耗力；在实际工作中，企业IT部门工程师的工作时间常常被一些细小常见的问题占用，工程师价值未被完全体现，常常在处理简单重复的工作。

因此，将运维工作从传统人工方式转变为自动化方式，实现运维管理工作的标准、规范、流程化变得至关重要。

保障系统的健康运转需要安插“特工”来刺探硬件环境和IT系统的可用性情报，获取系统各个组件的基本信息，如数据库状态、CPU负载、磁盘空间、内存利用率、应用程序的运行状况、网络与端口的可用性、带宽流量等。想要获取的数据既准确又及时，首选“特工”必定是精细、高效、任劳任怨的监控系统。

1.2 常见的监控系统

在监控系统中，常见的开源监控系统有 Zabbix、Prometheus、Nagios、Cacti、Graphite、Ganglia 等，大部分企业都在这些开源监控系统的基础上进行开发。虽然每种监控系统都有各自的特点和功能，面向的用户对象与侧重点也有所不同，但是都吸纳了采集数据、告警、展示等基本功能。下面将分别介绍这些监控系统的特点。

1.2.1 Prometheus

Prometheus 是一套开源的系统监控报警框架。它启发于 Google 的 Borgmon 监控系统，由工作在 SoundCloud 的 Google 前员工创建，并作为社区开源项目进行开发。2016 年，Prometheus 加入 Cloud Native Computing Foundation（云原生云计算基金会）。

Prometheus 具有诸多的数据模型，采用 pull-push 方式采集数据，基于时间序列数据库，所以 Prometheus 对于时间序列的数据具有查询优势。此外，Prometheus 适用于微服务的体系架构。

Prometheus 的官网网址：https://prometheus.io/。

1.2.2 Nagios

Nagios 是一款开源的计算机和网络设备监控系统，能够监视指定主机的运行状态，提供根据状态改变发送异常告警的功能。

Nagios 的核心功能是监控报警。虽然 Nagios 是比较常用的监控系统，但是开源免费版的 Nagios 在展示历史数据方面有所欠缺，拓展性比较差，其高级功能集成在商业版 Nagios XI 中。

Nagios 的官网网址：https://www.nagios.org/。

1.2.3 Cacti

Cacti 是一个网络流量监控工具，通过简单网络管理协议（Simple Network Management Protocol，SNMP）采集数据，利用轮询数据库工具（Round Robin Database Tool，RRDtool）的数据存储和绘图功能对网络流量进行监控。Cacti 可通过 Web 端进行配置与监控，另外提供快速轮询、众多的图形模板、强大的数据和用户管理功能，对于图形还可以制作自定义模板。

Cacti 在用户管理和数据展示方面比较有优势，但不支持报警功能。它也支持自定义图表，不过图表的自定义配置比较麻烦。

Cacti 的官网网址：https://www.cacti.net/。

1.2.4 Graphite

Graphite 是一款企业级的免费开源监控工具，用于存储时间序列数据和将数据绘制为图形。它是由 ChrisDavis 于 2006 年在 Orbitz 开发的，并于 2008 年作为开源软件发布。

Graphite 作为基础监控的辅助工具，并不参与实际数据的采集，而是借助于其他第三方基础监控工具获取的。简单地说，Graphite 只用于图形渲染和展示。

Graphite 可参考网址：https://graphite.readthedocs.io/en/stable/。

1.2.5 Ganglia

Ganglia 是一款由 UC Berkeley 发起的开源、可扩展的分布式监控系统，可用于集群和网格等高性能计算系统。它基于分层设计技术，监视和显示集群中节点的各种状态信息，支持大小不超过 2 000 个节点的集群。Ganglia 通过在各个节点上部署 gmond 守护进程来采集 CPU、内存、磁盘利用率、I/O 负载、网络流量情况等方面的数据，然后汇总到 gmetad 守护进程下，Ganglia 使用 RRDtool 存储数据，最后将历史数据以图形方式显示在页面中。

Ganglia 的官网网址：http://ganglia.info/。

第 2 章

Zabbix介绍

第 1 章阐述了使用监控系统的背景与重要性，介绍了常见的几款开源监控解决方案。本章将承接前一章，对 Zabbix 监控系统的发展现状、版本、功能特性以及与其他监控工具相比的优点进行详细介绍。本章的目的是让读者对 Zabbix 监控系统有初步的了解，认识到使用 Zabbix 的意义、选择 Zabbix 的原因，以及让读者了解 Zabbix 的功能特点。

本章主要涉及的知识点有：

- Zabbix 概述与发展现状
- Zabbix 版本的变迁，讲述 Zabbix 版本的更新与维护规律
- Zabbix 的功能特性

2.1 Zabbix 概述与发展现状

Zabbix 是一款由 Alexei Vladishev 开发的企业级分布式开源监控工具，基于 Server-Client 架构，能够实时监控数千台服务器、虚拟机和网络设备。它支持多种数据采集方式，能够部署在本地机器上的 Agent，也支持 SNMP、IPMI、JMX、Telnet、SSH 等多种协议。被采集的数据通过网络传输到服务器，再由服务器存储、分析，将数据转化为 Web 界面可见的图形。对于达到阈值的监控数据，Zabbix 利用灵活的触发机制和告警机制，快速向维护人员反馈机器故障信息。Zabbix 的 Web 界面及网络拓扑图如图 2.1 和图 2.2 所示。

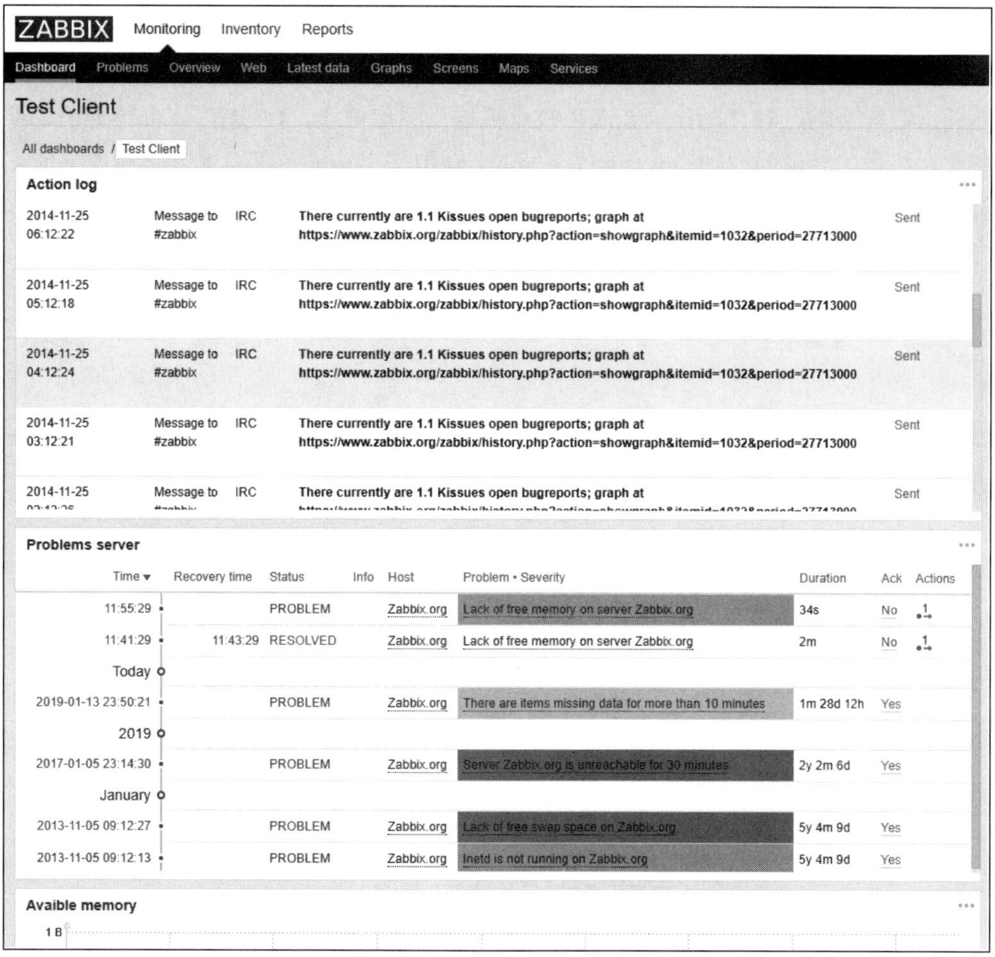

ZABBIX　Monitoring　Inventory　Reports

Dashboard　Problems　Overview　Web　Latest data　Graphs　Screens　Maps　Services

Test Client

All dashboards / Test Client

Action log

2014-11-25 06:12:22	Message to #zabbix	IRC	There currently are 1.1 Kissues open bugreports; graph at https://www.zabbix.org/zabbix/history.php?action=showgraph&itemid=1032&period=27713000	Sent
2014-11-25 05:12:18	Message to #zabbix	IRC	There currently are 1.1 Kissues open bugreports; graph at https://www.zabbix.org/zabbix/history.php?action=showgraph&itemid=1032&period=27713000	Sent
2014-11-25 04:12:24	Message to #zabbix	IRC	There currently are 1.1 Kissues open bugreports; graph at https://www.zabbix.org/zabbix/history.php?action=showgraph&itemid=1032&period=27713000	Sent
2014-11-25 03:12:21	Message to #zabbix	IRC	There currently are 1.1 Kissues open bugreports; graph at https://www.zabbix.org/zabbix/history.php?action=showgraph&itemid=1032&period=27713000	Sent
2014-11-25	Message to	IRC	There currently are 1.1 Kissues open bugreports; graph at	Sent

Problems server

Time ▾	Recovery time	Status	Info	Host	Problem • Severity	Duration	Ack	Actions
11:55:29		PROBLEM		Zabbix.org	Lack of free memory on server Zabbix.org	34s	No	1
11:41:29	11:43:29	RESOLVED		Zabbix.org	Lack of free memory on server Zabbix.org	2m	No	1
Today								
2019-01-13 23:50:21		PROBLEM		Zabbix.org	There are items missing data for more than 10 minutes	1m 28d 12h	Yes	
2019								
2017-01-05 23:14:30		PROBLEM		Zabbix.org	Server Zabbix.org is unreachable for 30 minutes	2y 2m 6d	Yes	
January								
2013-11-05 09:12:27		PROBLEM		Zabbix.org	Lack of free swap space on Zabbix.org	5y 4m 9d	Yes	
2013-11-05 09:12:13		PROBLEM		Zabbix.org	Inetd is not running on Zabbix.org	5y 4m 9d	Yes	

Avaible memory

1 B

图 2.1　Zabbix 的 Web 界面（局部界面截图）

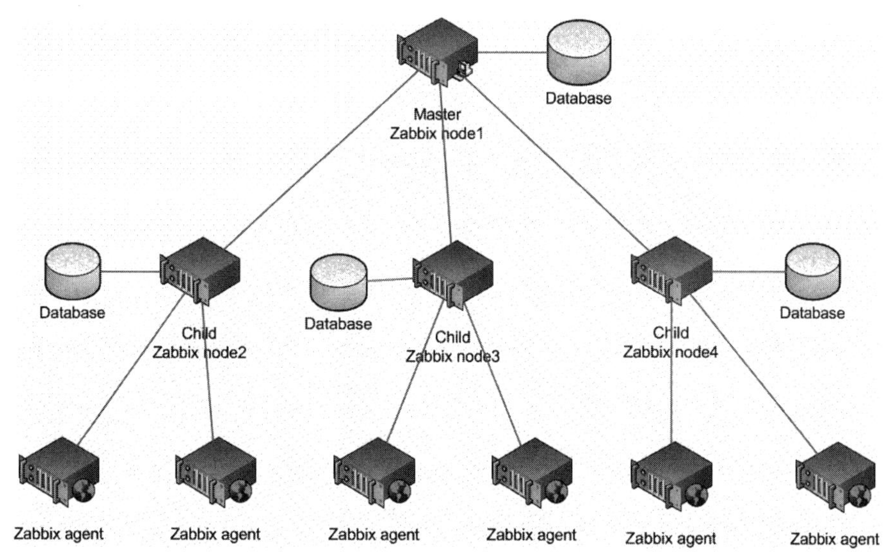

图 2.2　Zabbix 的网络拓扑图

Zabbix 是目前国内外非常流行的监控软件之一，被 IT 解决方案用户交流平台 IT Central Station 评为 2018 年度最受欢迎的 IT 基础架构监控解决方案。国内外公司已将 Zabbix 应用于航空航天、银行金融、教育、化工能源、政府机构、医疗健康、IT 电信、市场营销、零售等各行各业，积累了大量的成功经验。随着 Zabbix 对中国市场的重视，尤其是对中文的支持，将会有更多中国公司采用 Zabbix 作为系统监控方案。图 2.3 和图 2.4 所示的是一些使用 Zabbix 的国内外公司。

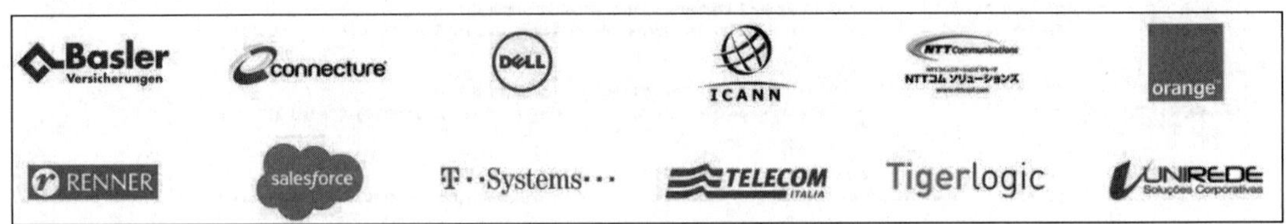

图 2.3　Zabbix 国外用户举例

图 2.4　Zabbix 国内用户举例（图片来源于 Zabbix 官网和宏时数据官网）

2.2 选择 Zabbix 的理由

市面上系统监控工具很多，除了第 1 章介绍的开源工具外，还有许多商业工具，与如此众多的工具比起来，如果 Zabbix 没有明显的优势，就很难在监控领域立足。Zabbix 能在国内外流行，有以下原因：

- 开源免费。Zabbix 遵循 GPLv2 开源协议，所有源代码对外公开，用户只需要遵循 GPLv2 协议，就可以在源代码基础上进行修改、编译，二次开发出适合自己需求的监控系统。Zabbix 没有商业版，只通过服务收费（如培训、定制开发、部署服务等）。
- 拓展性强。除了可以使用 Zabbix 自带的监控项外，也可以自定义监控项，自定义报警通信方式，基本所有的数据采集需求都可以通过 Zabbix 来满足。
- 数据采集方式多样。支持多种数据采集方式，既可以通过自带 Agent 采集，又可以通过 IPMI、SNMP、JMX、SSH、Telnet 等协议采集，对可监控的设备类型覆盖范围很广。

- 环境搭建方便。Zabbix 由 C（后端）+PHP（前端）语言编写，程序依赖条件较少，Agent 支持 Windows、Linux 和各种类 UNIX 操作系统。
- 模板批量配置。Zabbix 支持通过链接模板来批量配置监控项、触发器，对于一些通用配置，可以制定一套或多套模板，不需对每一台机器都做重复配置，只要链接到相应主机就可以使用，管理方便，能节省大量配置时间。
- 报警能力灵活高效。Zabbix 支持多条件、阶梯告警，也允许自定义多种告警方式，能够将主机问题快速报告给用户。
- 社区维护。有专门的开发团队维护 Zabbix 的稳定性，不断迭代开发 Zabbix 新功能；有诸多论坛、即时交流群，社区氛围活跃；有大量文档和实践案例，资料丰富，官方文档亦有中文支持，方便国内用户作为参考。

2.3 Zabbix 版本变迁

自 2001 年发布首个 GPL 版本后，Zabbix 不断对其功能特性进行增强与完善。Zabbix 当前最新稳定版本 4.0 发布于 2018 年 10 月，截至 2019 年 3 月，Zabbix 已经在着手发布 4.2 版本。

Zabbix 团队为确保对产品有严格的控制，制定了一套生命周期管理方案，每隔 6 个月就有新的定版发布，每隔 1.5 年就发布一款长期支持版（Long Term Support，LTS，关于 LTS 将在下文解释），每个新发布的版本都会有标准的生命周期和到期时间。图 2.5 所示为 Zabbix 版本的发布规律。

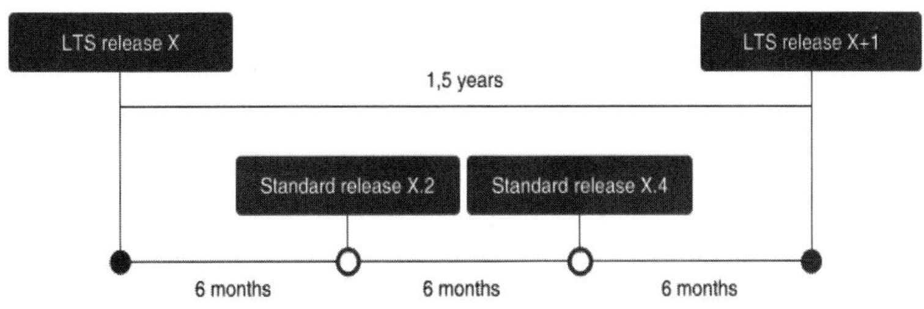

图 2.5 Zabbix 版本的发布规律（来源于 Zabbix 官网）

Zabbix 稳定版本有两种：LTS 版和标准版。

- LTS 版本会在 5 年内为客户提供稳定性支持服务，即包括 3 年的全面支持服务（解决一般、关键和安全问题）和两年的有限支持服务（仅限关键、安全问题）。支持期内，Zabbix 团队将会更新修复用户使用过程中出现的技术问题；超出支持期，Zabbix 不再对相应版本进行维护更新。LTS 版生命周期如图 2.6 所示。

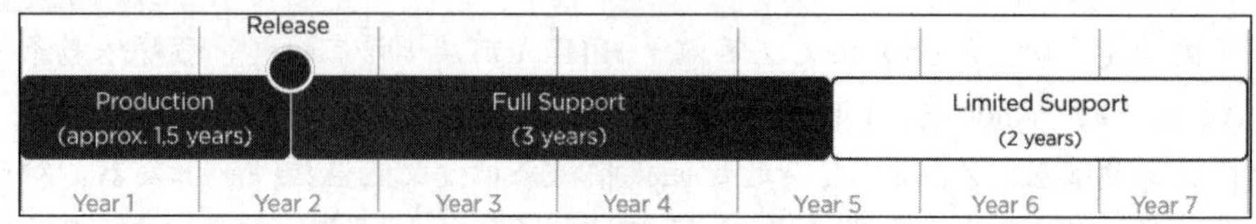

图 2.6　LTS 版生命周期

- 标准版提供 6 个月的全面支持服务，外加一个月的有限支持服务，6 个月的全面支持期结束后，正好赶上下一版的发行。标准版生命周期如图 2.7 所示。

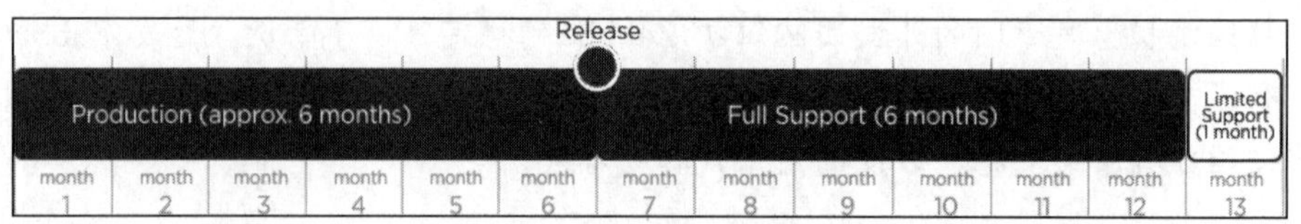

图 2.7　标准版生命周期

鉴于 Zabbix 标准版和 LTS 版开发周期与维护生命周期不同，用户在生产环境中可根据实际情况选择版本。Zabbix LTS 版每 1.5 年发布一次，维护周期长，更适合在大型企业环境下使用；而标准版开发周期短，更适合追求新功能的用户使用。

2.4 Zabbix 的功能特性

在 20 年的版本迭代过程中，Zabbix 不断完善功能，优化性能，现在已经发展成为一款高度成熟的监控解决方案，不但涵盖常见监控软件的功能，而且具备自己特有的功能，在监控深度、广度、效率方面都是一般监控工具难以匹敌的。下面将列举一些 Zabbix 主要的功能特性。

1. 数据采集方面

Zabbix 涵盖相当广泛的数据采集方式，包括可用性和简单性能检查，驻守 Agent 采集方式，支持监控 IPMI、SNMP（包括主动轮询 Polling 和被动捕获 Trapping 模式）、JMX、SSH、Telnet、ODBC、VMware，还可以按用户需求自定义监控。

2. 告警方面

拥有可配置的触发器，允许通过编写函数表达式、添加触发依赖来指定触发规则，采集的实时数据达到触发器阈值就会触发告警。告警方式灵活，可自定义邮件、短信、微信、钉钉等多样媒体，可以定制告警级别、梯度化告警，还可以配置告警后自动执行远程命令，对故障机器进行简单恢复。

3. 图形可视化

历史、趋势数据被存储在数据库中，Zabbix 可随时提取数据，将其渲染成 Web 界面的图形，也支持通过 Zatree、Grafana 等第三方插件展示数据。Zabbix 还提供绘制自定义图形、网络拓扑图和聚合图形，多个监控项可以以多样的方式展示在一张图形中，多张图形可展示在一个聚合图形中。

4. 模板功能

Zabbix 自带大量通用模板。将多台主机相同、相似的配置统一配置为模板，只需将其链接到主机中便可实现监控，修改配置也只需要修改模板，不需重复配置，一劳永逸。模板支持嵌套、分组、克隆功能。

5. 自动发现与自动注册

支持主机自动注册，网络接口、文件系统等设备自动发现功能，也可以通过定制自动发现方式，灵活监控容易变动的应用程序或设备。

6. 提供全面的 API

用户通过调用 Zabbix API 即可访问数据，可以用任何语言编写程序调用 API 从而解决个性需求，比如可以通过调用 API 实现配置的批量修改。

7. 用户与权限

安全的用户认证方式。不同用户、不同用户组都可以配置不同权限，展示各自的监控环境，指定的用户只能查看指定权限范围内的视图。对用户来说，他们只需要关心自己监控范围内的机器，不受其他机器干扰，也不用担心自己的机器被暴露给其他用户。

8. 设计特性

后端部分采用 C 语言编写，性能高效，内存开销小，移植性强；前端部分用 PHP 编写，可在 Web 端快速展示数据。

Agent 功能强大可扩展，支持的监控对象范围广，可部署在 Windows、Linux 和常见的类 UNIX 操作系统中。

可通过部署 Proxy 代理构建远程分布式监控系统。

第 3 章

Zabbix原理

在深入学习 Zabbix 配置之前，有必要了解其工作流程和运作机制。本章将阐述 Zabbix 监控原理，展示其运行流程。掌握 Zabbix 监控原理，能让读者对 Zabbix 整体框架有宏观的认识，对以后的使用、配置和设计都有重要的辅助作用。在懂得原理的基础上使用 Zabbix，譬犹居高屋之上建瓴水也（出处为司马迁的《史记·高祖本纪》）。当然，没有 Zabbix 使用经验的读者可以略过本章，使用过一段时间后再回头阅读，做到理论和实践相辅相成。

本章主要涉及的知识点有：

- 术语解释：对后文中出现的术语做一些解释。
- 监控原理：阐述 Zabbix 监控原理和运行流程。
- 数据存储方式：采集的历史数据在数据库中的存储方式。
- Zabbix 常用命令：Zabbix 自带一些工具和命令，是用于测试和调试的利器。

3.1 术语解释

开启全面认识 Zabbix 的篇章之前，有必要对后文中出现的常见术语做一些解释，以免读者在阅读过程中对这些术语产生歧义。

（1）Zabbix-Server：作为 Zabbix 服务端的机器，汇集数据到数据库中，对数据进行分析和处理。

（2）Zabbix-Proxy：作为 Zabbix 代理的机器，缓存采集到的数据，最终将数据发往 Zabbix-Server。

（3）Zabbix-Agent：安装了 Zabbix 客户端的机器，Zabbix 客户端从该机器获取数据并传输到 Zabbix-Server。

（4）Zabbix-Trapper：通过 zabbix_sender（Zabbix 数据发送工具）主动向 Zabbix-Server 发送数据，此时 Zabbix-Server 监控方式为 Trapper 模式。

（5）主机组（Host Groups）：同一类主机的集合，方便分组管理，如按机房、地域、主机用途分配主机组。

（6）主机（Hosts）：被监控的设备实体，如被监控的服务器、路由器等。

（7）监控项（Items）：监控指标，标识从主机采集什么种类的数据。

（8）应用集（Applications）：将监控项分类的集合。

（9）触发器（Triggers）：通过表达式设置触发阈值，从主机采集的数据到达或超过触发器阈值后会生成触发器事件（Trigger Events）。

（10）发现（Discovery）：可通过配置一些相关项自动发现主机或设备，有新发现时会产生相应事件。

（11）事件（Events）：触发器或发现状态改变时产生事件，事件决定后续采取的处理动作（Actions）。

（12）动作（Actions）：产生事件——Zabbix 要采取的处理方式，如发送报警通知、执行远程命令。

（13）关联项事件（Event Correlation）：将相关事件关联起来，关联后可减少重复触发动作。

（14）图形（Graphs）：将监控项采集到的数字值渲染为图形。

（15）聚合图形（Screens）：多个图形同时展示到一个页面中。

（16）幻灯片演示（Slide Shows）：多个聚合图形循环在屏幕中展示。

（17）模板（Templates）：一些通用配置的载体，相当于印章，刻一枚印章就可以随时复印印章上的图案。可将应用集、监控项、触发器、图形、发现、宏等配入模板，新主机加入时链接模板就可以将这些配置链接或复印到该主机。模板也支持嵌套、克隆。

（18）宏（Macros）：一个变量，不同条件下替换为不同的值。

（19）housekeeper：Zabbix 定期清理过期历史数据的进程。

（20）zabbix_server：运行在 Zabbix-Server 中的守护程序或服务，其对应服务名为 zabbix-server。zabbix_server 常用命令如下：

```
zabbix_server [-c config-file]
zabbix_server [-c config-file] -R runtime-option
-c -config：配置文件路径，默认为/etc/zabbix/zabbix_server.conf。
-f -foreground：在前台运行 zabbix_server。
-R --runtime-control：执行管理功能，可选参数如下：
 config_cache_reload：重新加载配置缓存。
 housekeeper_execute：执行 housekeeper。
 log_level_increase=target：提升日志等级，若 target 未被指定，则应用到所有进程。
 log_level_decrease=target：降低日志等级，若 target 未被指定，则应用到所有进程。
 目标进程（target）日志等级控制选项：
        process-type：指定类型的所有进程：alerter, alert manager, configuration
syncer,discoverer, escalator, history syncer,housekeeper, http poller, icmp
pinger,ipmi manager, ipmi poller, java poller,poller, preprocessing
manager,preprocessing worker, proxy poller,self-monitoring, snmp trapper, task
manager,timer, trapper, unreachable poller,vmware collector。
        process-type,N：指定进程类型及编号，如 poller,3。
        pid：指定进程标识符。
```

（21）zabbix_agentd：驻守在 Zabbix-Agent 中的守护程序或服务，用于采集监控项数据。zabbix_agentd 常用命令如下：

```
zabbix_agentd [-c config-file]
zabbix_agentd [-c config-file] -p
zabbix_agentd [-c config-file] -t item-key
zabbix_agentd [-c config-file] -R runtime-option
-c -config：配置文件路径，默认为“/etc/zabbix/zabbix_agentd.conf”。
-f -foreground：在前台运行 zabbix_agentd。
-p -print：打印存在的监控项。
-t -test：测试单个监控项。
-R --runtime-control：执行管理功能，可选参数如下：
 log_level_increase=target：提升日志等级，若 target 未被指定，则应用到所有进程。
 log_level_decrease=target：降低日志等级，若 target 未被指定，则应用到所有进程。
 目标进程（target）日志等级控制选项：
      process-type：指定类型的所有进程：active checks,collector, listener（有关上述
进程的配置参见附录。
      process-type,N：指定进程类型及编号，如 listener,3。
      pid：指定进程标识符。
```

（22）zabbix_proxy：驻守在 Zabbix-Proxy 中的守护程序或服务，用于接收 zabbix_agentd 传输的数据，并中转到 zabbix_server。zabbix_proxy 常用命令如下（命令含义与 zabbix_server 相同）：

```
zabbix_proxy [-c config-file]
zabbix_proxy [-c config-file] -R runtime-option
-c -config：配置文件路径，默认为“/etc/zabbix/zabbix_proxy.conf”。
-f -foreground：在前台运行 zabbix_proxy。
-R, --runtime-control：执行管理功能，可选参数如下：
    config_cache_reload
    housekeeper_execute
    log_level_increase[=target]
    log_level_decrease[=target]
```

（23）zabbix_get：主动获取数据工具，主要用于 Zabbix-Server 主动向被监控对象采集指定监控项的数据，用法如下：

```
zabbix_get -s host-name-or-IP [-p port-number] [-I IP-address] -k item-key
-s -host：被监控主机的主机名或 IP 地址。
-p -port：被监控主机的端口号（默认为 10050）。
-I --source-address：源主机的 IP 地址。
-k -key：监控项键值。
```

zabbix_get 也支持 TLS 连接选项，可使用 zabbix_get -h 命令查看其使用方式。

zabbix_get 使用示例如图 3.1 所示，该示例从本机向 IP 地址为 192.168.19.131 的主机主动索取监控项为 agent.ping 的值，获取到的值为 1。

```
[root@zabbix ~]# zabbix_get -s 192.168.19.131 -k agent.ping
1
[root@zabbix ~]#
```

图 3.1 zabbix_get 使用示例

（24）zabbix_sender：主动发送数据工具，主要用于通过 Zabbix-Agent 向 Zabbix-Server/Zabbix-Proxy 主动发送数据，用法如下：

```
zabbix_sender [-v] -z server [-p port] [-I IP-address] -s host -k key -o value
zabbix_sender [-v] -c config-file [-z server] [-p port] [-I IP-address]
-c -config：zabbix_agentd 的配置文件路径。
-z --zabbix-server：Zabbix_Server 或 Zabbix-Proxy 的 IP 地址或主机名。
-p -port：Zabbix-Server 或 Zabbix-Proxy 的端口号（默认为 10051）。
-I --source-address：源主机的 IP 地址。
-s -host：被监控主机的主机名称（zabbix 前端配置的主机名称）。
-k -key：监控项键值。
-o -value：要发送的监控项的值。
```

zabbix_sender -o 使用示例如图 3.2 所示，该示例表示从主机名称为 zabbix-agent-131 的主机向 IP 地址为 192.168.19.132 的 Zabbix-Server 发送监控项 agent.ping 的值，发送的指定值为 1。

```
[root@zbx ~]# zabbix_sender -z 192.168.19.132 -s zabbix-agent-131 -k agent.ping -o 1
info from server: "processed: 0; failed: 1; total: 1; seconds spent: 0.000042"
sent: 1; skipped: 0; total: 1
[root@zbx ~]#
```

图 3.2 zabbix_sender -o 使用示例

```
-i --input-file：从文件中加载值，文件中每行都为用空格分隔的<host> <key> <value>对。
“-”表示从标准输入中读取，若<host>为“-”，则从配置文件或–host 参数中读取主机名称。
```

zabbix_sender –i 的使用示例如图 3.3 所示，该示例通过-i 选项传递字符串“zabbix-agent-131 agent.ping 0”至 Zabbix-Server。

```
[root@zbx ~]# echo "zabbix-agent-131 agent.ping 0" | zabbix_sender -z 192.168.19.132 -i -
info from server: "processed: 0; failed: 1; total: 1; seconds spent: 0.000046"
sent: 1; skipped: 0; total: 1
[root@zbx ~]#
```

图 3.3 zabbix_sender -i 使用示例

```
-T --with-timestamps：附带时间戳，从文件中读取值时采用<host> <key> <timestamp> <value>
的格式。时间戳格式为 UNIX 时间戳。
-r --real-time：实时提交数据。
```

zabbix_sender 也支持 TLS 连接选项，可使用 zabbix_sender -h 命令查看其使用方式。

3.2 监控原理

Zabbix 采集数据的方式众多，但都是基于 Client/Server 或 Client/Proxy/Server 架构的。Client/Proxy/Server 架构只是在 Client/Server 的基础上安装了数据传输代理程序（Proxy），通过 Proxy 代理采集分节点下 Client 的数据，统一提交到 Server，再由 Server 集中管配。依靠这种方式，可以部署多主机、跨网络的大型分布式监控系统。

Zabbix 的监控逻辑如图 3.4 所示。

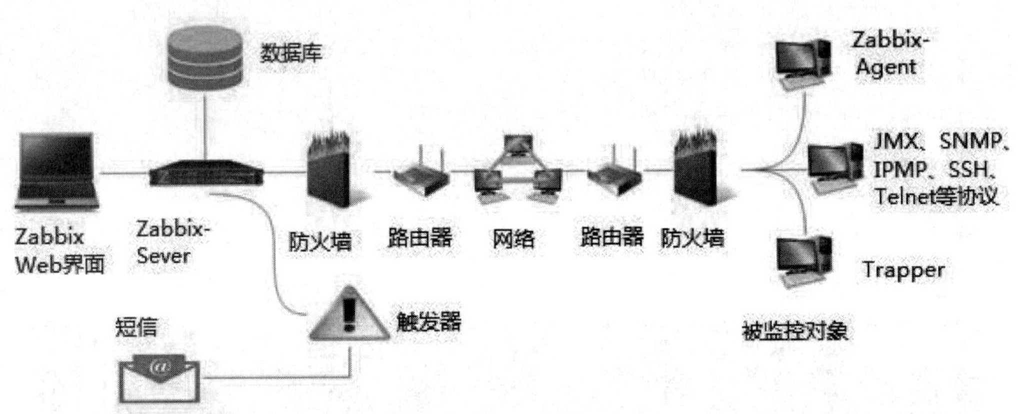

图 3.4　Zabbix 的监控逻辑

Zabbix-Server 从各个被监控对象接收采集到的监控数据，被监控对象通过 Agent、Trapper 采集器及 SNMP、JMX、SSH、Telnet 等协议将数据发送到 Zabbix-Server。Zabbix-Server 按一定格式把数据存储到数据库中，当用户打开 Web 界面浏览数据时，Zabbix-Server 提取数据库的数据并渲染成图形展示给用户。若 Zabbix-Server 判断收集到的数据达到用户设置的触发条件，则 Zabbix 将向用户发送报警或执行预设的远程命令，报警方式也可由用户指定，如 Web 端报警、短信报警、邮件报警等。

Zabbix-Agent（和 Zabbix-Proxy）有两种工作模式：主动模式（Active Mode）和被动模式（Passive Mode）。在主动模式下，Zabbix-Agent 主动向 Zabbix-Server 建立连接并发送数据；在被动模式下，Zabbix-Server 主动向 Zabbix-Agent 请求数据。

3.2.1 主动模式

主动模式的工作流程如图 3.5 所示。

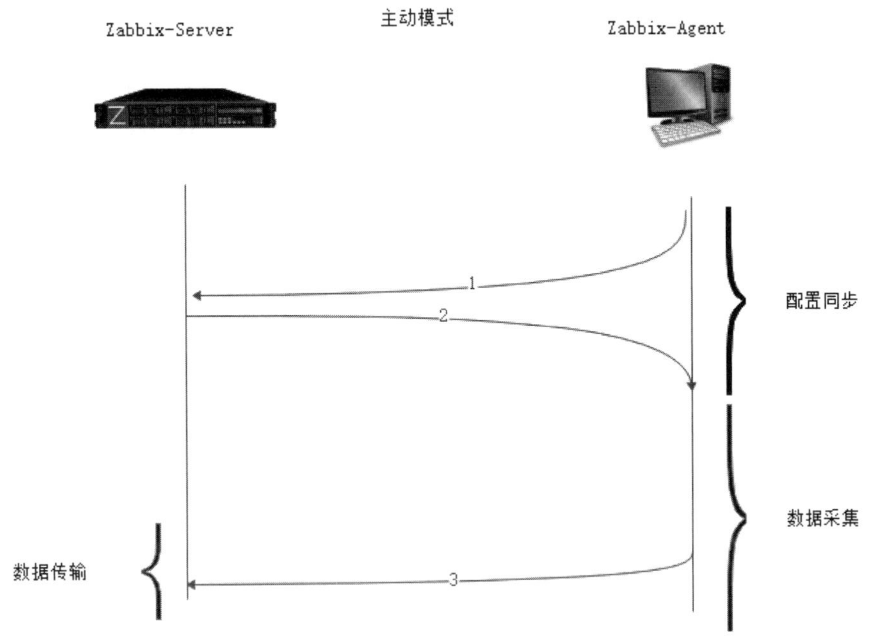

图 3.5　主动模式工作流程图

（1）主动模式配置同步阶段

图 3.5 中的标识 1：Zabbix-Agent 周期性（见附录中的 RefreshActiveChecks 参数）向 Zabbix-Server（见附录中的 ServerActive 参数）请求需要采集数据的监控项列表。

图 3.5 中的标识 2：Zabbix-Server 响应请求，向 Zabbix-Agent 发送监控项配置列表，包括监控项类型和采集时间间隔。

（2）主动模式数据采集阶段

Zabbix-Agent 接收监控项配置列表后，即开始在本地主机上进行数据采集，缓存在本地。

（3）主动模式数据传输阶段

图 3.5 中标识 3：当 Zabbix-Agent 到达数据发送周期（见附录中的 BufferSend 参数）或缓存空间不足的时候（见附录中的 BufferSize 参数），主动向 Zabbix-Server 发送数据采集结果。

3.2.2　被动模式

被动模式的工作流程如图 3.6 所示。

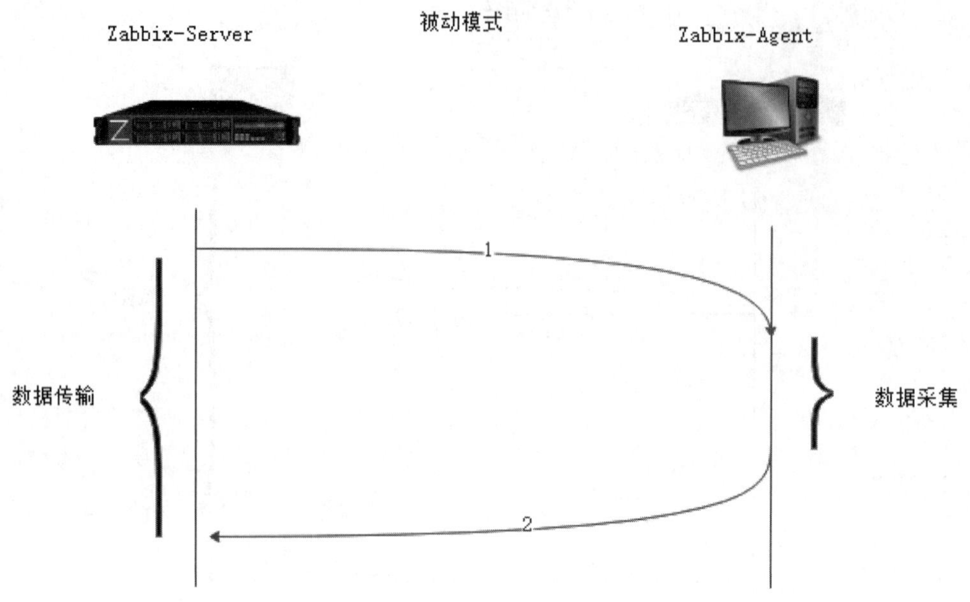

图 3.6　被动模式的工作流程图

（1）被动模式数据请求阶段

图 3.6 中标识 1：Zabbix-Server 周期性向 Zabbix-Agent 发送监控项数据采集请求，进入数据采集阶段。

（2）被动模式数据采集阶段

Zabbix-Agent 接收采集请求，分析采集类型并采集数据，采集完成或请求数据有误后进入数据传输阶段。

（3）被动模式数据传输阶段

图 3.6 中标识 2：Zabbix-Agent 将采集结果或错误通知发送回 Zabbix-Server。

3.3 Zabbix 数据存储方式

Zabbix 将采集到的数据存储到历史数据（history）、趋势数据（trends）相关表中。历史数据存储每个采集到的监控数据，趋势数据按小时存储计算的平均值、最大值、最小值数据。可以通过以下几种方式在 Web 端设置历史/趋势数据保留时长：

- 依次单击“配置”→“主机”→“监控项”，在“监控项”配置页设置“历史数据保留时长”和“趋势存储时间”，如图 3.7 所示。

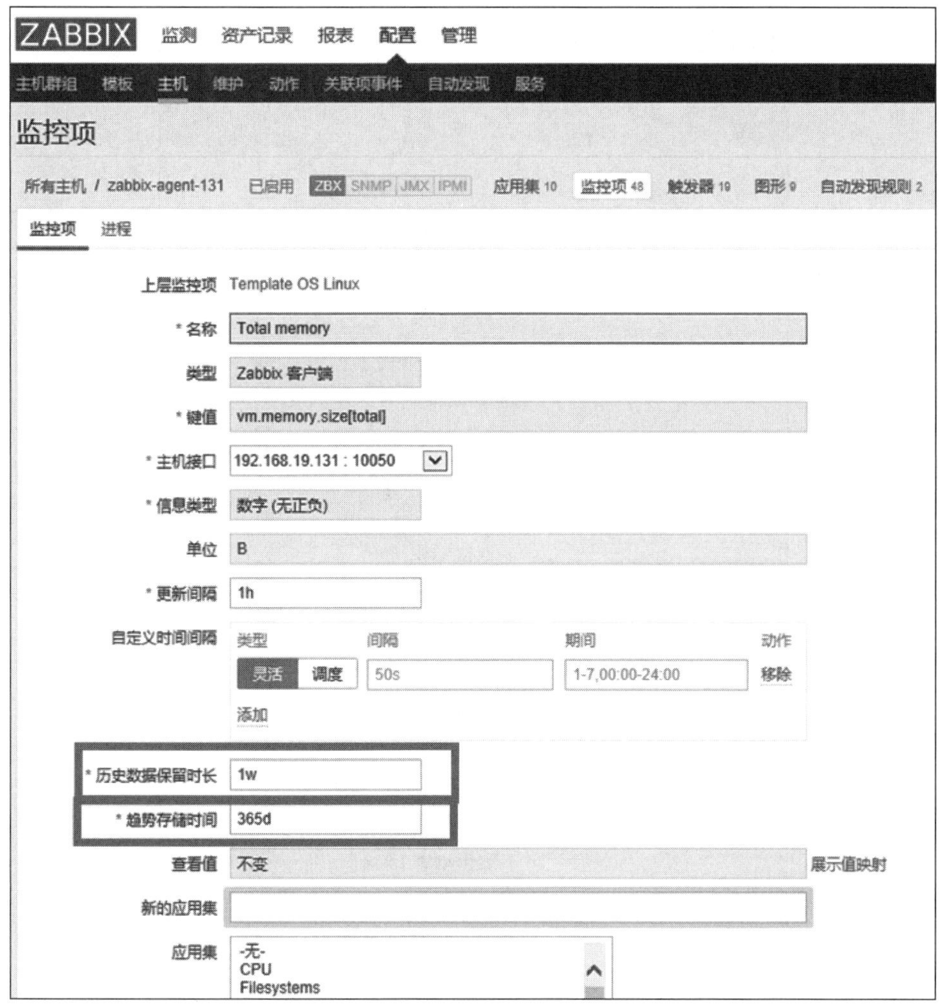

图 3.7 设置历史/趋势数据保留时长方式 1

- 依次单击“配置”→“主机”→“监控项”→“批量更新”，设置“历史数据保留时长”和“趋势存储时间”，如图 3.8 所示。

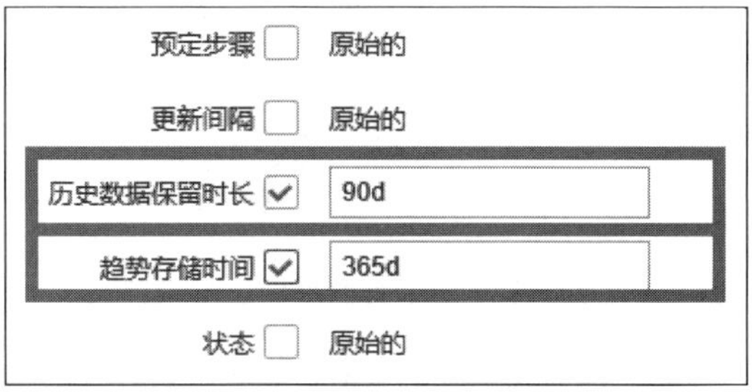

图 3.8 设置历史/趋势数据保留时长方式 2

- 依次单击“管理”→“一般”→“管家”，在“历史记录”中设置“数据存储期”，如图 3.9 所示。

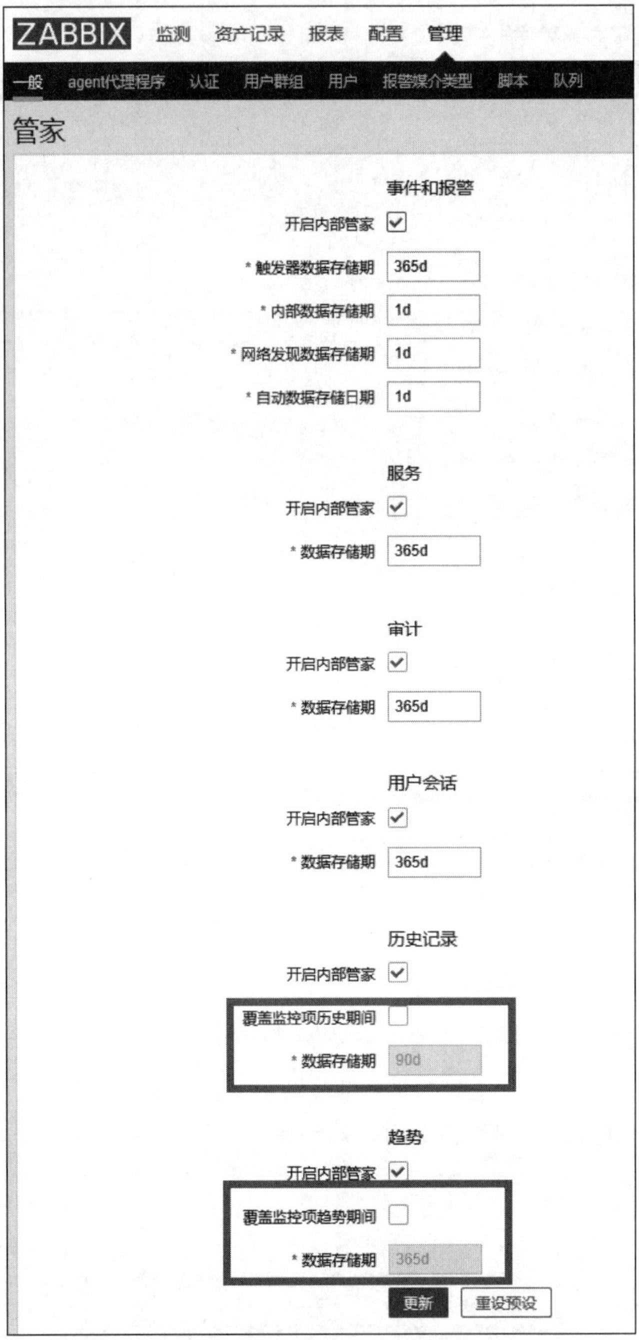

图 3.9　设置历史/趋势数据保留时长方式 3

逾期的历史/趋势数据将被管家进程（housekeeper）从数据库中删除。为了保证数据库不因数据量过大而影响性能，建议将历史数据保留时长设置得尽可能小，而将趋势数据保留时长设置得大一点。

history 相关表包括 history（存储浮点数据）、history_log（存储日志数据）、history_str（存储字符串数据）、history_text（存储文本数据）和 history_uint（存储无符号整数数据）。

数据存储到哪个表与 items 表中的 value_type 相关联，如表 3.1 所示。

表 3.1　value_type 与关联的 history 表

items 表中的 value_type	数据类型	存储的历史表
0	numeric float	history
1	character	history_str
2	log	history_log
3	numeric unsigned	history_uint
4	text	history_text

history 相关表的表结构如图 3.10 所示。

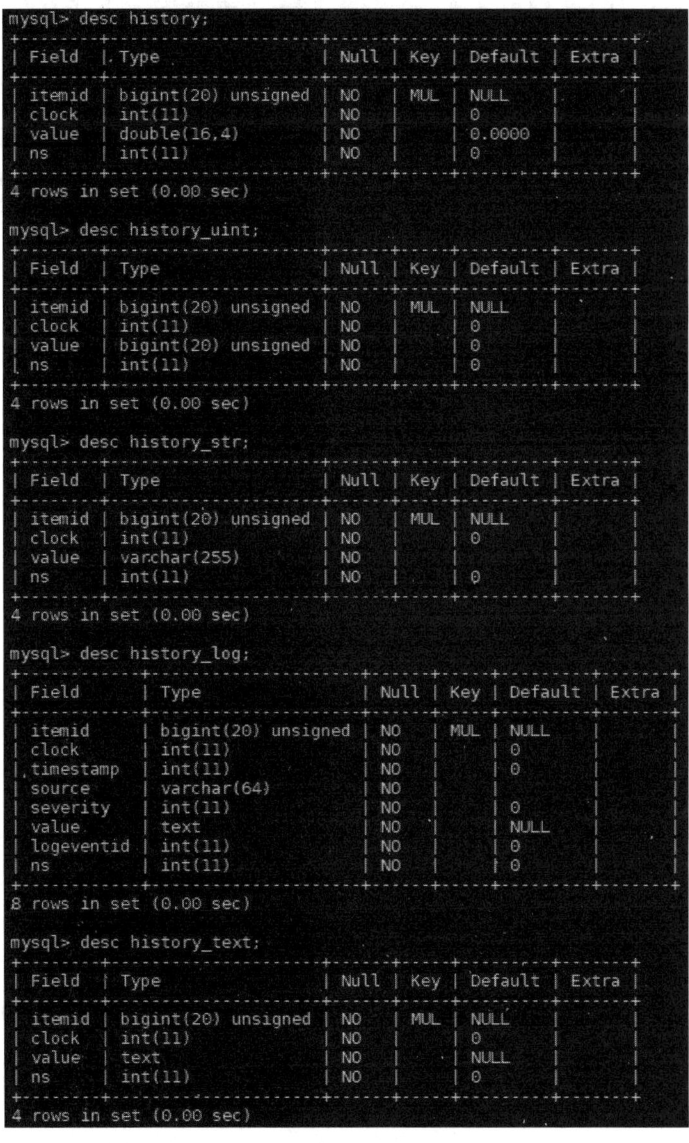

```
mysql> desc history;
+--------+---------------------+------+-----+---------+-------+
| Field  | Type                | Null | Key | Default | Extra |
+--------+---------------------+------+-----+---------+-------+
| itemid | bigint(20) unsigned | NO   | MUL | NULL    |       |
| clock  | int(11)             | NO   |     | 0       |       |
| value  | double(16,4)        | NO   |     | 0.0000  |       |
| ns     | int(11)             | NO   |     | 0       |       |
+--------+---------------------+------+-----+---------+-------+
4 rows in set (0.00 sec)

mysql> desc history_uint;
+--------+---------------------+------+-----+---------+-------+
| Field  | Type                | Null | Key | Default | Extra |
+--------+---------------------+------+-----+---------+-------+
| itemid | bigint(20) unsigned | NO   | MUL | NULL    |       |
| clock  | int(11)             | NO   |     | 0       |       |
| value  | bigint(20) unsigned | NO   |     | 0       |       |
| ns     | int(11)             | NO   |     | 0       |       |
+--------+---------------------+------+-----+---------+-------+
4 rows in set (0.00 sec)

mysql> desc history_str;
+--------+---------------------+------+-----+---------+-------+
| Field  | Type                | Null | Key | Default | Extra |
+--------+---------------------+------+-----+---------+-------+
| itemid | bigint(20) unsigned | NO   | MUL | NULL    |       |
| clock  | int(11)             | NO   |     | 0       |       |
| value  | varchar(255)        | NO   |     |         |       |
| ns     | int(11)             | NO   |     | 0       |       |
+--------+---------------------+------+-----+---------+-------+
4 rows in set (0.00 sec)

mysql> desc history_log;
+------------+---------------------+------+-----+---------+-------+
| Field      | Type                | Null | Key | Default | Extra |
+------------+---------------------+------+-----+---------+-------+
| itemid     | bigint(20) unsigned | NO   | MUL | NULL    |       |
| clock      | int(11)             | NO   |     | 0       |       |
| timestamp  | int(11)             | NO   |     | 0       |       |
| source     | varchar(64)         | NO   |     |         |       |
| severity   | int(11)             | NO   |     | 0       |       |
| value      | text                | NO   |     | NULL    |       |
| logeventid | int(11)             | NO   |     | 0       |       |
| ns         | int(11)             | NO   |     | 0       |       |
+------------+---------------------+------+-----+---------+-------+
8 rows in set (0.00 sec)

mysql> desc history_text;
+--------+---------------------+------+-----+---------+-------+
| Field  | Type                | Null | Key | Default | Extra |
+--------+---------------------+------+-----+---------+-------+
| itemid | bigint(20) unsigned | NO   | MUL | NULL    |       |
| clock  | int(11)             | NO   |     | 0       |       |
| value  | text                | NO   |     | NULL    |       |
| ns     | int(11)             | NO   |     | 0       |       |
+--------+---------------------+------+-----+---------+-------+
4 rows in set (0.00 sec)
```

图 3.10　history 相关表的表结构

trends 相关表包括 trends（存储浮点数据）和 trends_uint（存储无符号整数数据）。由于日志、文本等数据无法计算平均值，因此不存在 trends_log、trends_str 等表。trends 相关表的表结构如图 3.11 所示。

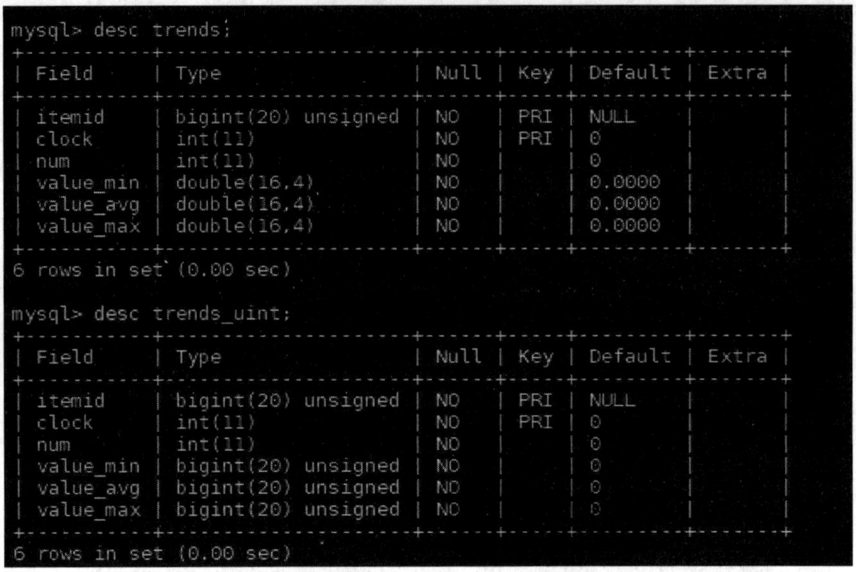

```
mysql> desc trends;
+-----------+---------------------+------+-----+---------+-------+
| Field     | Type                | Null | Key | Default | Extra |
+-----------+---------------------+------+-----+---------+-------+
| itemid    | bigint(20) unsigned | NO   | PRI | NULL    |       |
| clock     | int(11)             | NO   | PRI | 0       |       |
| num       | int(11)             | NO   |     | 0       |       |
| value_min | double(16,4)        | NO   |     | 0.0000  |       |
| value_avg | double(16,4)        | NO   |     | 0.0000  |       |
| value_max | double(16,4)        | NO   |     | 0.0000  |       |
+-----------+---------------------+------+-----+---------+-------+
6 rows in set (0.00 sec)

mysql> desc trends_uint;
+-----------+---------------------+------+-----+---------+-------+
| Field     | Type                | Null | Key | Default | Extra |
+-----------+---------------------+------+-----+---------+-------+
| itemid    | bigint(20) unsigned | NO   | PRI | NULL    |       |
| clock     | int(11)             | NO   | PRI | 0       |       |
| num       | int(11)             | NO   |     | 0       |       |
| value_min | bigint(20) unsigned | NO   |     | 0       |       |
| value_avg | bigint(20) unsigned | NO   |     | 0       |       |
| value_max | bigint(20) unsigned | NO   |     | 0       |       |
+-----------+---------------------+------+-----+---------+-------+
6 rows in set (0.00 sec)
```

图 3.11　trends 相关表的表结构

3.4 Zabbix 网站与工具

随着 Zabbix 的日益兴起和社区的活跃，Zabbix 爱好者分享的周边工具越来越多，这些工具对完善 Zabbix 的功能、提高配置效率、调试和测试很有帮助。下面是一些 Zabbix 周边网站与工具，大部分来自于 Wiki 和 GitHub。

（1）Zabbix Share：https://share.zabbix.com/。

（2）Zabbix integrations：https://www.zabbix.com/integrations/。

（3）Zabbix searcher：https://monitoringartist.github.io/zabbix-searcher/。

（4）ZAPIX - online Zabbix API tool：http://monitoringartist.github.io/zapix/。

（5）Zabbix Templates - Zabbix.org：https://zabbix.org/wiki/Zabbix_Templates。

（6）Zabbix：https://www.zabbix.org/pootle/。

（7）GitHub - monitoringartist/dockbix-xxl: Dockerized Zabbix - server, web, proxy, java gateway, snmpd with additional extensions：https://github.com/monitoringartist/dockbix-xxl#free-test-dockbix-instance。

（8）Zabbix.org: https://zabbix.org/zabbix/zabbix.php?action=dashboard.view。

（9）GitHub - kovetskiy/zabbixctl: Most effective way for operating in Zabbix Server：

https://github.com/kovetskiy/zabbixctl。

（10）Docs/api/libraries - Zabbix.org：https://zabbix.org/wiki/Docs/api/libraries。

（11）最后是涵盖 Zabbix 所有功能介绍的官方文档：Zabbix Manual [Zabbix Documentation 4.0]：https://www.zabbix.com/documentation/4.0/manual，可供读者查阅参考。本书未介绍到的内容及 Zabbix 新增的功能都可以在官方文档中查阅。

第 4 章 ◀ 安装Zabbix ▶

本章将介绍 Zabbix 的安装流程。为了方便零基础读者快速部署，本章将采用 RPM 包安装方式安装 Zabbix。Zabbix 也支持源码编译的安装方式，并且提供一些在各个操作系统中编译过的二进制文件，这些平台上可以直接下载使用二进制文件。

本章主要涉及的知识点有：

- 安装环境的准备
- Zabbix 服务端的安装与配置方式
- Zabbix 客户端、代理的安装与配置方式

4.1 安装环境

本节将介绍 Zabbix 安装需要的硬件条件、环境资源，包括：磁盘和内存空间、CPU 性能、操作系统、数据库和其他应用程序环境。

4.1.1 硬件环境

1. 内存和磁盘

Zabbix 官方建议至少需要 128MB 的物理内存和 256MB 的磁盘空间用于 Zabbix 运行。当然，所需的物理内存与磁盘空间也取决于被监控的主机数量、监控项数量和配置参数，监控主机数量、监控项数量越多，配置参数要求的性能越高，相应地，所需的物理内存和磁盘空间也更多。在实际生产中需要根据实际情况合理选用存储硬件。

2. CPU

Zabbix 可能需要较高的 CPU 支持，取决于被监控主机的数量和数据库采用的引擎。官方提供了几个硬件配置参考，如表 4.1 所示。

表 4.1　官方硬件配置参考

规　模	平　台	CPU/内存	数 据 库	受监控的主机数量
小规模	CentOS	虚拟设备	MySQL InnoDB	100
中规模	CentOS	2 CPU cores/2GB	MySQL InnoDB	500
大规模	RedHat Enterprise Linux	4 CPU cores/8GB	RAID10 MySQL InnoDB or PostgreSQL	>1000
超大规模	RedHat Enterprise Linux	8 CPU cores/16GB	Fast RAID10 MySQL InnoDB or PostgreSQL	>10000

4.1.2　软件环境

1. 受支持的操作系统

经测试，Zabbix 目前可运行在以下平台：

- Linux
- IBM AIX
- FreeBSD
- NetBSD
- OpenDSD
- HP-UX
- Mac OS X
- Solaris
- Windows（自 Windows XP 以来的所有桌面和服务器版本，仅限 Zabbix-Agent）

2. 数据库选用

官方要求的数据库版本需要满足如表 4.2 所示的条件。

表 4.2　数据库版本要求

数据库类型	数据库版本	备　注
MySQL	5.0.3~8.0.x	需要 InnoDB 引擎。MariaDB 同样支持
Oracle	10g 及以上	
PostgreSQL	8.1 及以上	建议使用 PostgreSQL 8.3 以上的版本
IBM DB2	9.7 及以上	
SQLite	3.3.5 及以上	只有 Zabbix-Proxy 支持 SQLite

3. Web 前端需要的软件依赖

Web 前端需要支持的软件如表 4.3 所示。

表 4.3　Web 前端需要支持的软件依赖

软　件	版　本	备　注
Apache	1.3.12 及以上	
PHP	5.4.0 及以上	
PHP 扩展库		
gd	2.0 及以上	PHP GD 扩展需支持 PNG（--with-png-dir）图像、JPEG（--with-jpeg-dir）图像和 FreeType 2（--with-freetype-dir）
bcmath		php-bcmath（--enable-bcmath）
ctype		php-ctype()
libXML	2.6.15 及以上	php-xml 或 php5-dom
xmlreader		php-xmlreader
xmlwriter		php-xmlwriter
session		php-session
sockets		php-net-socket（--enable-sockets）
mbstring		php-mbstring（--enable-mbstring）
gettext		php-gettext（--with-gettext）
ibm_db2		使用 DB2 时需支持
mysqli		使用 MySQL 时需支持
oci8		使用 Oracle 时需支持
pgsql		使用 PostgreSQL 时需支持
sqlite3		使用 SQLite 时需支持

4.2 Zabbix-Server 服务端的安装与配置

本节将介绍 Zabbix-Server 的安装流程。下面将采用 RPM 的安装方式，以 CentOS 6.6_X64 环境的机器安装 4.0 LTS 版本的 Zabbix-Server，其他环境及其他 Zabbix 版本的安装流程与本节介绍的流程相似，仅部分命令或环境有少许差异。

4.2.1 Zabbix-Server 安装前的准备

1. 防火墙

在网络安全环境下关闭防火墙或开放 10051（用于 Zabbix-Server 与其他被监控机器进行数据通信）和 80（用于 HTTP 访问 Zabbix Web 界面）端口：

```
#开放 10051 端口允许其他被监控机器访问
[root@zabbix ~]# vim /etc/sysconfig/iptables
-A INPUT -m state --state NEW -m tcp -p tcp --dport 10051
#关闭防火墙
[root@zabbix ~]# service iptables stop
iptables: Setting chains to policy ACCEPT: filter          [  OK  ]
iptables: Flushing firewall rules:                         [  OK  ]
iptables: Unloading modules:                               [  OK  ]
#禁止防火墙开机启动
[root@zabbix ~]# chkconfig iptables off
```

```
#查看防火墙状态
[root@zabbix ~]# service iptables status
iptables: Firewall is not running.
```

2. SELINUX

SELINUX 可能会阻止 Zabbix 写入文件或限制远程命令的执行，读者可以关闭或临时禁用 SELINUX 来解除限制。

临时禁用 SELINUX，机器重启后 SELINUX 会再次启用：

```
#临时禁用 SELINUX
[root@zabbix ~]# setenforce 0
[root@zabbix ~]# getenforce
Permissive
```

永久关闭 SELINUX，将 /etc/selinux/config 文件中的 SELINUX=enforcing 修改为 SELINUX=disabled，如图 4.1 所示。

```
#永久关闭 SELINUX
[root@zabbix ~]# vim /etc/selinux/config
SELINUX=disabled
```

```
# This file controls the state of SELinux on the system.
# SELINUX= can take one of these three values:
#     enforcing - SELinux security policy is enforced.
#     permissive - SELinux prints warnings instead of enforcing.
#     disabled - No SELinux policy is loaded.
SELINUX=disabled
# SELINUXTYPE= can take one of these two values:
#     targeted - Targeted processes are protected,
#     mls - Multi Level Security protection.
SELINUXTYPE=targeted
```

图 4.1　修改 SELINUX 参数

3. 安装 LAMP (Linux + Apache + MySQL + PHP) 或 LNMP (Linux + Nginx+ MySQL + PHP) 环境

下面以 LAMP 环境为例安装 Zabbix-Server 运行环境。

升级相关 yum 源中的软件至最新版，使用如下命令：

```
[root@zabbix ~]# yum -y update
```

完成 yum 源升级后，开始安装 LAMP，使用如下命令：

```
[root@zabbix ~]# yum install -y httpd mysql-server mysql php php-mysql php-gd libjpeg* php-ldap php-odbc php-pear php-xml php-xmlrpc php-mhash php-bcmath php-mbstring
```

修改 MySQL 数据库配置，命令如下：

```
[root@zabbix ~]# vim /etc/my.cnf
#设置字符集为 utf-8
character-set-server=utf8
#让 innodb 的每个表文件单独存储
innodb_file_per_table=1
```

添加 MySQL 服务开机启动：

```
[root@zabbix ~]# chkconfig mysqld on
```

添加 httpd 服务开机启动：

```
[root@zabbix ~]# chkconfig httpd on
```

4.2.2 安装 Zabbix-Server

安装 Zabbix-Server 作为监控服务器端：

```
[root@zabbix ~]# rpm -ivh http://repo.zabbix.com/zabbix/4.0/rhel/7/x86_64/zabbix
-release-4.0-1.el7.noarch.rpm
[root@zabbix ~]# yum -y install zabbix zabbix-server-mysql zabbix-web-mysql
zabbix-agent zabbix-get
```

上面的命令安装了 Zabbix-Server（参数 zabbix-server-mysql）和 Zabbix Web 前端（参数 zabbix-web-mysql）。因为运行 Zabbix-Server 的机器也需要被监控，所以一并安装了 zabbix_agentd（参数 zabbix-agent），同时也安装了由 Zabbix-Server 主动向 Zabbix-Agent 接收监控数据的工具 zabbix_get（参数 zabbix-get）。

4.2.3 配置 Zabbix-Server 数据库

启动 MySQL 数据库：

```
[root@zabbix ~]# service mysqld start
Starting mysqld:                                          [  OK  ]
```

查看 MySQL 是否启动，如图 4.2 所示。

```
[root@zabbix ~]# ps -ef | grep mysqld
```

```
[root@zabbix ~]# ps -ef|grep mysqld
root      3478     1  0 06:45 ?        00:00:00 /bin/sh /usr/bin/mysqld_safe --datadir=/var/lib/mysql --soc
ket=/var/lib/mysql/mysql.sock --pid-file=/var/run/mysqld/mysqld.pid --basedir=/usr --user=mysql
mysql     3580  3478  0 06:45 ?        00:01:47 /usr/libexec/mysqld --basedir=/usr --datadir=/var/lib/mysql
 --user=mysql --log-error=/var/log/mysqld.log --pid-file=/var/run/mysqld/mysqld.pid --socket=/var/lib/mysql/m
ysql.sock
```

图 4.2 查看 mysqld 状态

下面介绍创建、导入 Zabbix 数据库的步骤。

设置 MySQL 的 root 用户密码为 root/admin：

```
[root@zabbix ~]# mysqladmin -uroot password admin
```

通过设置的 root 密码登录 MySQL：

```
[root@zabbix ~]# mysql -uroot -padmin
```

修改数据库字符集：

```
mysql> create database zabbix character set utf8 collate utf8_bin;
```

为 localhost 授权，账户/密码设为 zabbix/zabbix：

```
mysql> grant all privileges on zabbix.* to zabbix@localhost identified by
'zabbix';
mysql> flush privileges;
mysql> quit;
```

使用数据库 zabbix 账户导入数据库模式和数据：

```
[root@zabbix ~]# zcat /usr/share/doc/zabbix-server-mysql*/create.sql.gz |
mysql -uzabbix -pzabbix zabbix
```

4.2.4 配置 zabbix-server.conf

配置 zabbix_server.conf（见图 4.3），修改配置文件中的访问数据库名称、用户名及密码：

```
[root@zabbix ~]# vim /etc/zabbix/zabbix_server.conf
DBPassword=zabbix
```

读者也可以根据实际情况调整其他性能参数，如调整 StartPollers=5、StartPollersUnreachable=5、CacheSize=256MB 等。关于性能参数的调整可参考附录。

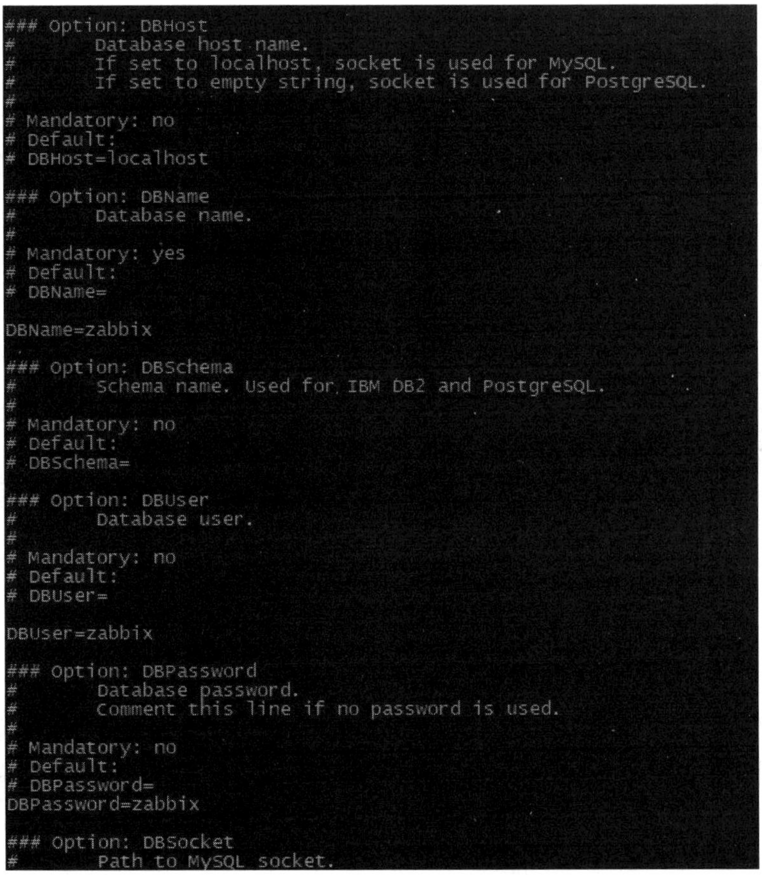

```
### Option: DBHost
#       Database host name.
#       If set to localhost, socket is used for MySQL.
#       If set to empty string, socket is used for PostgreSQL.
#
# Mandatory: no
# Default:
# DBHost=localhost

### Option: DBName
#       Database name.
#
# Mandatory: yes
# Default:
# DBName=

DBName=zabbix

### Option: DBSchema
#       Schema name. Used for IBM DB2 and PostgreSQL.
#
# Mandatory: no
# Default:
# DBSchema=

### Option: DBUser
#       Database user.
#
# Mandatory: no
# Default:
# DBUser=

DBUser=zabbix

### Option: DBPassword
#       Database password.
#       Comment this line if no password is used.
#
# Mandatory: no
# Default:
# DBPassword=
DBPassword=zabbix

### Option: DBSocket
#       Path to MySQL socket.
```

图 4.3　zabbix_server.conf 配置信息

修改 Zabbix-PHP Web 配置，更改时区：

```
[root@zabbix ~]# vim /etc/php.ini
date.timezone = Asia/Shanghai
```

也可以直接修改/etc/httpd/conf.d/zabbix.conf：

```
[root@zabbix ~]# vim /etc/httpd/conf.d/zabbix.conf
php_value date.time
```

添加 zabbix_server 服务（服务名称为 zabbix-server）为开机自启动：

```
[root@zabbix ~]# chkconfig zabbix-server on
```

启动 zabbix_server：

```
[root@zabbix ~]# service zabbix-server start
Starting Zabbix server:                                    [  OK  ]
```

查看 zabbix_server 进程状态，如图 4.4 所示。

```
[root@zabbix ~]# ps -ef | grep zabbix_server
```

```
[root@zabbix ~]# ps -ef|grep zabbix_server
zabbix    3976     1  0 07:01 ?        00:00:00 /usr/sbin/zabbix_server -c /etc/zabbix/zabbix_server.conf
zabbix    3980  3976  0 07:01 ?        00:00:03 /usr/sbin/zabbix_server: configuration syncer [synced confi
guration in 0.014374 sec, idle 60 sec]
zabbix    3981  3976  0 07:01 ?        00:00:00 /usr/sbin/zabbix_server: alerter #1 started
zabbix    3982  3976  0 07:01 ?        00:00:00 /usr/sbin/zabbix_server: alerter #2 started
zabbix    3983  3976  0 07:01 ?        00:00:00 /usr/sbin/zabbix_server: alerter #3 started
zabbix    3984  3976  0 07:01 ?        00:00:01 /usr/sbin/zabbix_server: housekeeper [deleted 0 hist/trends
, 0 items/triggers, 2 events, 0 sessions, 0 alarms, 0 audit items in 0.040004 sec, idle for 1 hour(s)
zabbix    3985  3976  0 07:01 ?        00:00:01 /usr/sbin/zabbix_server: timer #1 [updated 0 hosts, suppres
sed 0 events in 0.000427 sec, idle 59 sec]
zabbix    3986  3976  0 07:01 ?        00:00:02 /usr/sbin/zabbix_server: http poller #1 [got 0 values in 0.
000422 sec, idle 5 sec]
zabbix    3987  3976  0 07:01 ?        00:00:00 /usr/sbin/zabbix_server: discoverer #1 [processed 0 rules i
n 0.000386 sec, idle 60 sec]
zabbix    3988  3976  0 07:01 ?        00:00:04 /usr/sbin/zabbix_server: history syncer #1 [processed 2 val
ues, 1 triggers in 0.002012 sec, idle 1 sec]
zabbix    3989  3976  0 07:01 ?        00:00:06 /usr/sbin/zabbix_server: history syncer #2 [processed 0 val
ues, 0 triggers in 0.000027 sec, idle 1 sec]
zabbix    3990  3976  0 07:01 ?        00:00:04 /usr/sbin/zabbix_server: history syncer #3 [processed 0 val
ues, 0 triggers in 0.000030 sec, idle 1 sec]
zabbix    3991  3976  0 07:01 ?        00:00:05 /usr/sbin/zabbix_server: history syncer #4 [processed 0 val
ues, 0 triggers in 0.000028 sec, idle 1 sec]
zabbix    3992  3976  0 07:01 ?        00:00:03 /usr/sbin/zabbix_server: escalator #1 [processed 0 escalati
ons in 0.000728 sec, idle 3 sec]
zabbix    3993  3976  0 07:01 ?        00:00:01 /usr/sbin/zabbix_server: proxy poller #1 [exchanged data wi
th 0 proxies in 0.000006 sec, idle 5 sec]
zabbix    3994  3976  0 07:01 ?        00:00:01 /usr/sbin/zabbix_server: self-monitoring [processed data in
 0.000013 sec, idle 1 sec]
zabbix    3995  3976  0 07:01 ?        00:00:01 /usr/sbin/zabbix_server: task manager [processed 0 task(s)
in 0.000183 sec, idle 5 sec]
zabbix    3996  3976  0 07:01 ?        00:00:01 /usr/sbin/zabbix_server: poller #1 [got 0 values in 0.00000
```

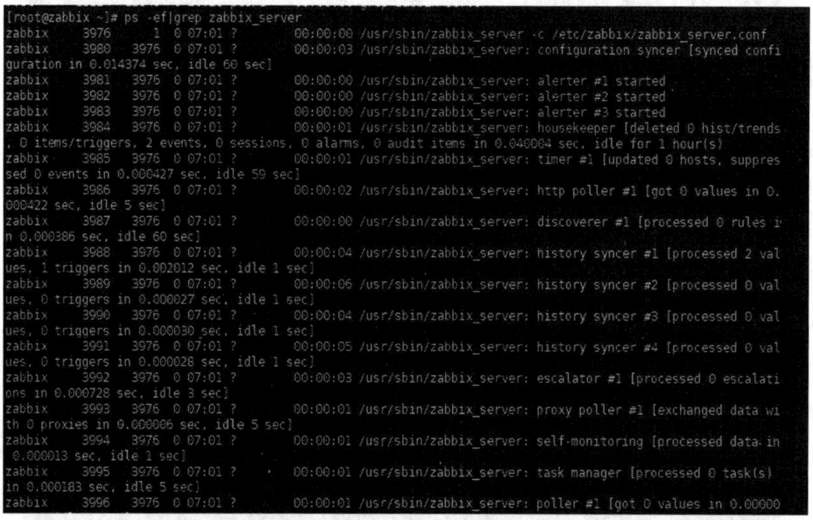

图 4.4　zabbix-server 启动成功

查看 10051 端口是否处于监听状态，如图 4.5 所示。

```
[root@zabbix ~]# netstat -nat | grep 10051
```

```
[root@zabbix ~]#  netstat -nat | grep 10051
tcp        0      0 0.0.0.0:10051               0.0.0.0:*                   LISTEN
tcp        0      0 :::10051                    :::*                        LISTEN
[root@zabbix ~]#
```

图 4.5　10051 端口监听状态

对于 zabbix_server 未启动成功的情况，可以通过查看 zabbix_server.log 来排查，如图 4.6 所示。

```
[root@zbx dist]# tail -f /var/log/zabbix/zabbix_server.log
101724:20190301:094611.742 Jabber notifications:       YES
101724:20190301:094611.742 Ez Texting notifications:   YES
101724:20190301:094611.742 ODBC:                       YES
101724:20190301:094611.742 SSH2 support:               YES
101724:20190301:094611.742 IPv6 support:               YES
101724:20190301:094611.742 TLS support:                YES
101724:20190301:094611.742 ******************************
101724:20190301:094611.742 using configuration file: /etc/zabbix/zabbix_server.c
onf
101724:20190301:094611.742 cannot set resource limit: [13] Permission denied
101724:20190301:094611.742 cannot disable core dump, exiting...
```

图 4.6　zabbix_server 错误日志示例

从图 4.6 中可以看出，zabbix_server.log 的输出提示"cannot set resource limit: [13] Permission denied"，经过排查是由于 SELINUX 未禁用引起的。

启动 httpd：

```
[root@zabbix ~]# service httpd start
```

查看 httpd 是否启动成功，如图 4.7 所示。

```
[root@zabbix ~]# ps -ef|grep httpd
root      6973     1  0 07:47 ?        00:00:02 /usr/sbin/httpd
apache    6976  6973  0 07:47 ?        00:00:25 /usr/sbin/httpd
apache    6977  6973  0 07:47 ?        00:00:24 /usr/sbin/httpd
apache    6978  6973  0 07:47 ?        00:00:25 /usr/sbin/httpd
apache    6979  6973  0 07:47 ?        00:00:25 /usr/sbin/httpd
apache    6980  6973  0 07:47 ?        00:00:26 /usr/sbin/httpd
apache    6981  6973  0 07:47 ?        00:00:24 /usr/sbin/httpd
apache    6982  6973  0 07:47 ?        00:00:24 /usr/sbin/httpd
apache    6983  6973  0 07:47 ?        00:00:25 /usr/sbin/httpd
apache    7003  6973  0 07:50 ?        00:00:26 /usr/sbin/httpd
apache    9851  6973  0 11:40 ?        00:00:11 /usr/sbin/httpd
apache   11466  6973  0 13:34 ?        00:00:04 /usr/sbin/httpd
apache   12633  6973  0 19:28 ?        00:00:02 /usr/sbin/httpd
```

图 4.7　httpd 状态

4.2.5　配置 Web 界面

（1）打开浏览器，在地址栏输入"http://IP 地址/zabbix"（IP 地址为 Zabbix 服务端的 IP 地址），出现如图 4.8 所示的 Web 界面，若在其他机器上访问，则需确保网络通畅且 Zabbix 服务端防火墙开放 80 端口。

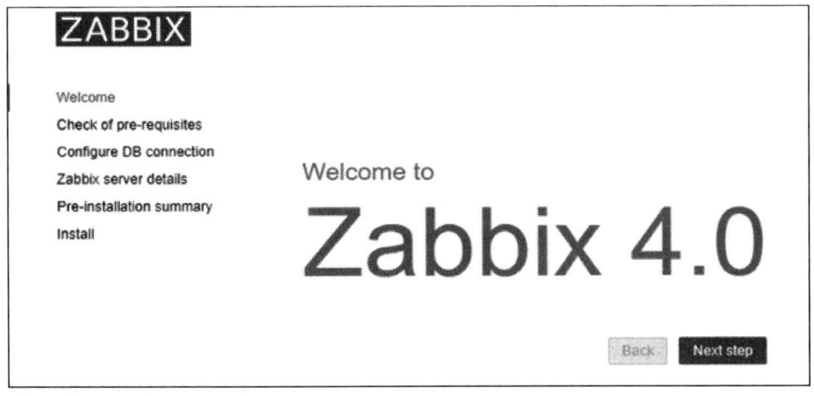

图 4.8　Zabbix Web 界面

（2）单击 Next step 按钮，若有 PHP 依赖条件不满足，则页面会给出提示，如图 4.9 所示。读者可根据提示添加所需的依赖包或调整 php.ini 参数，并重启 httpd 服务来解决。

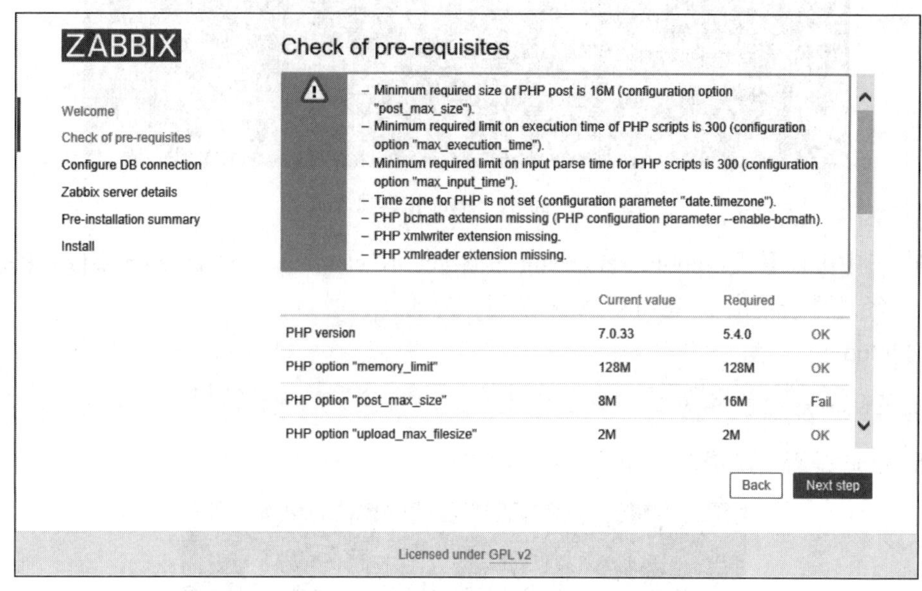

图 4.9　先决条件检查页面显示 PHP 依赖条件不足

（3）检查依赖条件通过的页面如图 4.10 所示。

ZABBIX

Check of pre-requisites

Welcome
Check of pre-requisites
Configure DB connection
Zabbix server details
Pre-installation summary
Install

	Current value	Required	
PHP version	5.4.16	5.4.0	OK
PHP option "memory_limit"	128M	128M	OK
PHP option "post_max_size"	16M	16M	OK
PHP option "upload_max_filesize"	2M	2M	OK
PHP option "max_execution_time"	300	300	OK
PHP option "max_input_time"	300	300	OK
PHP option "date.timezone"	Asia/Shanghai		OK
PHP databases support	MySQL		OK
PHP bcmath	on		OK
PHP mbstring	on		OK

Back　Next step

图 4.10　先决条件检查页面显示依赖条件检查通过

（4）继续单击 Next step 按钮，进入数据库配置页面，如图 4.11 所示。其中 Database host、Database name、User、Password 应与/etc/zabbix/zabbix_server.conf 中的 DBHost、DBName、DBUser、DBPassword 保持一致。

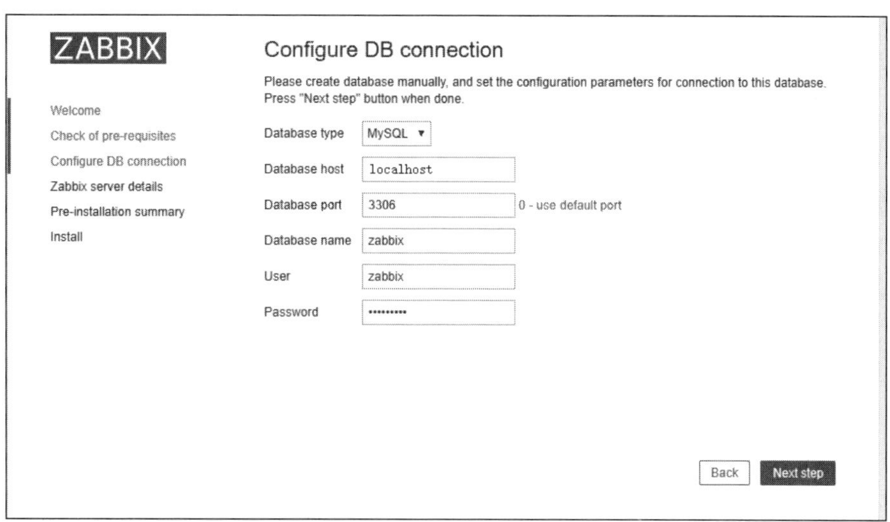

图 4.11　数据库配置页面

（5）填写 Zabbix-Server 主机名或 IP 地址、监听端口，为部署的 Zabbix 监控系统起一个好听的名字，如图 4.12 所示。

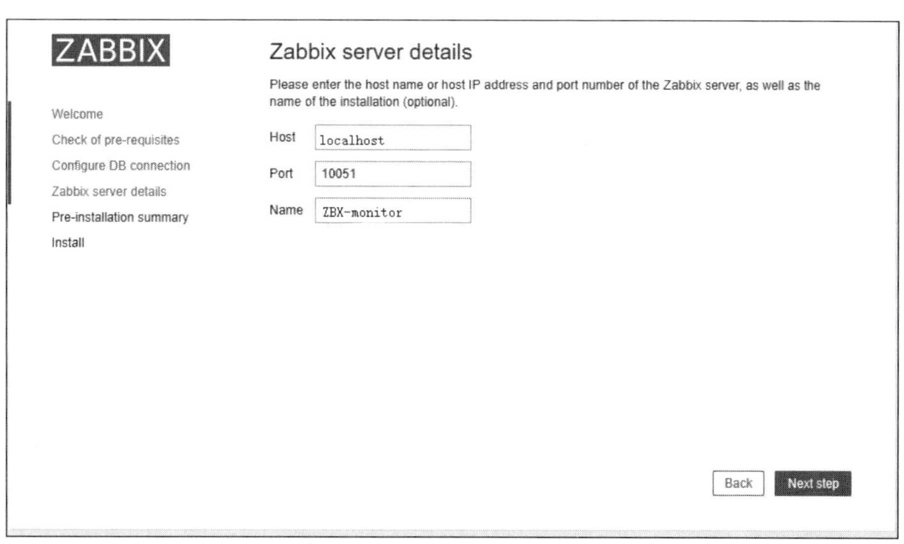

图 4.12　填写 Zabbix-Server 信息

（6）验证信息后，单击 Next step 按钮，如图 4.13 所示，上述配置信息就会被写入 /etc/zabbix/web/zabbix.conf.php 文件中。

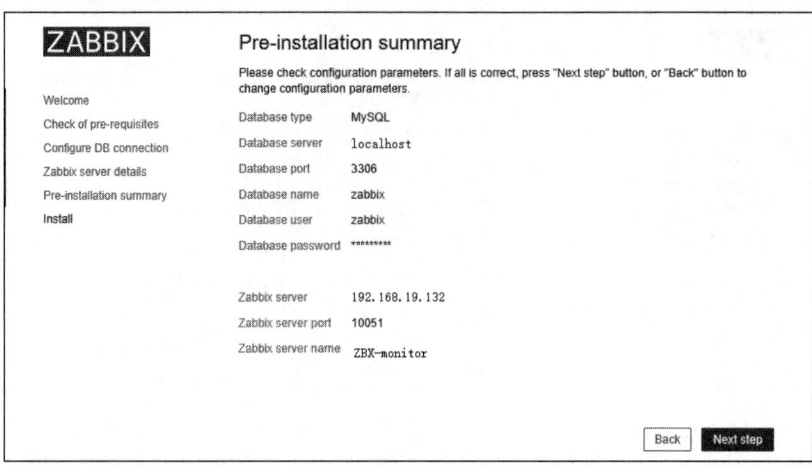

图 4.13　预览 Zabbix Web 基本配置信息

（7）继续单击 Next Step 按钮，至此 Zabbix Web 端的基本配置已经完成，如图 4.14 所示。

图 4.14　Zabbix Web 端基本配置完成

单击 Finish 按钮，便可以进入 Zabbix 登录界面，如图 4.15 所示，填写账号和密码，默认是 Admin/zabbix。接下来就是奇妙的 Zabbix 监控之旅了。

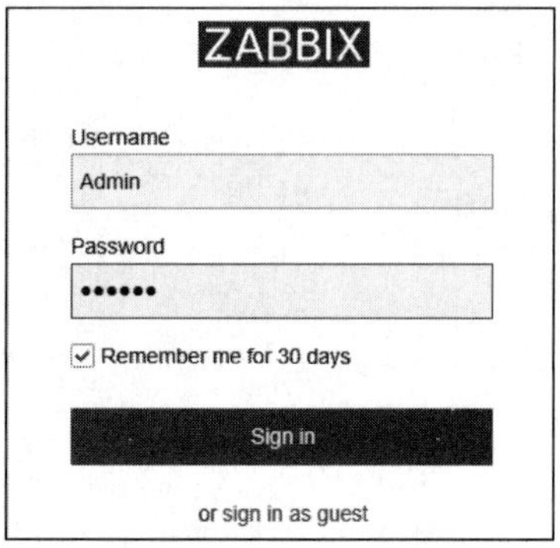

图 4.15　Zabbix 登录界面

4.3 在 Linux 中安装 zabbix_agentd 客户端

在网络安全的环境下关闭防火墙，或开通 10050 端口，用于与 Zabbix-Server 通信：

```
#开通 10050 端口用于与 Zabbix-Server 通信
[root@zabbix ~]# vim /etc/sysconfig/iptables
-A INPUT -m state --state NEW -m tcp -p tcp --dport 10050
#关闭防火墙
[root@zabbix ~]# service iptables stop
iptables: Setting chains to policy ACCEPT: filter          [  OK  ]
iptables: Flushing firewall rules:                       [  OK  ]
iptables: Unloading modules:                           [  OK  ]
#禁止防火墙开机启动
[root@zabbix ~]# chkconfig iptables off
#查看防火墙状态
[root@zabbix ~]# service iptables status
iptables: Firewall is not running.
```

SELIUNX 会阻止 Zabbix 远程命令的执行，需要开放安全策略或禁用。禁用方法参见 4.2 节。

在被监控主机上安装 zabbix_agentd：

```
[root@zabbix ~]# rpm -ivh http://repo.zabbix.com/zabbix/4.0/rhel/7/x86_64/
zabbix-release-4.0-1.el7.noarch.rpm
[root@zabbix ~]# yum -y install zabbix-agent zabbix-sender
```

上述命令同时安装了zabbix_agentd和主动发送监控数据的工具zabbix_sender（见3.1节）。

配置 zabbix_agentd.conf：

```
[root@zabbix ~]# vim /etc/zabbix/zabbix_agentd.conf
Server=192.168.19.132（被动模式，替换为 Zabbix-Server 的 IP 地址或域名）
ServerActive=192.168.19.132（主动模式，替换为 Zabbix-Server 的 IP 地址或域名）
Hostname=192.168.19.131(用于主动模式检查，Zabbix-Server 用于匹配对应的 Zabbix-Agent
主机)
```

Server 参数指明被动模式下哪台 Server 连接 Agent，ServerActive 参数指明主动模式下向哪台 Server 发送数据。Agent 可同时被多个 Server 监控，多个 Agent 地址需用逗号分隔。

添加 zabbix_agentd（服务名称为 zabbix-agent）开机自启动：

```
[root@zabbix ~]# chkconfig zabbix-agent on
[root@zabbix ~]# service zabbix-agent start
Starting Zabbix agent:                                [  OK  ]
```

Zabbix-Agent 安装并启动后，可在 Zabbix-Server 中使用 telnet 工具访问 Zabbix-Agent 端的 10050 端口，若能连通，则表明 zabbix_agentd 端启动成功。

4.4 在Windows中安装zabbix_agentd客户端

下载 zabbix_agentd 安装包并解压，下载地址为：https://assets.zabbix.com/downloads/4.0.5/zabbix_agents-4.0.5-win-amd64.zip。

开放防火墙 10050 端口，在 Windows 10 操作系统环境下可以按照以下步骤开放端口：

依次单击“控制面板”→“系统和安全”→“Windows 防火墙”→“高级设置”，打开“高级安全 Windows 防火墙”窗口，依次单击“入站规则”→“新建规则”，打开“新建入站规则向导”窗口，在“协议和端口”界面选中“端口”单选按钮，单击“下一步”按钮，选中“特定本地端口”单选按钮，在后面的文本框中填写 10050，单击“下一步”按钮，打开“操作”界面，选中“允许连接”单选按钮，单击“下一步”按钮，打开“配置文件”界面，保持默认配置，单击“下一步”按钮，打开“名称”界面，在“名称”下的文本框中输入 zabbix-agent10050，单击“完成”按钮，返回“高级安全 Windows 防火墙”窗口，在该窗口右侧可以看到新建的规则，单击下面的“属性”选项，打开“zabbix-agent10050 属性”界面中切换至“协议和端口”选项卡，即可看到如图 4.16 所示的属性信息。

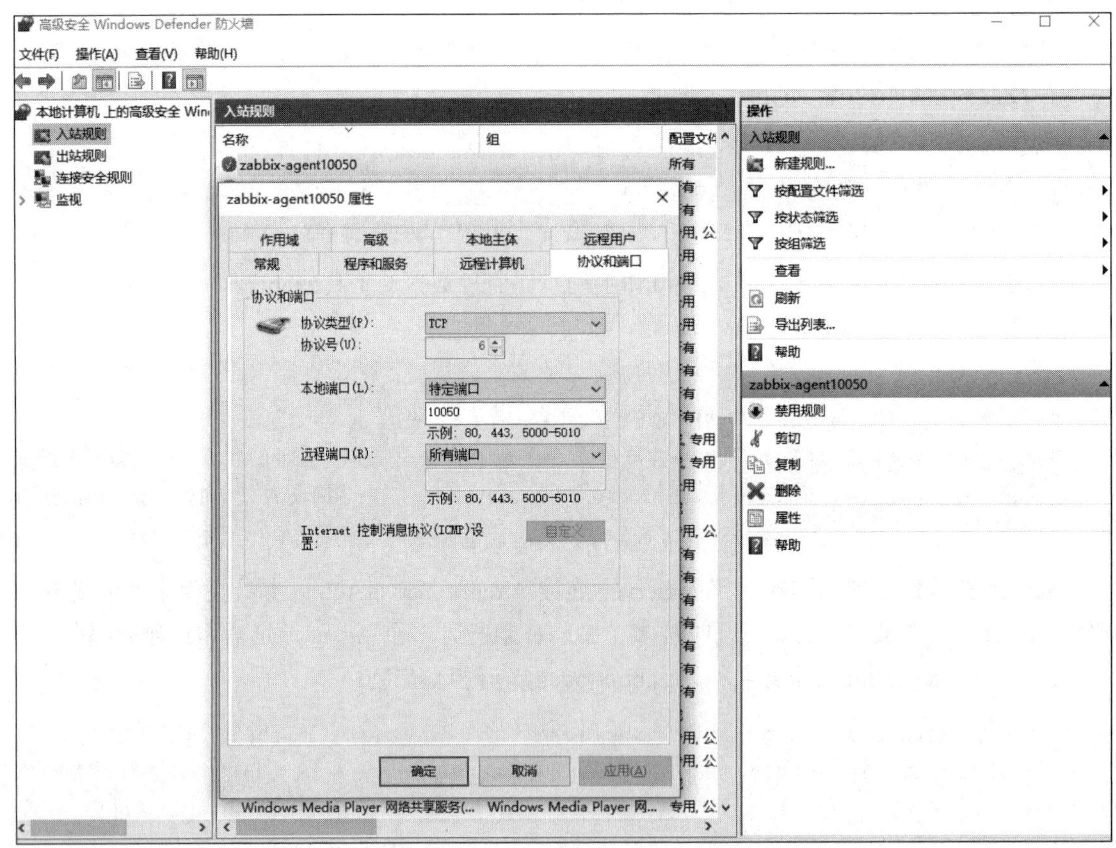

图 4.16　在 Windows 10 操作系统中开放端口

或在网络安全环境下直接关闭防火墙，如图 4.17 所示。

图 4.17　关闭防火墙

解压后文件目录下包含 bin 和 conf 两个文件夹：bin 文件夹下包含 32 位与 64 位的 zabbix_agentd、zabbix_get 及 zabbix_sender 应用程序；conf 文件夹下包含 zabbix_agentd 配置文件，如图 4.18 所示。

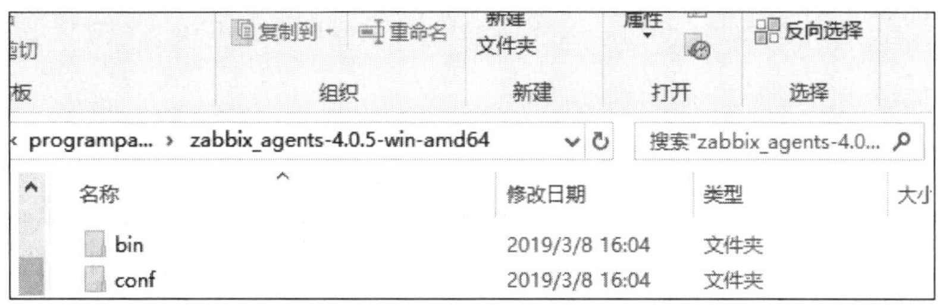

图 4.18　解压后的文件

以文本方式打开 conf 下的 zabbix_agentd.win.conf 配置文件，修改配置参数（参见附录），如图 4.19 所示。

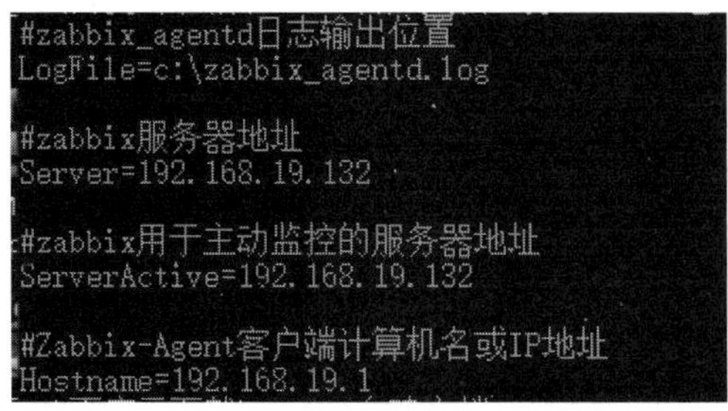
```
#zabbix_agentd日志输出位置
LogFile=c:\zabbix_agentd.log

#zabbix服务器地址
Server=192.168.19.132

#zabbix用于主动监控的服务器地址
ServerActive=192.168.19.132

#Zabbix-Agent客户端计算机名或IP地址
Hostname=192.168.19.1
```

图 4.19　修改 zabbix_agentd.win.conf 配置文件参数

在 C:\Windows\SysWOW64 目录下找到 cmd.exe 并右击，在打开的快捷菜单中选择“以管理员身份运行”，如图 4.20 所示，打开 CMD 命令窗口，进入 bin 目录。

图 4.20　以“以管理员身份运行”方式打开 CMD 命令窗口

在 CMD 命令窗口中执行下面的命令：

```
#安装 Zabbix-Agent 服务
>.\zabbix_agentd.exe -i -c ..\conf\zabbix_agentd.win.conf
#启动 Zabbix-Agent 服务
>.\zabbix_agentd.exe -s -c ..\conf\zabbix_agentd.win.conf
```

运行结果如图 4.21 所示，表示启动成功。

```
E:\programpackage\zabbix_agents-4.0.5-win-amd64\bin>.\zabbix_agentd.exe -i -c ..\conf\zabbix_agentd.win.conf
zabbix_agentd.exe [53912]: service [Zabbix Agent] installed successfully
zabbix_agentd.exe [53912]: event source [Zabbix Agent] installed successfully

E:\programpackage\zabbix_agents-4.0.5-win-amd64\bin>.\zabbix_agentd.exe -s -c ..\conf\zabbix_agentd.win.conf
zabbix_agentd.exe [56080]: service [Zabbix Agent] started successfully
```

图 4.21　启动成功

打开任务管理器，单击“服务”，找到 Zabbix Agent 服务，查看其运行状态，如图 4.22 所示。

任务管理器

文件(F)　选项(O)　查看(V)

进程　性能　应用历史记录　启动　用户　详细信息　服务

名称	PID	描述	状态	组
ZhuDongFangYu	4768	主动防御	正在运行	
Zabbix Agent	42644	Zabbix Agent	正在运行	
XboxNetApiSvc		Xbox Live 网络服务	已停止	netsvcs
XboxGipSvc		Xbox Accessory Management Se...	已停止	netsvcs
XblGameSave		Xbox Live 游戏保存	已停止	netsvcs

图 4.22　在任务管理器中查看 Zabbix Agent 服务的运行状态

4.5 Zabbix-Proxy 代理的安装与配置

Zabbix-Proxy 的安装过程与 Zabbix-Server 相同，可参考 4.2 节，其中安装数据库包为 zabbix-proxy-mysql，导入数据库命令如下：

```
    [root@zabbix ~]# zcat /usr/share/doc/zabbix-proxy-mysql*/schema.sql.gz |
mysql -uzabbix -pzabbix zabbix
```

zabbix_proxy.conf 的配置可参考附录。

第 5 章

◂ 配置与使用流程 ▸

通过第 4 章的学习，我们已经了解了 Zabbix 的安装方式，并且搭建了一套完整的 Zabbix 监控体系。从本章开始正式进入 Zabbix 的配置环节，由于 Zabbix 大部分配置工作是在前端 Web 页面进行的，因此在深入了解配置详情之前，我们先了解一下 Zabbix 的配置流程和 Web 界面。本章将作为第 3 章的承接和第 6 章的铺垫，结合配置流程深入理解 Zabbix 监控原理。读者可快速浏览本章，了解 Zabbix 前端界面的构成和操作方法即可。

本章主要涉及的知识点有：

- Zabbix 配置流程
- Web 界面功能解释

5.1 配置流程

如图 5.1 所示，Zabbix 的配置流程大致为：添加主机组→添加主机到主机组→添加应用集到主机→添加监控项并指定监控项到应用集→为监控项配置触发器→配置触发器被触发以后的处理动作→添加用户组并指定用户组对主机组的访问权限→添加用户到用户组中并指定对可访问主机的配置权限→为用户添加报警通知媒体；也可以将处理动作指定为执行远程命令，到达触发状态后，Zabbix 会执行相应的命令。

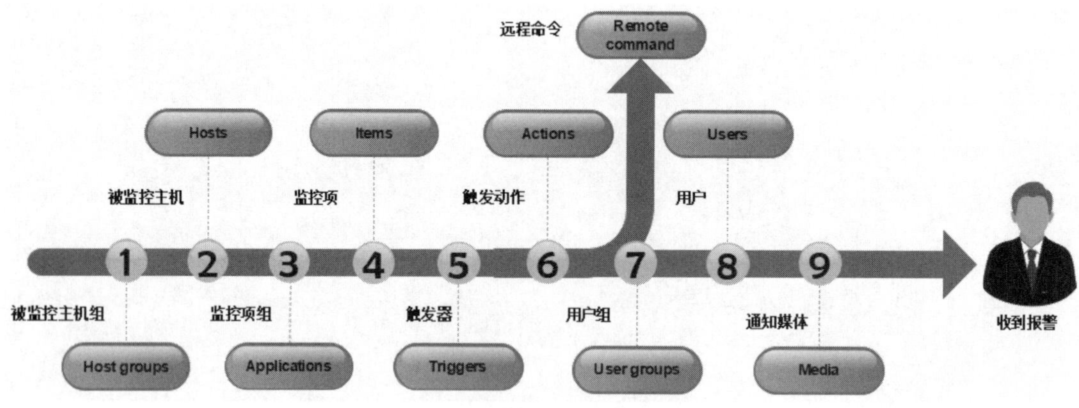

图 5.1　Zabbix 的配置流程

如果要监控的机器过多，手工添加非常烦琐，就可以通过自动注册或自动发现的方式添加主机。

对于获取到数据为数字的监控项，可以为它们创建图形，多个图形可以同时展示在聚合图形中，多个聚合图形可以组合成幻灯片演示，在屏幕中循环展示。

通常情况下，可将通用的应用集、监控项、触发器、图形、自动发现等配置成模板，主机链接模板后就会得到一份专属的配置，模板改变时也会影响链接主机。若想得到一份独立的配置，则可通过解链接获得，此时主机的配置不受模板的影响。

5.2 Zabbix Web 界面功能解释

为了方便用户在多设备远程条件下进行访问，Zabbix 采用 Web 界面配置和展示数据。本节介绍 Zabbix Web 界面（见图 5.2），以菜单栏顺序查看其提供的功能，目的是带领读者快速浏览 Zabbix Web 界面及各模块功能，以便读者了解操作流程，实践时能快速定位操作页面。

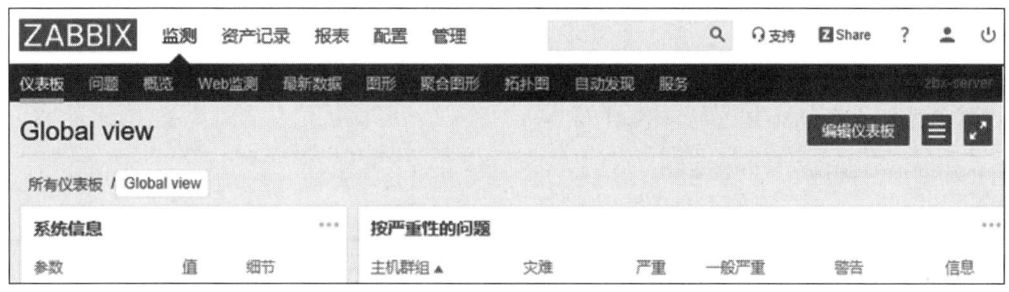

图 5.2　Zabbix Web 主界面（局部）

Zabbix Web 主界面包括监测（Monitoring）、资产记录（Inventory）、报表（Reports）、配置（Configuration）、管理（Administration）5 个模块，接下来将分别介绍这 5 个模块。

5.2.1　“监测”模块

“监测”模块展示所有监测数据。采集到的数据、构建的图形（拓扑图、聚合图形）、产生的告警都在此模块中展示。

1. 仪表板（Dashboard）

“仪表板”界面如图 5.3 所示，该界面是所有监控信息的汇总展示台，方便用户快速总览当前全局监控状态。仪表板由多个组件组成，可以是图形、拓扑图、系统信息、历史数据等组件，用户可以把最关心的组件组合成仪表板，只需切换仪表板就可以直观地查看监控情况。

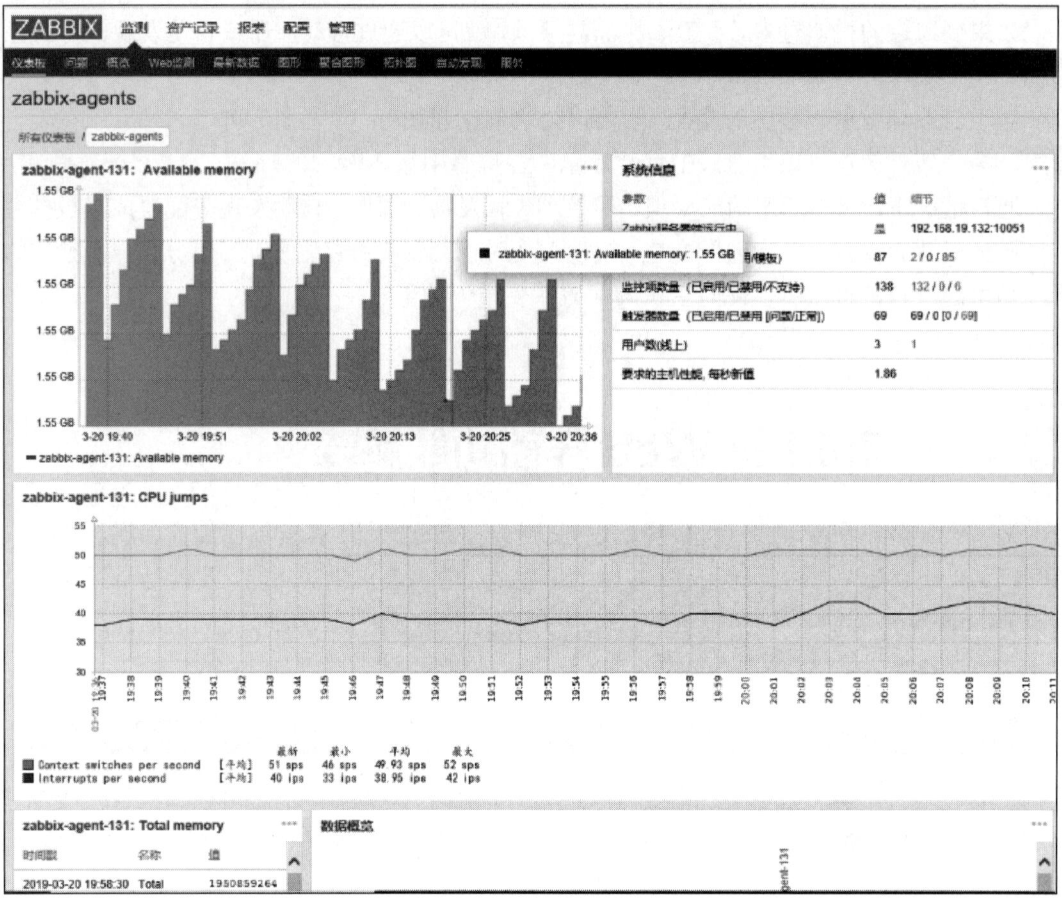

图 5.3 “仪表板”界面（局部）

如图 5.4 所示，单击“所有仪表板”（由于 Zabbix 提供的翻译混用“仪表板”和“仪表盘”，作者为了描述清晰，统一将界面中的“仪表盘”修改为“仪表板”，添加仪表板”修改为“所有仪表板”。其他修改以及如何修改界面文字可参考附录 3）。

图 5.4 单击“所有仪表板”

跳转到仪表板界面，如图 5.5 所示，可以查看所有仪表板列表。

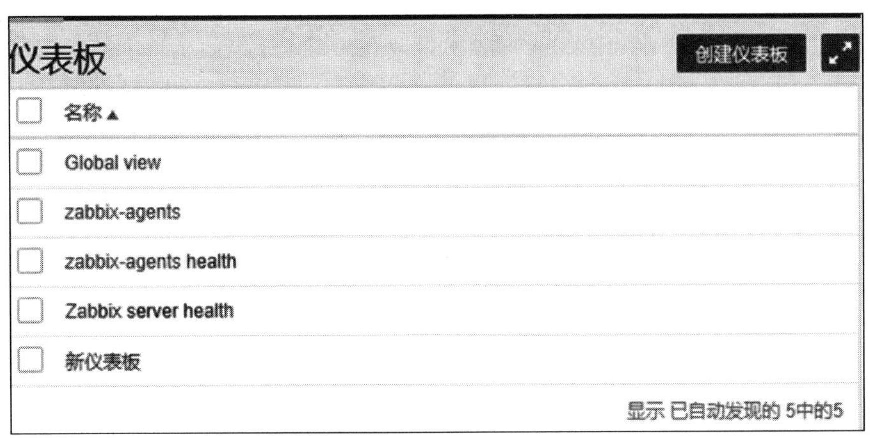

图 5.5　仪表板界面

单击仪表板的名称可跳转到对应的仪表板。勾选要删除的仪表板名称，单击“删除”按钮可以删除选择的仪表板。如图 5.6 所示，单击界面右上方的“创建仪表板”按钮可以创建新的仪表板。

图 5.6　创建仪表板

填写仪表板名，单击“应用”按钮，即可创建新的仪表板，新创建的仪表板如图 5.7 所示。

图 5.7　新的仪表板创建成功

新创建的仪表板不含任何组件，单击“添加新构件”按钮，弹出如图 5.8 所示的窗口，可通过此窗口添加新构件。

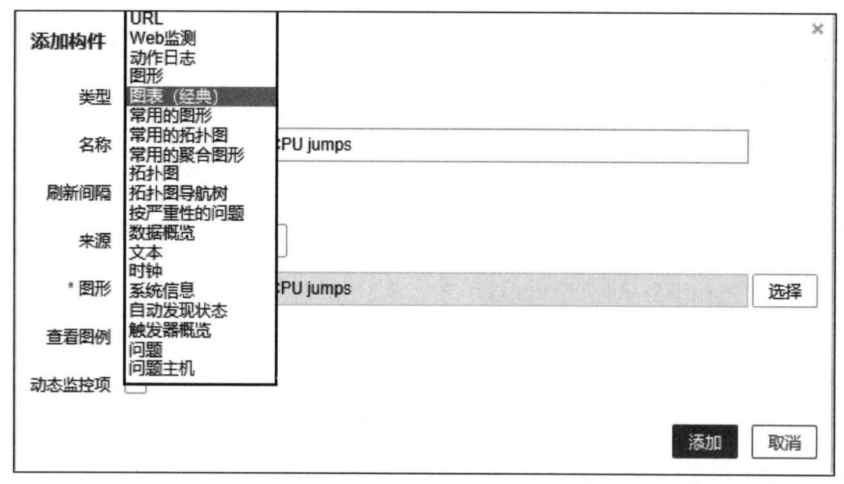

图 5.8　选择构建类型

“类型”指组件类型；“名称”由用户自己指定；“刷新间隔”为组件指定刷新时间，若不指定，则 Zabbix 将采用默认的刷新时间。组件的默认刷新时间与组件类型有关，如 URL 类型组件默认不刷新，而“时钟”类型组件默认刷新时间为 15 分钟。

图 5.9 所示为创建的一个组件示例，该组件类型为“图表（经典）”，监控项为主机 192.168.19.131 的 Available memory。此时可以单击组件界面右上方的⚙图标重新配置组件，或者单击🗑图标删除组件。配置完成后，切记单击仪表板界面右上方的“保存设置”按钮，保存组件的设置。

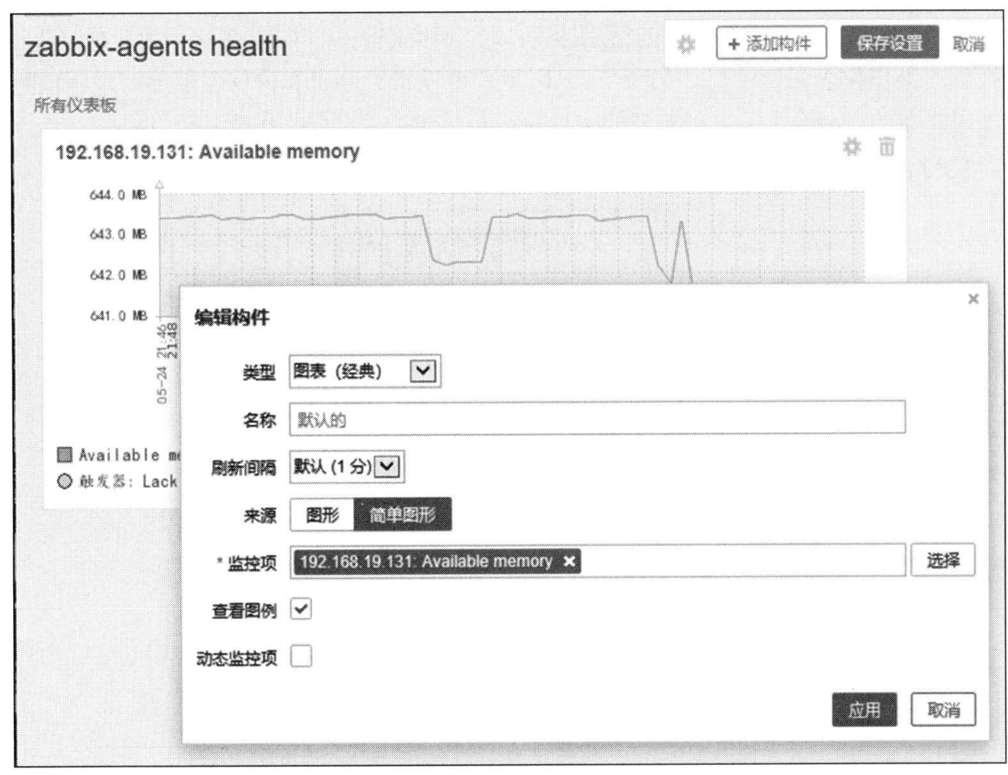

图 5.9　组件示例

保存设置后的界面如图 5.10 所示，此时也可以单击组件界面右上方的 ••• 图标更改组件刷新时间。单击仪表板界面右上方的“编辑仪表板”按钮，可切换到“仪表板”组件编辑模式，编辑之后记得单击“保存设置”按钮保存设置。

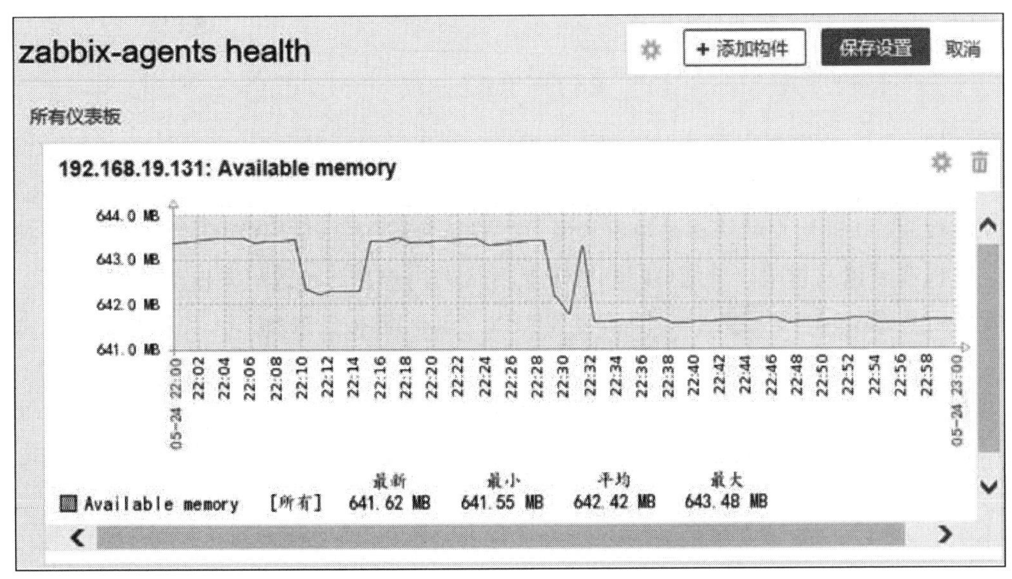

图 5.10　编辑仪表板

单击“编辑仪表板”按钮右侧的图标可以打开操作菜单，如图 5.11 所示。单击“分享”命令弹出“共享仪表板”窗口，如图 5.12 所示，可以指定能查看该仪表板的用户组或用户；单击“创建新的”命令，可以创建新的空白仪表板。单击“克隆”按钮，可以得到一份此仪表板的新复制品：单击“删除”按钮，可以删除这个仪表板。

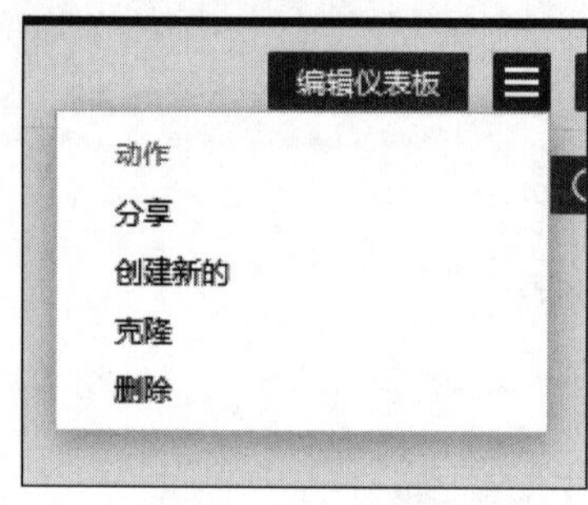

图 5.11　操作菜单

共享仪表板

类型　Private（私人的）　公开

用户组共享列表

用户群组	权限	动作
监控平台	只读　读写	移除
添加		

用户共享列表

用户	权限	动作
监控平台用户	只读　读写	移除
添加		

更新　取消

图 5.12　共享仪表板

默认情况下，所有用户都可以看到该仪表板，若想指定可见用户，则可以在“用户组共享列表”和“用户共享列表”中指定用户权限。Zabbix 超级管理员身份（见 8.6.2 小节）的用户拥有所有权限，普通用户和管理员身份的用户在只读权限下只可以查看和克隆仪表板，编辑和删除仪表板需要读写权限，普通用户和管理员身份的用户无法更改仪表板的属主用户。

单击仪表板界面中的图标可以放大仪表板界面，图标变为后，再次单击可以全屏显示。

若有“图形”类型的组件，则“编辑仪表板”按钮下方会出现一个时间选择器（见图 5.13），单击图标在日历中选择图形展示时间范围；也可以直接单击“最近 2 天”等展示相应时间区间的图形。单击图标可将时间区间前移，单击图标可将时间区间后移，单击 缩小 图标可缩小图形视图，展示更密集的图形。

图 5.13　时间筛选器

若在创建组件（图表或文本类型）的过程中勾选了“动态监控项”，则“编辑仪表板”按钮左侧会生成主机筛选器（见图 5.14），在此选择其他主机组或主机，即可展示其他主机相同监控项的图形。

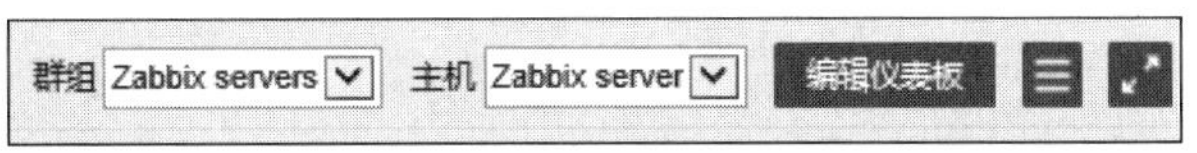

图 5.14　主机筛选器

2. 问题（Issue）

“问题”模块展示处于“问题”状态下的触发器。“问题”界面如图 5.15 所示，在此界面可查看当前存在的问题。单击复选框，可以跳转到“更新问题”界面，批量更新选择的问题，参见 7.1 节。

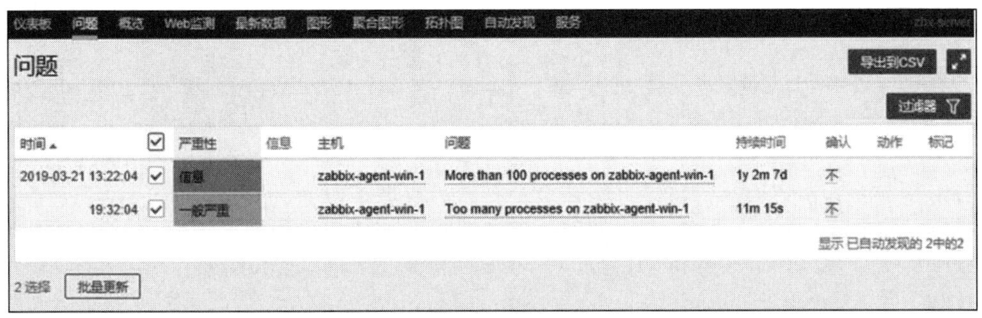

图 5.15　“问题”界面

单击界面右上方的“导出到 CSV”按钮，可将问题导出到本地文件中。

单击“过滤器”按钮，展开过滤器，过滤器用于筛选用户感兴趣的问题，如图 5.16 所示。

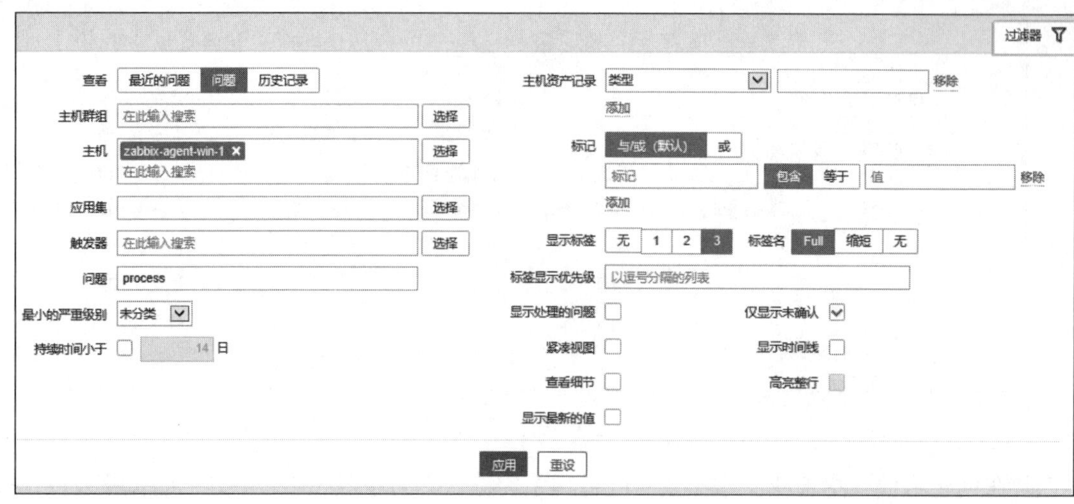

图 5.16　“问题”界面的过滤器

3. 概览（Overview）

“概览”用于总览触发器状态，展示主机组里面所有主机的触发器状态，不同颜色代表不同的问题严重性，闪烁表示该触发器最近两分钟有过状态变化。单击界面右上方的“群组”下拉框，即可切换主机组，“概览”界面如图 5.17 所示。

图 5.17　“概览”界面

单击“类型”下拉菜单，可指定类型为“数据”，此时展示主机组所有主机的监控值数据。单击“主机位置”下拉菜单，可将主机名称按列显示修改为按行显示。图 5.18 所示为指定“类型”为“数据”，“主机位置”为“顶部”的部分截图。

图 5.18　指定“类型”为“数据”，“主机位置”为“顶部”的部分截图

单击界面右上方的“过滤器”按钮，可筛选展示条件。单击主机名称、触发器颜色方块或监控项值弹出相应的菜单栏，通过菜单栏可以跳转到主机、触发器、监控项的相关界面。

4. Web 监测（Web monitoring）

“Web 监测”界面展示 Web 监测的当前信息，界面如图 5.19 所示。

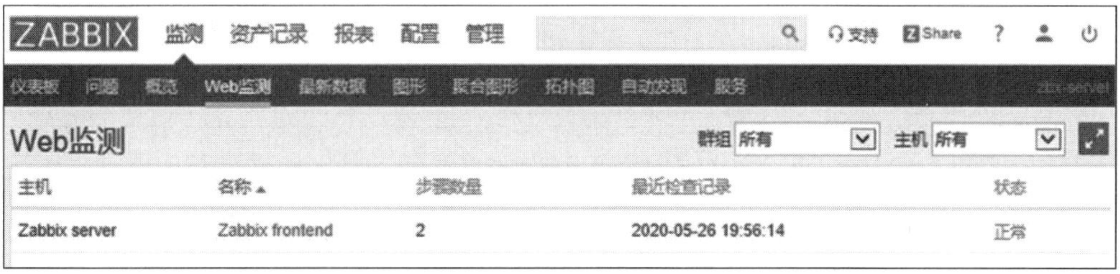

ZABBIX　监测　资产记录　报表　配置　管理　支持　Share

仪表板　问题　概览　Web监测　最新数据　图形　聚合图形　拓扑图　自动发现　服务

Web监测　群组 所有　主机 所有

主机	名称 ▲	步骤数量	最近检查记录	状态
Zabbix server	Zabbix frontend	2	2020-05-26 19:56:14	正常

图 5.19　“Web 监测”界面

单击名称列表里面的名称，跳转到监测详情界面，如图 5.20 所示。

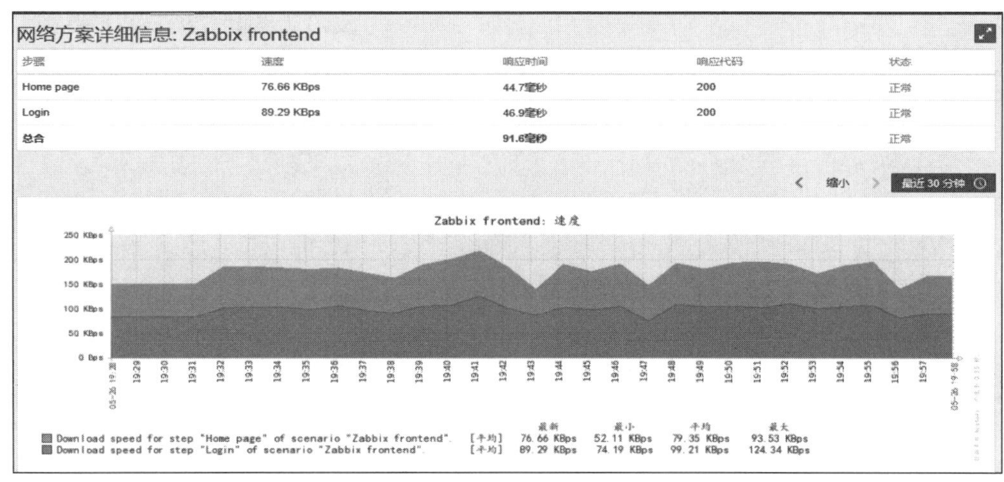

图 5.20　Web 监测详情

5. 最新数据（Lastest data）

“最新数据”界面可以查看监控项采集的最新值，也可以查看各监控项历史数据生成的图形，如图 5.21 所示。单击“过滤器”可以选择要展示的主机群组、主机、应用集，或者通过输入监控项名称中的字符串作为筛选条件，查看最近的采集数据。在过滤器中勾选“查看无资料项目”复选框显示没有数据的监控项，勾选“查看细节”复选框显示监控项的键值。

图 5.21　“最新数据”界面

勾选监控项名称对应的复选框，在页面最下方单击“显示堆叠数据图”按钮可生成堆叠数据图，单击“显示数据图”按钮可生成对比数据图，如图 5.22 所示。

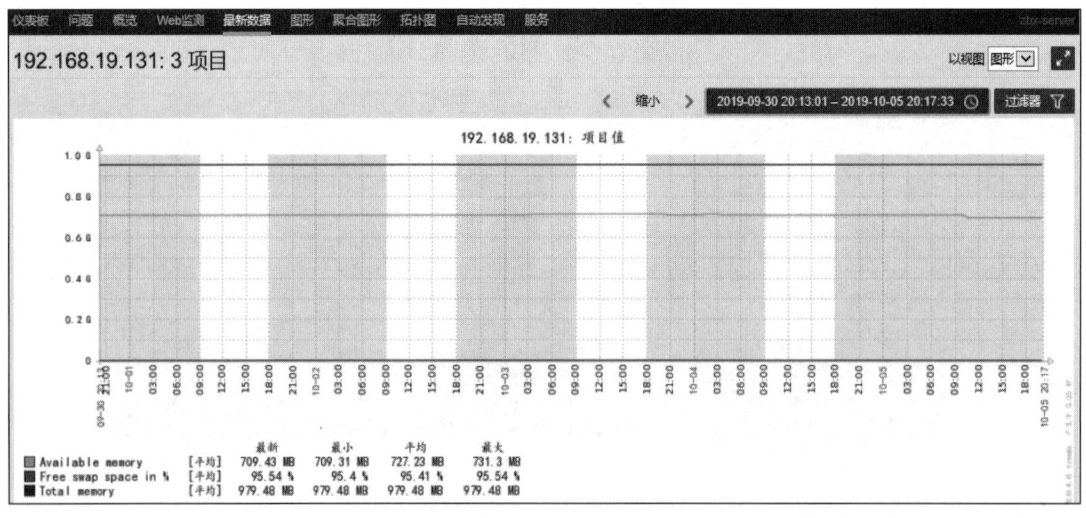

图 5.22　显示数据图

6. 图形（Graphs）

在“图形”界面中可以访问所有自定义图形，如图 5.23 所示。在界面右上方的下拉框中分别选择主机组、主机、图形名称，可以显示选择的图形。

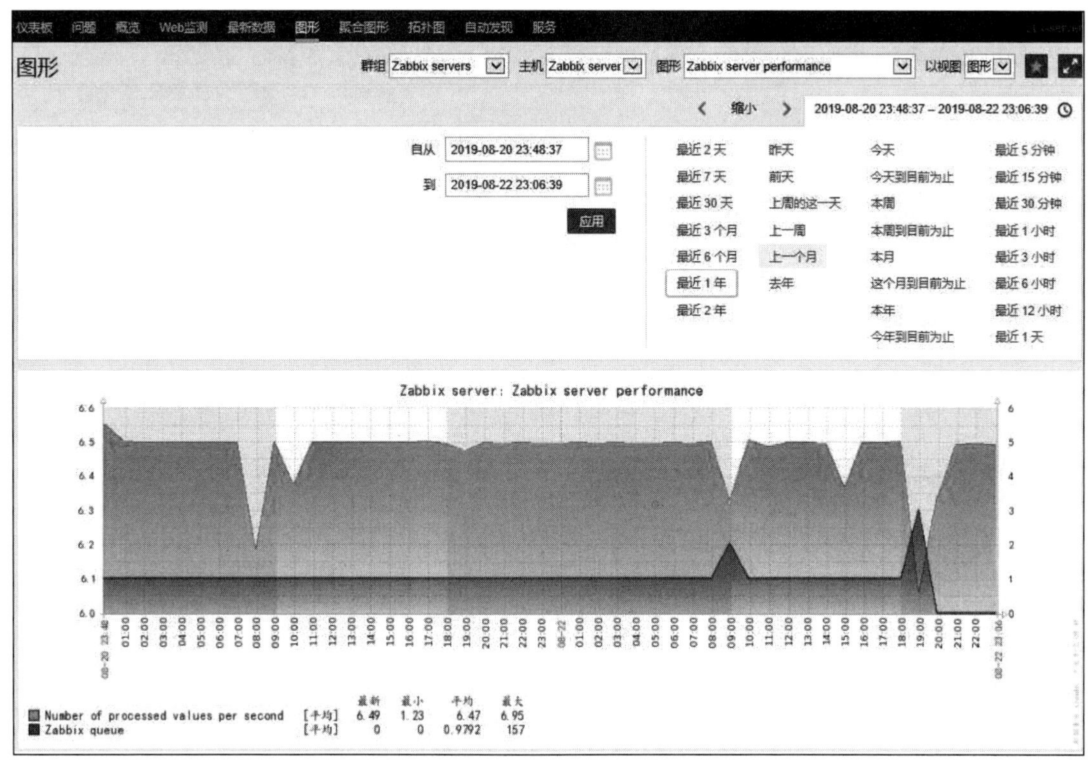

图 5.23　查看图形

单击“以视图”下拉框，选择“值”可查看图形所对应监控项的历史数据，结果如图 5.24 所示。

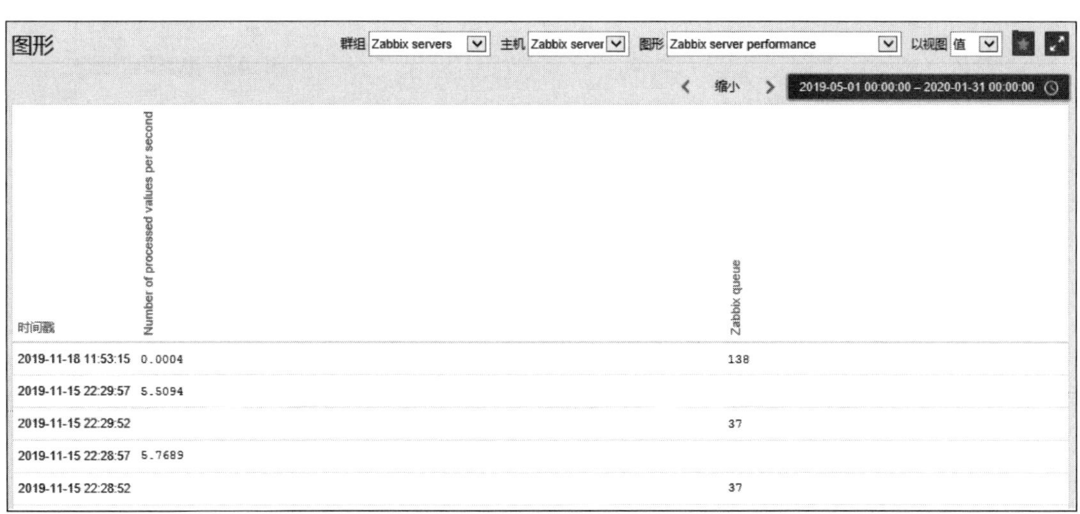

图 5.24　查看历史监控项值

单击☆图标可以收藏该图形为常用的图形，可单独将常用的图形作为仪表板的组件。

7. 聚合图形（Screens）

在“聚合图形”界面中可以配置、管理、查看聚合图形和幻灯片演示，如图 5.25 所示。

仪表板 问题 概览 Web监测 最新数据 图形 聚合图形 拓扑图 自动发现 服务 zbx-server

聚合图形 聚合图形 创建聚合图形 导入

过滤器

名称▼	图表规格 (列 x 行)	动作
聚合	1 x 2	属性 构造函数
Zabbix server	2 x 4	属性 构造函数

图 5.25 “聚合图形”界面

单击界面右上方的下拉框可选择“幻灯片演示”，如图 5.26 所示。

仪表板 问题 概览 Web监测 最新数据 图形 聚合图形 拓扑图 自动发现 服务 zbx-server

幻灯片演示 幻灯片演示 创建幻灯片播放

过滤器

名称▲	延迟	幻灯片数量	动作
Slide shows	30s	2	属性

图 5.26 切换到“幻灯片演示”界面

在“聚合图形”界面单击“创建聚合图形”按钮可以创建新的聚合图形，单击“导入”按钮可将 XML 格式的文件导入聚合图形，勾选名称列表可对选中的聚合图形进行批量删除或导出操作，单击名称可进入聚合图形展示界面，如图 5.27 所示。

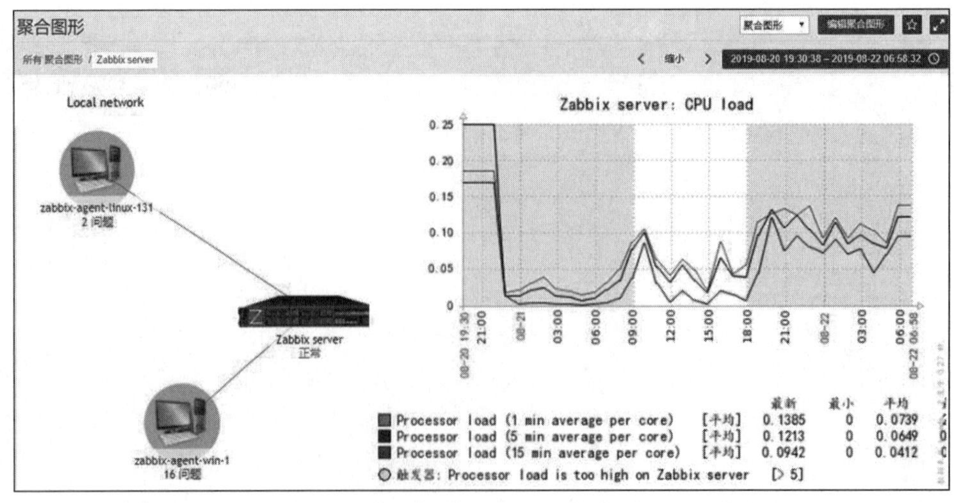

图 5.27 聚合图形展示界面

单击图 5.25 所示动作列的“属性”，跳转到聚合图形属性界面，如图 5.28 所示。

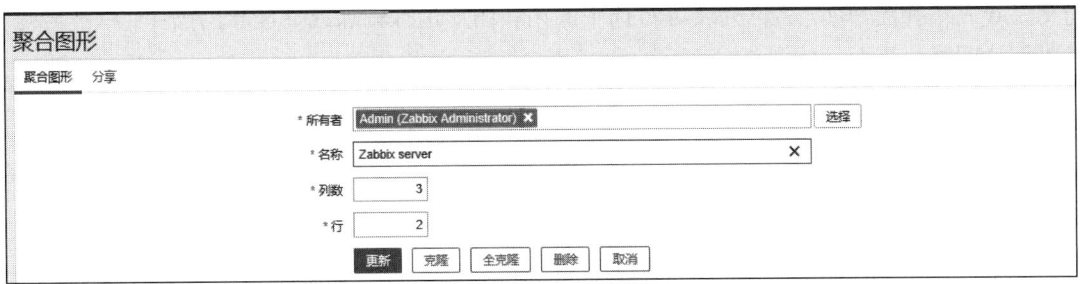

图 5.28　聚合图形属性界面

单击图 5.25 所示动作列的“构造函数”按钮，跳转到聚合图形编辑界面，如图 5.29 所示，在此界面中可单击“+”“-”图标或“更改”按钮来修改聚合图形的布局。

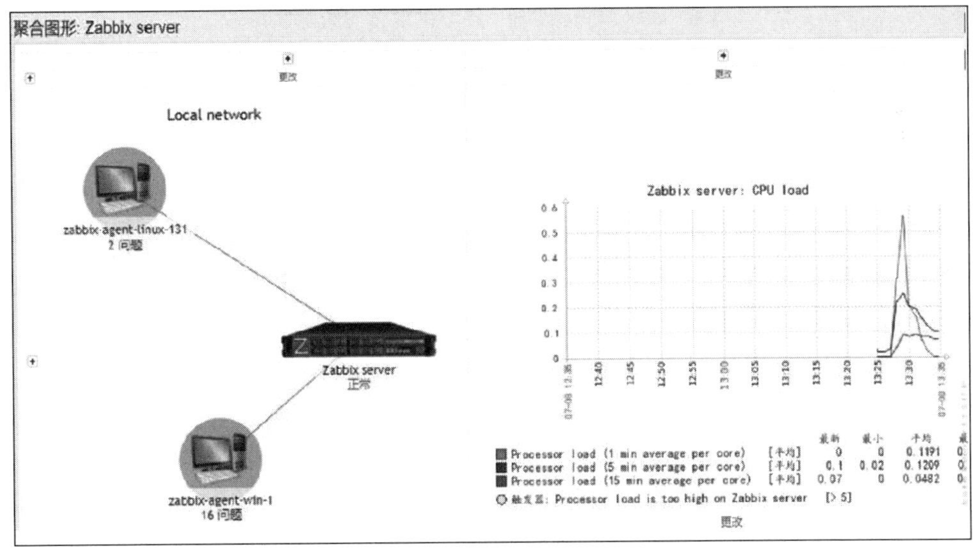

图 5.29　聚合图形编辑界面

8. 拓扑图（Map）

“拓扑图”界面用于创建和展示网络设备基础架构图形，如图 5.30 所示。

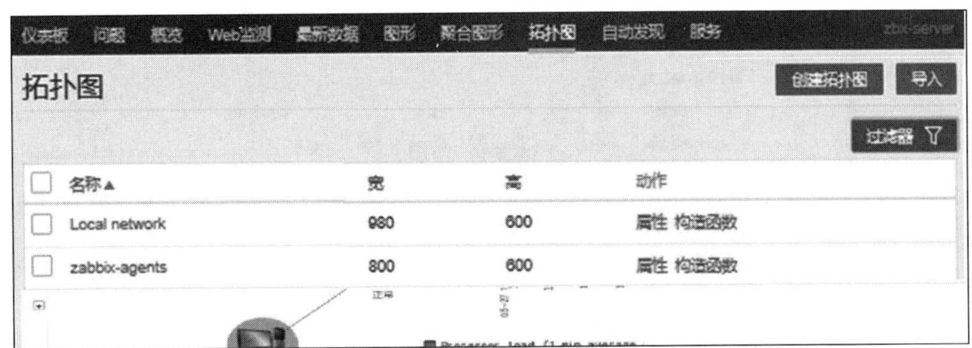

图 5.30　“拓扑图”界面

单击“创建拓扑图”按钮可以创建新的网络拓扑图，单击“导入”按钮可通过 XML 格式的文件导入拓扑图，勾选名称列表可对选中的拓扑图形进行删除或批量导出操作，单击名称可进入拓扑图展示界面，如图 5.31 所示。

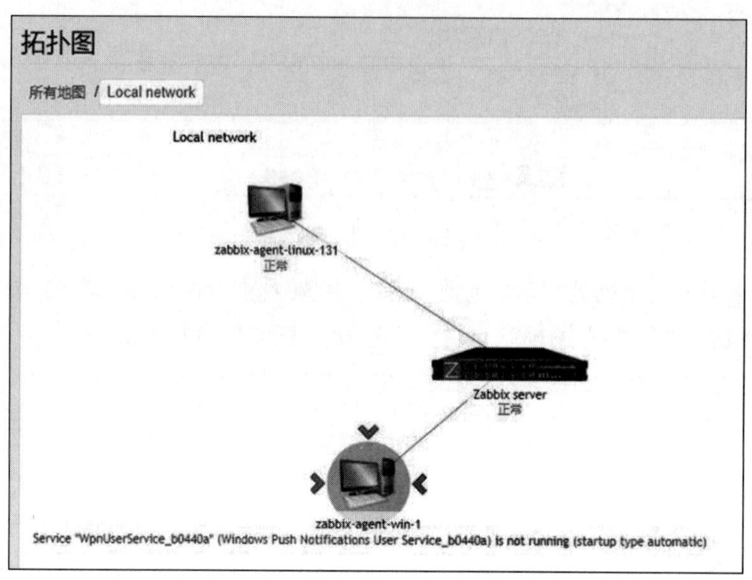

图 5.31　拓扑图展示界面

单击图 5.30 所示动作列的“属性”，可跳转到拓扑图属性界面，如图 5.32 所示。

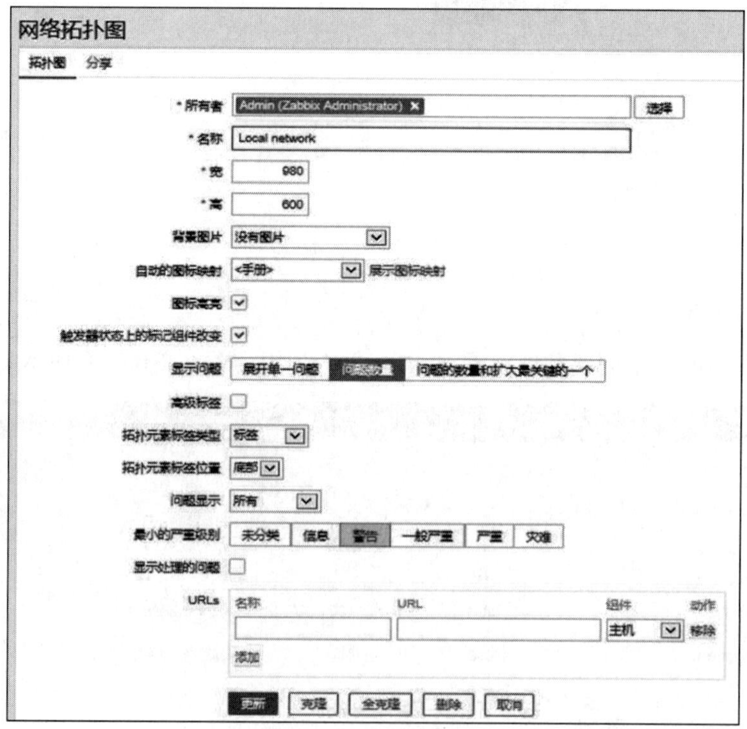

图 5.32　拓扑图属性界面

单击图 5.30 所示动作列的“构造函数”按钮，可跳转到拓扑图编辑界面，如图 5.33 所示。

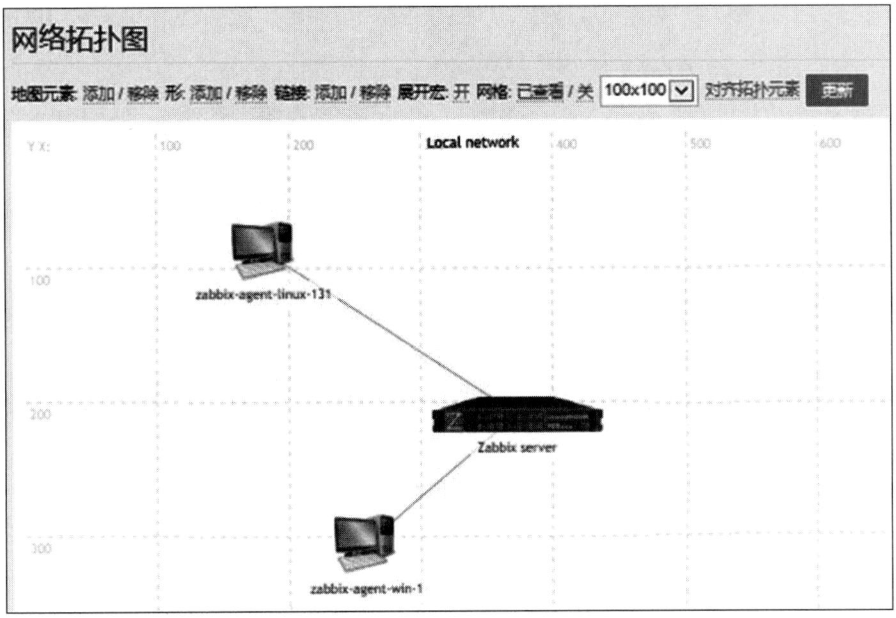

图 5.33　拓扑图编辑界面

9. 自动发现（Discovery）

“自动发现”界面展示通过网络自动发现的设备列表，如图 5.34 所示。如果设备已被监控，就会在已发现的主机列中显示主机名，并且显示自上次发现设备的持续时间和设备的各个服务状态。

图 5.34　“自动发现”界面

10. 服务（Services）

“服务”界面展示 Zabbix IT 服务的状态，如图 5.35 所示，该界面可以显示所有 IT 服务列表及其状态和 SLA 数据。单击界面右上方的下拉菜单可以选择展示的显示时间周期。单击服务名称可以查看 IT 服务可用性报告。

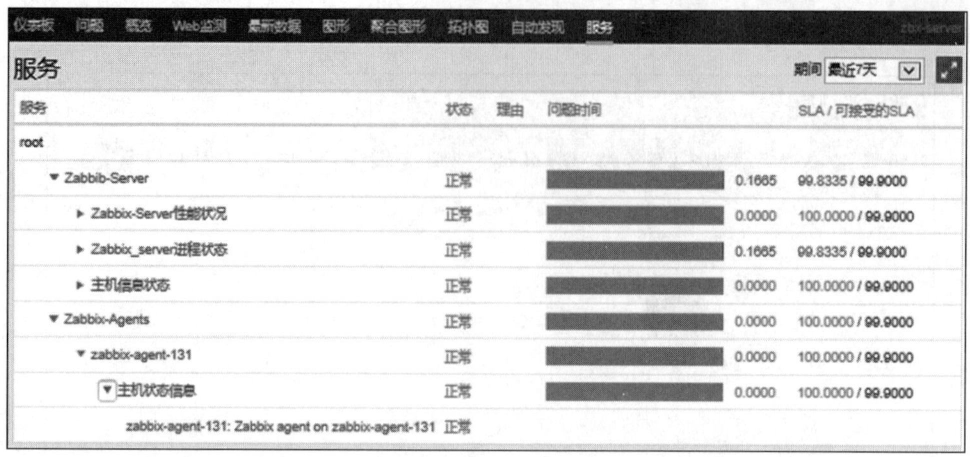

图 5.35 “服务”界面

5.2.2 资产管理

“资产管理”模块展示主机的资产管理信息。资产管理可在“配置”→“主机”→“主机资产记录”中配置，如图 5.36 所示。主机资产记录默认处于禁用模式，若要手动填入资产记录，则可切换到手动模式；若要根据监控项自动填入资产记录，则需切换到自动模式，且在监控项配置时在“主机资产记录”选项卡选择对应的资产记录项。

图 5.36 主机资产记录配置方式

1. 概览（Dverview）

“概览”界面如图 5.37 所示，用于显示具有该资产字段的主机数。单击主机计数中的数字可跳转到“主机”界面。在界面右上方的“群组”下拉框选择群组，在“群组化之于”下拉框选择筛选的资产记录项。

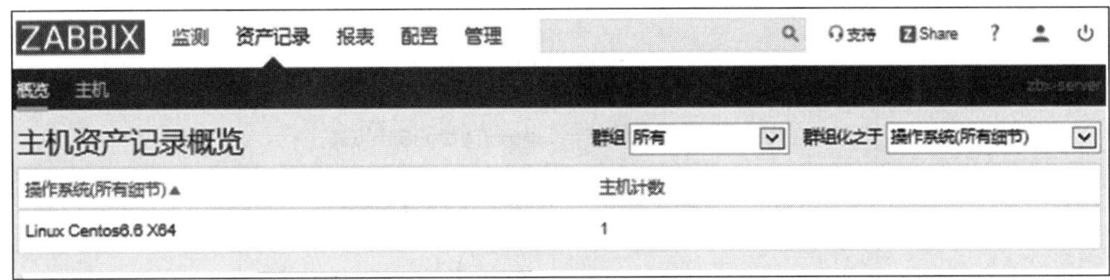

图 5.37　“概览”界面

2. 主机（Hosts）

“主机”界面展示所有筛选后具有资产信息条件的主机，如图 5.38 所示。

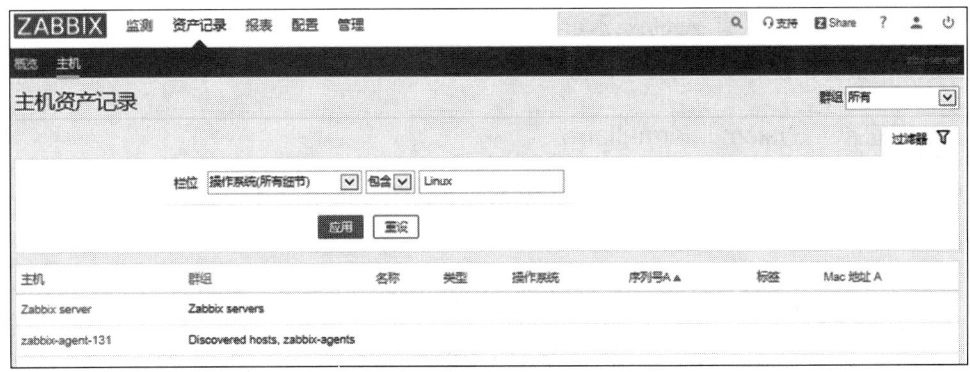

图 5.38　“主机”界面

单击主机名将以表单形式显示资产明细，如图 5.39 所示。

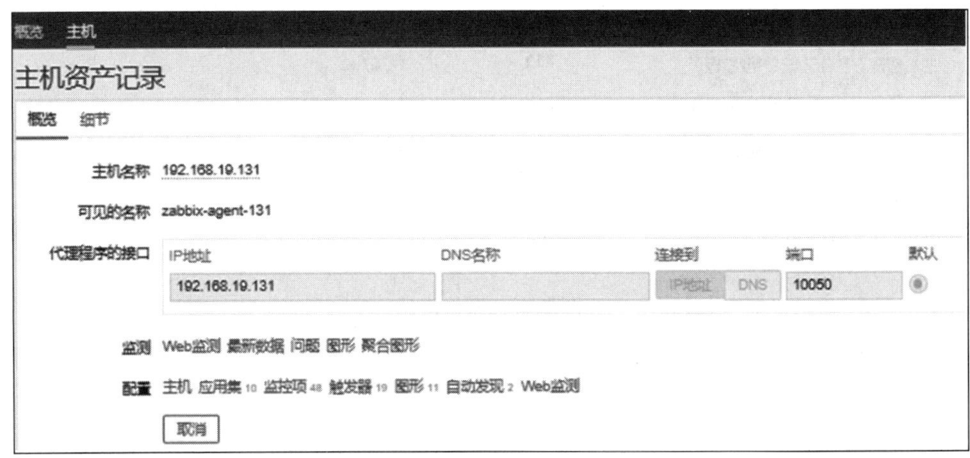

图 5.39　主机资产记录概览

接着单击“细节”可展示该主机所有的资产记录信息，如图 5.40 所示。

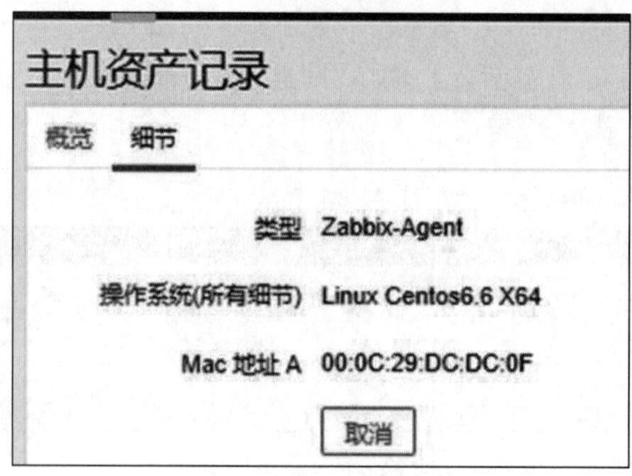

图 5.40　主机资产记录细节

5.2.3　报表

“报表”模块展示所有 Zabbix 预定义和用户自定义的报表，这些报表侧重于展示系统信息、触发器和报警情况。

1. 系统信息（System information）

“系统信息”模块展示 Zabbix 系统关键数据的统计，如图 5.41 所示。此报表也可作为仪表板组件来显示。

系统信息

参数	值	细节
Zabbix服务器端运行中	是	localhost:10051
主机数量（已启用/已禁用/模板）	111	12/0/99
监控项数量（已启用/已禁用/不支持）	1060	990/0/70
触发器数量（已启用/已禁用/[问题/正常]）	486	486/0[14/472]
用户数（线上）	4	2
要求的主机性能，每秒新值	10.06	

图 5.41　系统信息

“系统信息”展示的参数解释如表 5.1 所示。

表 5.1 "系统信息"参数解释

参 数	值	详 情
Zabbix 服务器端运行中	Yes：服务器正在运行； No：服务器未在运行。 （为确保 Web 前端知道服务器正在运行，服务器上必须至少存在一个 Trapper 进程）	Zabbix 服务器 IP 地址：端口
主机数量	配置的主机总数（含模板）	已监控主机数量/未监控主机/模板数
监控项数量	监控项总数	已监控/禁用/不受支持的项目数
触发器数量	触发器总数	启用/禁用触发器数目[问题/正常状态]
用户数	用户总数	在线人数
要求的主机性能，每秒新值	Zabbix 服务器每秒处理新值的预期数量	

2. 可用性报表（Availability report）

"可用性报表"模块展示每个触发器在问题/正常状态中的时间比例，如图 5.42 所示，通过查看可用性报表可以快速查看系统上各监控内容的可用性情况。单击界面右上角的"模式"下拉框可选择"按主机"或"按触发器模板"展示报表。单击触发器名称，可跳转到该触发器的"问题"界面。

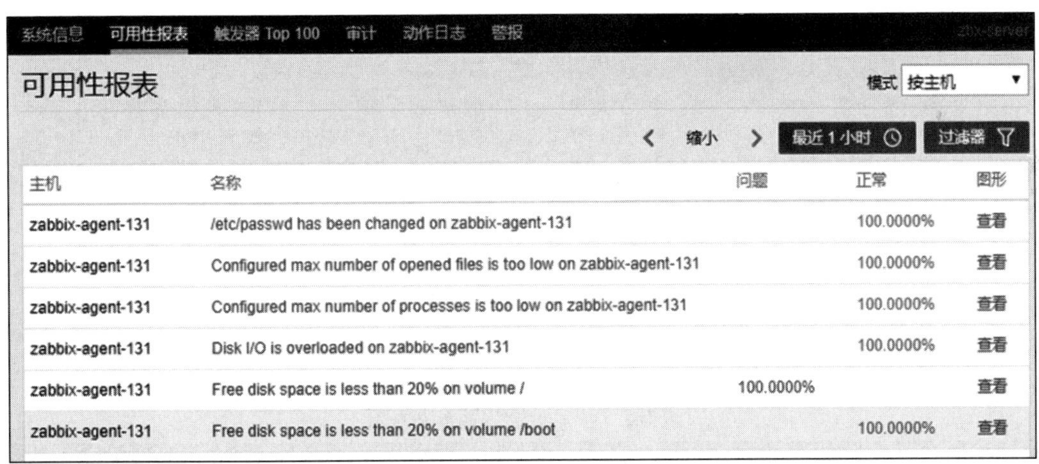

图 5.42 可用性报表

3. 触发器 Top 100（Triggers top 100）

"触发器 Top 100"模块展示更改状态最多的触发器，按状态更改次数排序，如图 5.43 所示，可通过主机群组、主机、严重性属性来筛选要展示的内容。单击主机名称、触发器可以弹出主机、触发器相关菜单。

图 5.43　触发器 Top 100

4. 审计（Audit）

“审计”模块展示用户在 Web 端的操作记录。“审计”界面如图 5.44 所示。

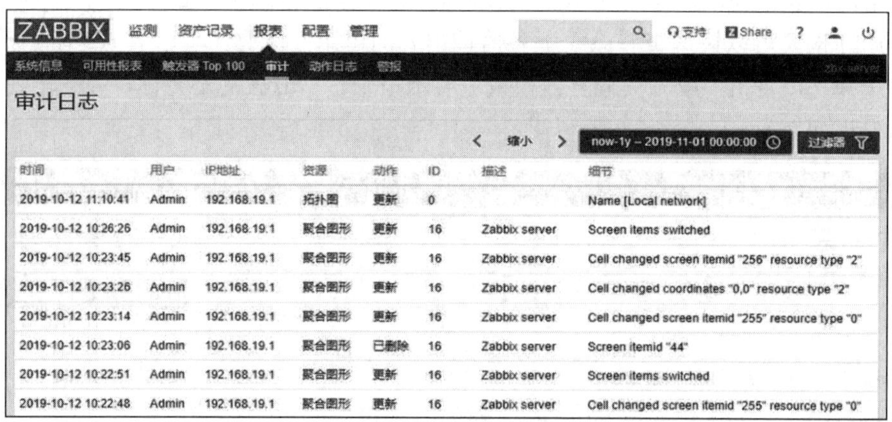

图 5.44　“审计”界面

“审计”界面参数解释如表 5.2 所示。

表 5.2　“审计”界面参数解释

参　数	功能介绍
时间	审计记录的时间
用户	发出操作的用户
IP 地址	用户所使用主机的 IP 地址
资源	显示用户操作所影响的资源类型，如用户对监控项做了调整，则资源为“监控项”
动作	操作类型，包括登录、注销、添加、更新、删除、启用或禁止
ID	显示受影响资源的 ID
描述	显示资源的描述
细节	显示用户操作内容的详细信息

5. 动作日志（Action log）

“动作日志”模块展示执行过动作（发送通知、远程命令）的历史记录。“动作日志”界面如图 5.45 所示。

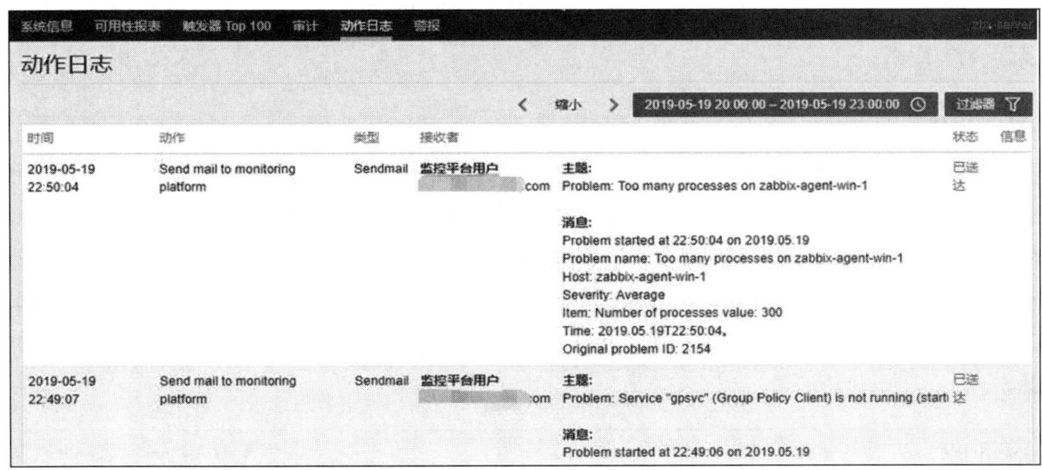

图 5.45　“动作日志”界面

6. 警报（Notifications）

“警报”模块展示发送给各个用户的通知数量。“警报”界面如图 5.46 所示。在界面右上方的下拉菜单中，可以选择媒体类型、展示周期（每天/周/月/年）和发送通知的年份。选择查看条件后，显示期间内向各个用户发送通知的次数。

图 5.46　“警报”界面

5.2.4 配置

“配置”模块用于 Zabbix 各种核心功能的配置，“监测”“资产记录”和“报表”上面展示的内容都需要经过“配置”模块配置后才可以产生。此模块的配置内容包括主机组、模板、主机、监测内容、触发器、展示图形、Web 监控、维护时间、处理动作、关联事件、自动发现规则、IT 服务。

1. 主机群组

“主机群组”中可以配置和修改主机组。主机群组管辖主机和模板，界面如图 5.47 所示。单击界面右上方的“创建主机群组”按钮，输入主机组名称可以创建新的主机组；勾选名称可以对主机组执行批量启用主机、批量禁用主机和批量删除所选的主机组操作；单击主机组名称可跳转到主机组配置界面；单击“主机”名称可查看该主机组下辖的主机列表；单击“模板”按钮可查看该主机组下辖的模板列表；单击“成员”列的成员名称可跳转到相应主机或模板配置界面。

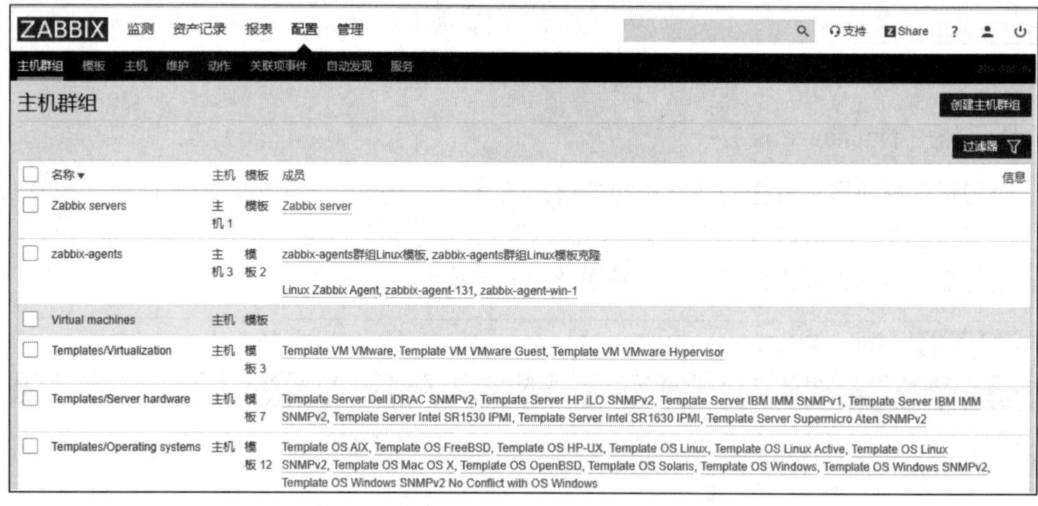

图 5.47 “主机群组”界面

2. 模板（Templates）

在“模板”界面中，用户可以配置通用模板，界面如图 5.48 所示，单击界面右上方的“群组”下拉框可以选择要显示的群组；单击“创建模板”按钮可以跳转到新建模板界面；单击“导入”按钮可将 XML 格式的文件导入为模板；在过滤器中可以筛选要显示的模板名称和链接的模板；勾选模板名称可以对选中的模板进行导出等批量操作；单击“应用集”“监控项”等按钮可跳转到相应的应用集、监控项界面；“链接的模板”表示该模板链接的其他模板；“已链接到”列出链接了该模板的主机或模板。

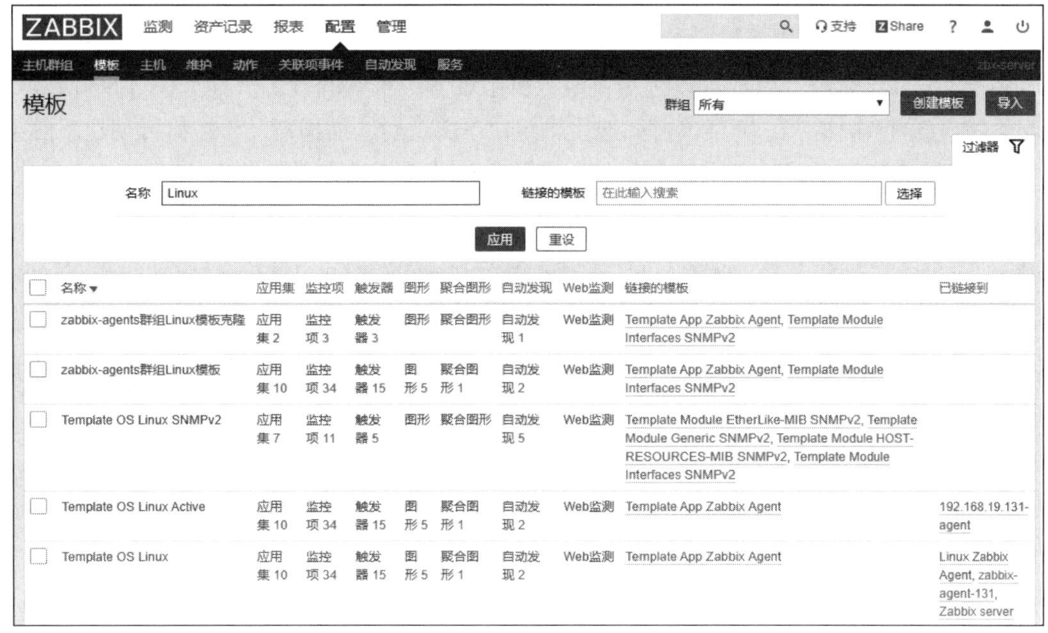

图 5.48　“模板”界面

3. 主机（Hosts）

在“主机”界面中，用户可以查看和配置监控的主机设备，界面如图 5.49 所示。单击界面右上方的“群组”下拉框可选择主机组；单击“创建主机”按钮可跳转到创建主机界面；单击“导入”按钮可通过 XML 格式的文件导入主机配置；“过滤器”可根据名称、模板、被 Server 还是 Proxy 监控、地址来筛选主机；勾选主机名称可对主机进行批量操作；单击主机名称可跳转到主机配置界面；单击应用集、监控项、触发器、图形、自动发现、Web 监控、模板可查看相关项；单击“状态”可切换主机是否被监控的状态；“可用性”为绿色表示相关协议通信正常，红色表示异常，灰色表示未知；“agent 加密”显示 Agent 采用哪种加密方式；“信息”显示主机的错误信息。

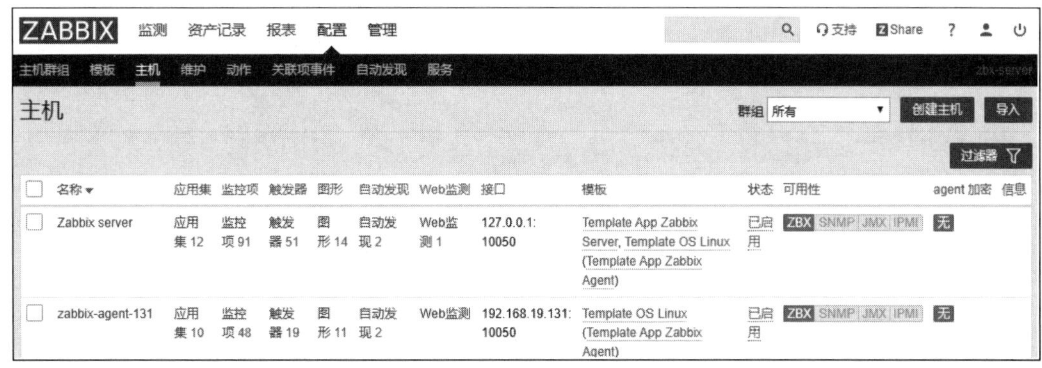

图 5.49　“主机”界面

4. 维护（Maintenance）

在“维护”界面中，用户可以为主机或主机组设置维护时间段，界面如图 5.50 所示。单击界面右上方的“群组”下拉菜单可筛选主机组；单击“创建维护期间”按钮可创建新的维护时间；在过滤器中可通过设置名称和维护状态筛选出要显示的维护。

图 5.50 “维护”界面

5. 动作（Actions）

在“动作”界面中，用户可以配置触发器到达触发条件后要进行的下一步动作，或自动发现、自动注册发现新设备时要处理的动作，界面如图 5.51 所示。单击“事件源”下拉菜单可切换处理触发器、自动发现、自动注册还是产生的事件；单击“创建动作”按钮可创建新的处理动作；单击动作名称可跳转到动作配置界面；单击状态可切换该动作的“已启用/停用的”状态。

图 5.51 “动作”界面

6. 关联项事件（Event correlation）

“关联项事件”界面如图 5.52 所示。在此界面中，用户可以配置 Zabbix 事件的全局关联规则。单击界面右上方的“创建关联项”按钮将跳转到创建新的全局关联规则界面；勾选名称列中的关联项事件名称可对选中的关联项事件进行批量操作；单击关联事件名称将跳转到关联事件配置界面；单击“状态”可切换“已启用/禁用的”状态。

图 5.52　“关联项事件”界面

7. 自动发现（Discovery）

“自动发现”界面如图 5.53 所示。在此界面中，用户可以配置自动发现规则。单击界面右上方的“创建发现规则”按钮，可跳转到创建新的发现规则界面；勾选名称可对自动发现规则进行批量操作；单击自动发现名称可跳转到自动发现规则配置界面；“状态”用于切换自动发现规则的“已启用/禁用的”状态。

图 5.53　“自动发现”界面

8. 服务（Services）

“服务”界面如图 5.54 所示。此界面用于配置 IT 服务层次结构，可以 root 作为根节点，建立 IT 服务层次结构树。单击“服务”名称可跳转到相关服务配置界面，单击“添加子节点”链接可添加新的 IT 服务叶子节点。

图 5.54 “服务”界面

5.2.5 管理

“管理”模块用于配置 Zabbix 的管理功能，此界面只有超级管理员可以访问。

1. 常规（General）

“常规”界面如图 5.55 所示，用于前端显示设置以及一些 Zabbix 通用配置。单击界面右上方的下拉菜单，可选择设置各个子界面。

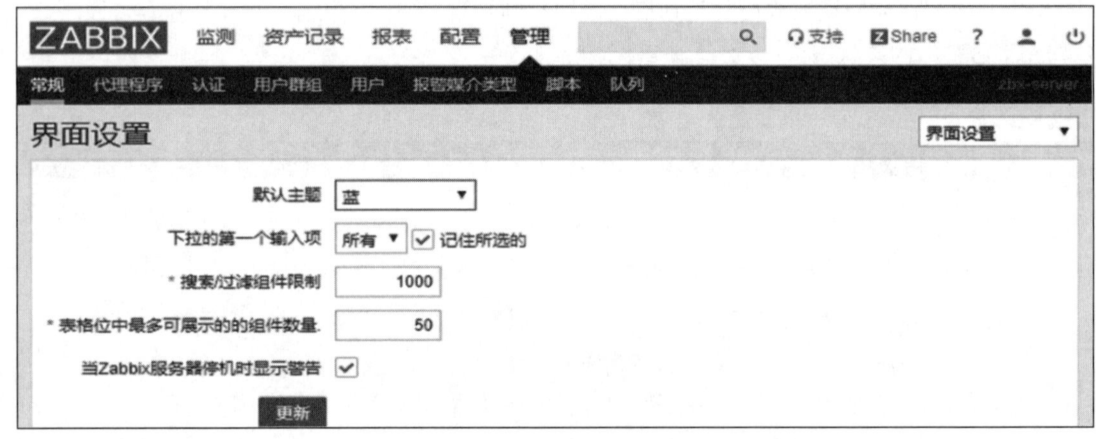

图 5.55 “常规”界面

（1）界面设置主题

如图 5.55 所示，“常规”模块默认子界面即为“界面设置”，“界面设置”提供前端展示方面的设置。此界面中各选项解释如表 5.3 所示。

表 5.3 “界面设置”子界面

参 数	描 述
默认主题	Zabbix Web 系统默认主题 用户可在“个人资料”中选择使用系统默认主题或者指定其他主题
下拉的第一个输入项	Web 界面中，下拉框默认显示第一个元素为“所有”或“无”；若勾选“记住所选的”复选框，则跳转到其他界面时，会保存该界面中最后一次选择的元素
*搜索/过滤组件限制	被过滤器筛选后最多显示多少个元素
*表格位中最多可展示的组件数量	表格中最多展示多少个元素（如“主机组”界面中的“成员”列，超出限定数将以...表示）
当 Zabbix 服务器停机时显示警告	勾选后，如果 zabbix_server 进程停止运行，将在页面下方显示一条警告信息

（2）“管家（Housekeeping）”子界面

“管家”子界面如图 5.56 所示，用于配置 Zabbix 管家进程执行周期。执行管家进程将清除过期历史记录。

图 5.56 “管家”子界面

本界面可以配置“事件和报警”“服务”“审计”“用户会话”“历史记录”“趋势”类型数据的数据存储期。勾选“开启内部管家”复选框，执行管家进程时将对此类数据进行清除工作；设置“数据存储期”将保留存储期内的数据，清除存储期外的数据。对于“历史记录”和“趋势”，若勾选“覆盖监控项历史/趋势期间”，则此设置将覆盖配置监控项时设置的数据保留期（参见 6.5 节）。

（3）“图片（Images）”子界面

“图片”子界面如图 5.57 所示，该界面展示了所有 Zabbix 自带或用户导入的图片元素。单击“类型”下拉菜单可切换展示“图标”类型元素或者“背景”类型元素，“图标”类型元素可用于构造拓扑图，“背景”类型元素可用作拓扑图背景；单击“创建图标”按钮或“创建背景”按钮可以导入本地图片元素。

图 5.57　“图片”子界面

（4）“图标映射（Icon mapping）”子界面

“图标映射”子界面允许用户使用图标为主机创建映射，映射条件为主机资产字段信息，映射图标可用于创建拓扑图时为主机自动匹配图标（参见 8.2 节），界面如图 5.58 所示。

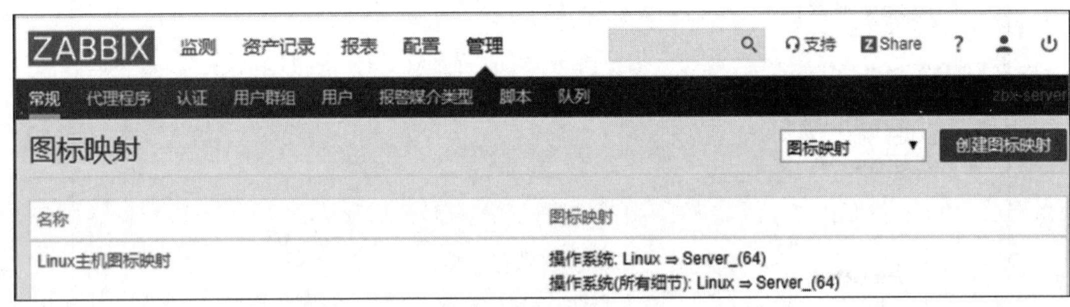

图 5.58　“图标映射”子界面

单击界面右上方的“创建图标映射”按钮可以创建新的图标映射条件，单击图标映射名称可以跳转到图标映射配置界面，如图 5.59 所示。

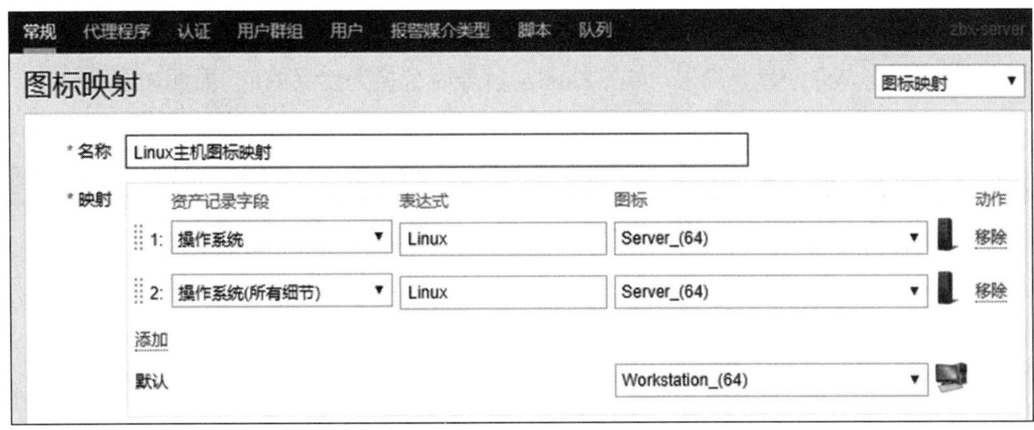

图 5.59　图标映射配置界面

各参数解释如表 5.4 所示。

表 5.4　图标映射参数解释

参　数	描　述
名称	标识该图标映射的名称
映射	映射列表，列表顺序决定优先级，拖动 ⋮ 图标可以改变列表顺序
资产记录字段	用作匹配的资产记录字段
表达式	满足匹配条件的正则表达式
图标	如果资产记录与表达式匹配，就使用此图标
默认	默认图标

（5）“正则表达式（Regular expressions）”子界面

“正则表达式”子界面允许创建全局正则表达式，界面如图 5.60 所示。关于正则表达式的详细介绍参见 8.5 节。

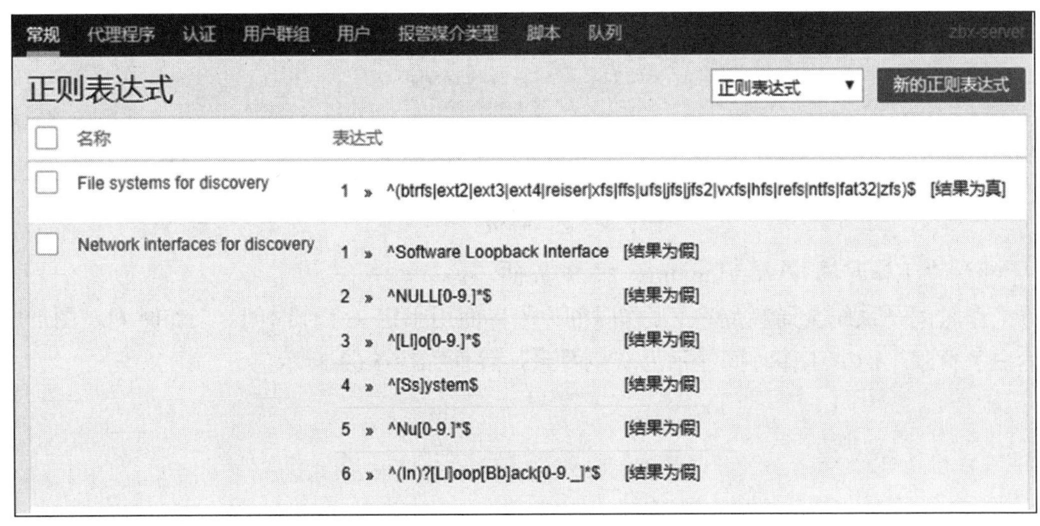

图 5.60　“正则表达式”子界面

（6）“宏（Macros）”子界面

“宏”子界面允许创建全局宏，宏在 Zabbix 解释时替换为实际的值，界面如图 5.61 所示。关于宏的详细介绍参见 8.8 节。

图 5.61 “宏”子界面

（7）“值映射（Value mapping）”子界面

“值映射”子界面如图 5.62 所示，“值映射”用于将采集的数字值映射为可读的文字。单击界面右上方的“创建值映射”按钮可以创建新的值映射条件，单击“导入”按钮可以从本地 XML 文件中导入值映射配置。

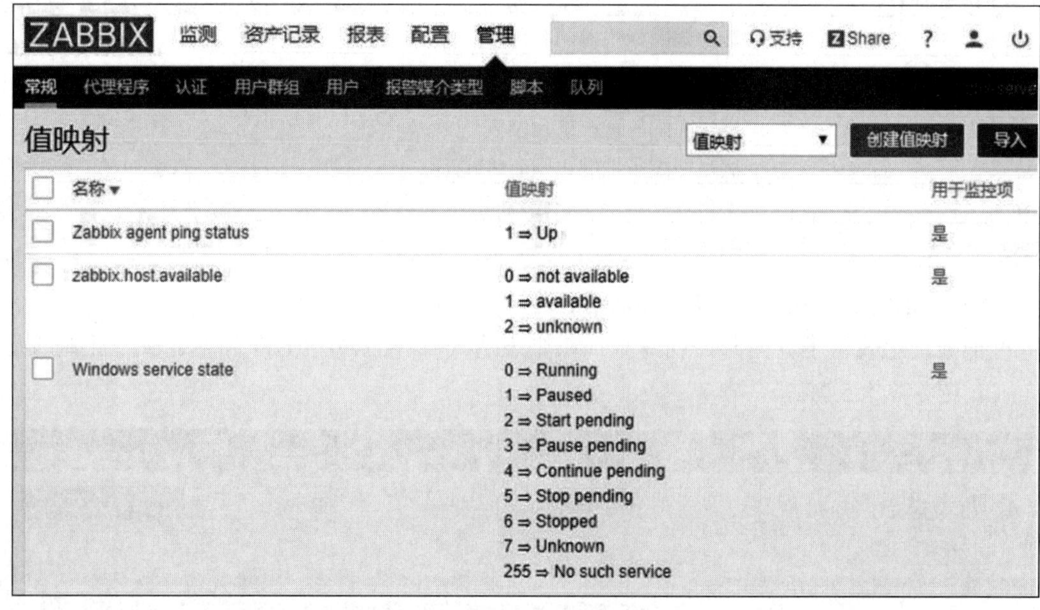

图 5.62 “值映射”子界面

（8）“工作时间（Working time）”子界面

工作时间是系统全局参数，“工作时间”子界面用于定义工作时间。工作时间在图形中显示为白色背景，而非工作时间显示为灰色背景，界面如图 5.63 所示。

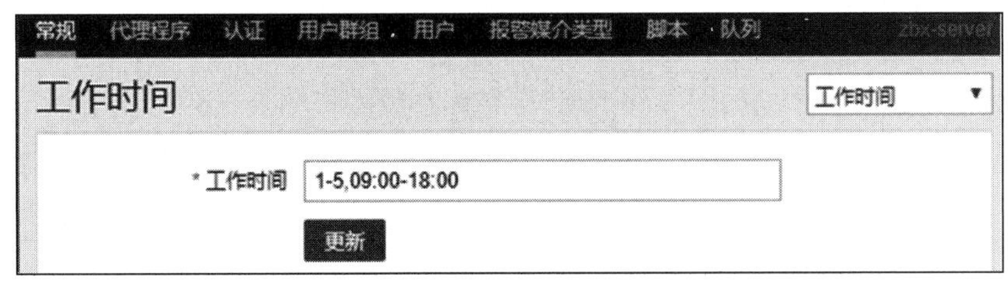

图 5.63 “工作时间”子界面

（9）“触发器设置（Trigger severities）”子界面

“触发器设置”子界面允许用户自定义触发器严重级别名称和颜色，系统默认设置如图 5.64 所示。触发器严重级别标识触发器的严重性，不同的颜色标识不同的严重级别，严重级别也会影响声音报警、用户媒体报警和动作触发。

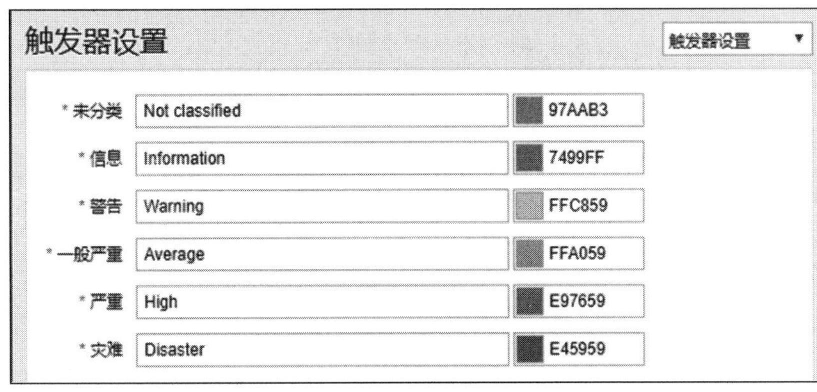

图 5.64 “触发器设置”子界面

（10）“触发器显示选项（Trigger displaying options）”子界面

“触发器显示选项”子界面允许自定义触发器状态在界面中的显示方式，如自定义确认/未确认时间的颜色并开启或禁用闪烁；定义显示 OK 触发器的时间段和触发状态更改后的闪烁时间，界面如图 5.65 所示。

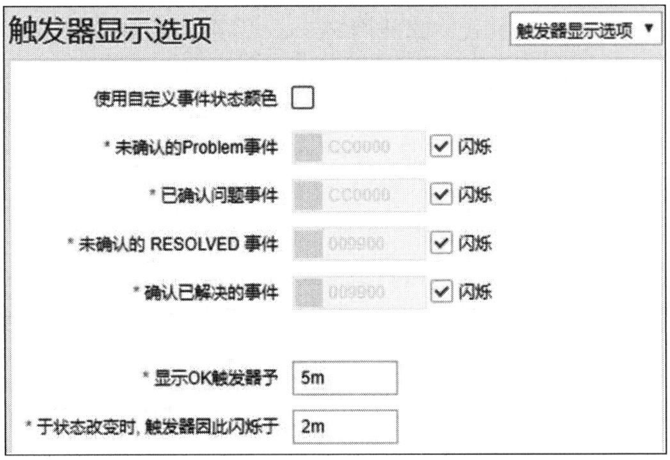

触发器显示选项
触发器显示选项
使用自定义事件状态颜色
* 未确认的Problem事件 CC0000 闪烁
* 已确认问题事件 CC0000 闪烁
* 未确认的 RESOLVED 事件 009900 闪烁
* 确认已解决的事件 009900 闪烁
* 显示OK触发器于 5m
* 于状态改变时，触发器因此闪烁于 2m

图 5.65 “触发器显示选项”子界面

（11）“其他配置参数”子界面

“其他配置参数”子界面如图 5.66 所示，配置参数解释如表 5.5 所示。

图 5.66 “其他配置参数”子界面

表 5.5 “其他”子页面配置参数解释

参 数	描 述
刷新不支持的项目	刷新检查不支持的监控项
发现主机组	自动发现的主机放置在指定主机组中
默认主机资产模式	主机资产默认生成方式（停用/手动/自动），除非在主机配置时重新指定模式
数据库关闭时接受消息通知的用户组	指定当数据库不可用时接受报警通知的用户组
记录不匹配的 SNMP 采集器日志	若无法找到 SNMP 相应的接口，则记录为日志

2. 代理程序（Proxies）

“代理程序”界面用于查看和配置 Zabbix 代理（Zabbix-Proxy）的信息。

3. 认证（Authentication）

“认证”界面用于配置 Zabbix 用户身份认证方式，可用的方式有：内部认证、LDAP 和 HTTP 认证，默认使用内部认证方式，即使用 Zabbix 用户名/密码验证方式。

4. 用户群组（User groups）

“用户群组”界面展示系统中配置的用户组，如图 5.67 所示。单击“创建用户群组”按钮可以创建新的用户群组；勾选名称可以对用户组进行批量处理；单击用户群组名称可跳转到用户组配置界面；单击“#”列的“用户”按钮可跳转到该用户组下辖的用户列表界面，“用户”后的数字表示该用户组下辖的用户数量；“成员”列显示下辖的用户名称，单击成员名称进入该成员配置界面；“前端访问”用于改变用户访问 Web 前端的认证方式；“调试模式”用于切换“已启用/禁用的”调试模式，用于诊断前端界面的性能问题；“状态”用于切换该用户组“已启用/禁用的”状态。

用户群组

创建用户群组

过滤器

名称▲	#	成员	前端访问	调试模式	状态
Disabled	用户		停用的	停用的	停用的
Enabled debug mode	用户		系统默认	已启用	已启用
Guests	用户 1	guest	用户类型	停用的	停用的
No access to the frontend	用户		停用的	停用的	已启用
Zabbix administrators	用户 1	Admin (Zabbix Administrator)	系统默认	已启用	已启用
监控平台	用户 1	监控平台用户	系统默认	停用的	已启用

显示 已自动发现的 6中的6

图 5.67　“用户群组”界面

5. 用户（Users）

“用户”界面展示系统中配置的用户，如图 5.68 所示。单击界面右上方的“用户群组”下拉框可选择用户所属的用户组；单击“创建用户”按钮可以创建新的用户；勾选别名可以对选中的用户进行批量操作；单击别名名称可跳转到用户配置界面；“名”列显示为用户配置的名；“姓氏”列显示为用户配置的姓；“用户类型”列显示该用户的用户类型（用户、管理员、超级管理员）；“群组”列显示所属的用户组；“是否在线？”列表示该用户是否登录 Web 界面，括号中为上次活动的时间；“登录”列显示该用户账号的状态是否正常，若多次登录失败，则用户账号会被暂时锁定；“前端访问”列显示用户对前端界面的访问级别，取决于其所属用户组的设置；“调试模式”列显示是否启用调试模式，取决于其所属用户组的设置；“状态”列显示用户启用状态，取决于其所属用户组的设置。

用户　　用户群组 所有　创建用户

过滤器

别名	名▼	姓氏	用户类型	群组	是否在线?	登录	前端访问	调试模式	状态
Admin	Zabbix	Administrator	超级管理员	Zabbix administrators	是 (2020-05-30 20:32:04)	正常	系统默认	已启用	已启用
guest			用户	Guests	不	正常	用户类型	停用的	停用的
监控平台用户			用户	监控平台	不	正常	系统默认	停用的	已启用

显示 已自动发现的 3中的3

图 5.68　“用户”界面

6. 报警媒介类型（Media types）

“报警媒介类型”界面用于查看和配置报警通知方式，如邮件、短信、自定义脚本等，如图 5.69 所示。单击界面右上方的“创建媒体类型”按钮可创建新的媒体类型；勾选“名称”可对选中的媒体进行批量操作；单击媒体类型名称可跳转到媒体配置界面；“类型”列显示媒体类型（电子邮件/短信/脚本等）；“状态”列显示该媒体是否启用；“用于动作中”列显示已经应用该媒体的所有动作；“细节”列显示媒体配置的详细信息。

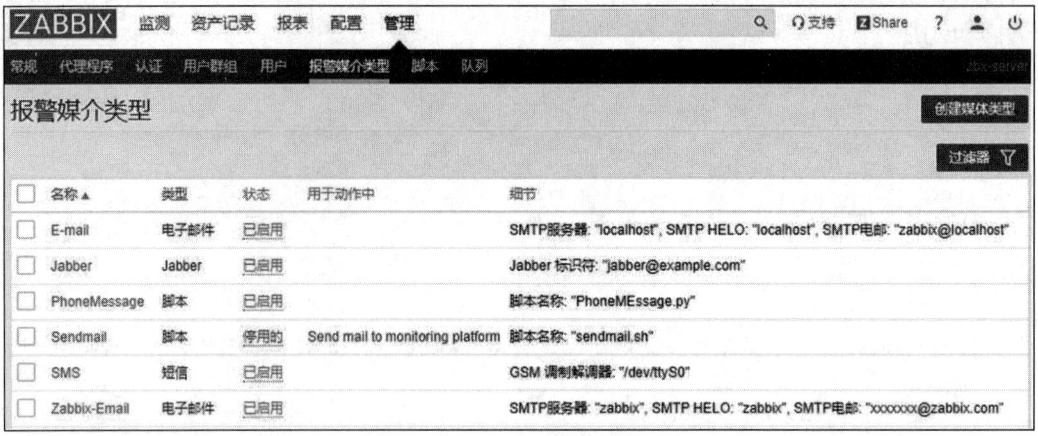
ZABBIX
监测 资产记录 报表 配置 管理
支持 Share
常规 代理程序 认证 用户群组 用户 报警媒介类型 脚本 队列
报警媒介类型
创建媒体类型
过滤器
名称▲ 类型 状态 用于动作中 细节
E-mail 电子邮件 已启用 SMTP服务器: "localhost", SMTP HELO: "localhost", SMTP电邮: "zabbix@localhost"
Jabber Jabber 已启用 Jabber 标识符: "jabber@example.com"
PhoneMessage 脚本 已启用 脚本名称: "PhoneMEssage.py"
Sendmail 脚本 停用的 Send mail to monitoring platform 脚本名称: "sendmail.sh"
SMS 短信 已启用 GSM 调制解调器: "/dev/ttyS0"
Zabbix-Email 电子邮件 已启用 SMTP服务器: "zabbix", SMTP HELO: "zabbix", SMTP电邮: "xxxxxxx@zabbix.com"

图 5.69 “报警媒介类型”界面

7. 脚本（Scripts）

“脚本”界面用于配置和查看用户定义的全局脚本，如图 5.70 所示。单击界面右上方的“创建脚本”按钮可创建新的脚本；单击脚本名称可跳转到脚本配置界面；“类型”列标识类型为脚本或 IPMI 命令；“执行在”列表示脚本运行位置（客户端/服务器/Proxy 代理）；“命令”列显示脚本中的所有命令；“用户群组”列显示该脚本可用的用户组；“主机群组”列显示该脚本可用的主机组；“主机访问”列显示要求用户对主机组拥有什么样的访问权限（可读/可写）。

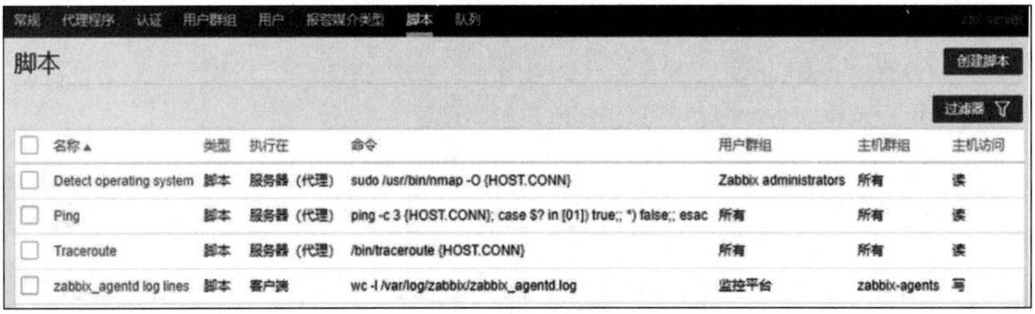
常规 代理程序 认证 用户群组 用户 报警媒介类型 脚本 队列
脚本
创建脚本
过滤器
名称▲ 类型 执行在 命令 用户群组 主机群组 主机访问
Detect operating system 脚本 服务器（代理） sudo /usr/bin/nmap -O {HOST.CONN} Zabbix administrators 所有 读
Ping 脚本 服务器（代理） ping -c 3 {HOST.CONN}; case $? in [01]) true;; *) false;; esac 所有 所有 读
Traceroute 脚本 服务器（代理） /bin/traceroute {HOST.CONN} 所有 所有 读
zabbix_agentd log lines 脚本 客户端 wc -l /var/log/zabbix/zabbix_agentd.log 监控平台 zabbix-agents 写

图 5.70 “脚本”界面

如图 5.71 和图 5.72 所示，可通过在仪表板、问题、最新数据、触发器状态、拓扑图等位置单击主机名称弹出的菜单栏中执行这些脚本。

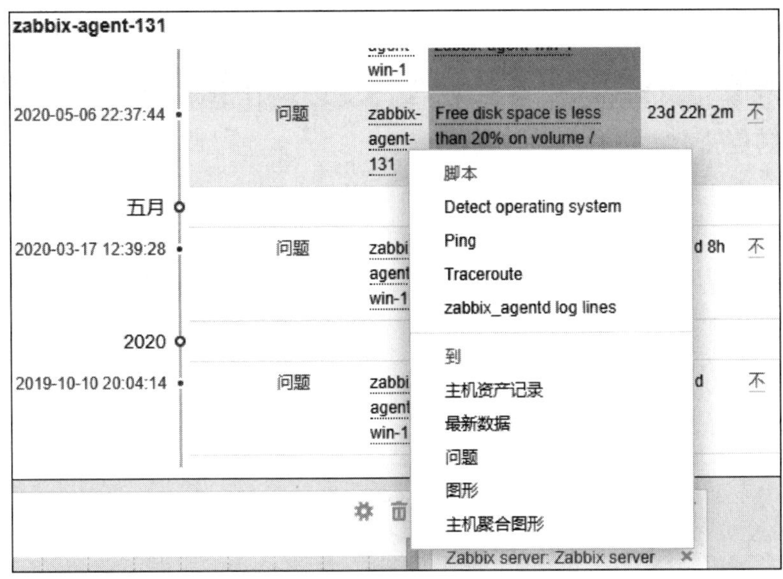

图 5.71 弹出脚本菜单

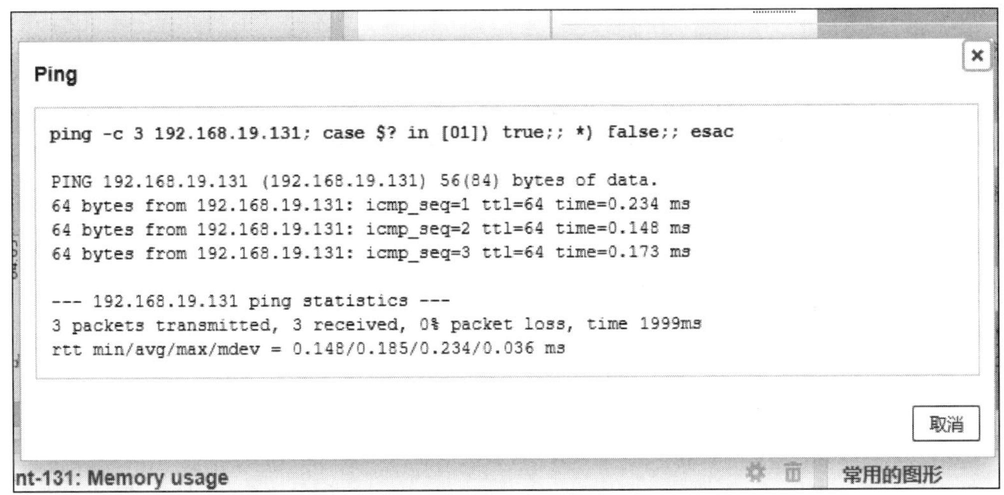

图 5.72 执行脚本

8. 队列（Queue）

“队列”界面显示等待更新采集数据的监控项，队列显示的统计信息是 Zabbix-Server 的健康指标，如图 5.73 所示。单击界面右上方的“概览”切换查看指标为“依代理程序概览”或“细节”，查看指标为“概览”时，指标为各类监控项类型；指标为“依代理程序概览”时，指标为 Zabbix-Proxy 代理或 Zabbix 服务器；指标为“细节”时，将显示延时监控项的细节。如果“5 秒”“10 秒”等列的表格中显示数字为 0，就表示没有等待的监控项；如果服务器性能匮乏或网络较为拥堵，就可能导致有些监控项数据采集有延迟，此时显示数字会大于 0。

ZABBIX 监测 资产记录 报表 配置 管理 支持 Share ?

常规 代理程序 认证 用户群组 用户 报警媒介类型 脚本 队列

项目队列已被更新 概览

监控项	5秒	10秒	30秒	1分	5分	10分钟以上
Zabbix 客户端	0	0	0	0	0	0
Zabbix客户端(主动式)	0	0	0	0	0	2
简单检查	0	0	0	0	0	0
SNMPv1 客户端	0	0	0	0	0	0
SNMPv2 客户端	0	0	0	0	0	0
SNMPv3 客户端	0	0	0	0	0	0

图 5.73　Zabbix-Server 的健康指标

5.2.6　其他

Zabbix 菜单栏右方还有一些全局图标，如图 5.74 所示。

图 5.74　全局图标

单击搜索框，可在搜索框中输入要查询的关键字，单击放大镜图标即可查询名称含有关键字的主机组、主机、模板，如图 5.75 所示。

搜索: agent

主机

主机	IP地址	DNS	最新数据	问题	图形	聚合图形	Web监测	应用集	监控项	触发器	图形	自动发现	Web监测
192.168.19.131-agent	192.168.19.131		最新数据	问题	图形	聚合图形	Web监测	应用集 10	监控项 48	触发器 21	图形 10	自动发现 2	Web监测
Linux Zabbix Agent	192.168.19.134		最新数据	问题	图形	聚合图形	Web监测	应用集 10	监控项 34	触发器 15	图形 5	自动发现 2	Web监测
zabbix-agent-131	192.168.19.131		最新数据	问题	图形	聚合图形	Web监测	应用集 10	监控项 48	触发器 19	图形 11	自动发现 2	Web监测
zabbix-agent-win-1	192.168.19.1		最新数据	问题	图形	聚合图形	Web监测	应用集 15	监控项 298	触发器 148	图形 65	自动发现 6	Web监测

显示 已自动发现的 4中的4

主机群组

主机群组	最新数据	问题	图形	Web监测	主机	模板
zabbix-agents	最新数据	问题	图形	Web监测	主机 3	模板 2

显示 已自动发现的 1中的1

模板

模板	应用集	监控项	触发器	图形	聚合图形	自动发现	Web监测
Template App Nginx Zabbix agent	应用集 1	监控项 8	触发器 1	图形 2	聚合图形	自动发现	Web监测

图 5.75　搜索图标

若需要 Zabbix 的技术支持，则可以单击支持图标。

单击 Share 图标，可跳转到 https://share.zabbix.com/，此网页用于检索 Zabbix 爱好人员分享的解决方案和周边辅助工具。

单击 ![user icon] 图标，可跳转到当前登录用户的基本资料设置界面，如图 5.76 所示。在该界面可以修改账号和密码，设置界面语言，修改主题颜色，设置自动登录和自动注销，设置“监控”菜单下的组件刷新频率，设置每页显示的行数和登录后显示的自定义 URL。

用户基本资料: Zabbix Administrator

用户 报警媒介 正在发送消息

密码	修改密码
语言	中文 (zh_CN)
主题	蓝
自动登录	☑
自动注销	☐ 15m
* 刷新	30s
* 每页行数	50
URL (登录后)	

更新 取消

图 5.76 用户基本资料

切换到“报警媒介”选项卡，可以设置该用户的报警媒介信息；切换到“正在发送消息”选项卡，可以设置前端全局通知方式，前端全局通知方式包括报警时弹出提示框和发出声音警示。

单击 ⏻ 图标可以退出当前登录用户。

第 6 章
监控配置详解

通过前面的学习，我们已经了解了 Zabbix 是如何配置和运作的，并浏览了 Web 界面支持的功能，至此，我们已经可以根据配置需求快速定位到 Web 页面。本章将在第 5 章的基础上，沿着 Zabbix 的配置流程，详细介绍 Web 界面中的重要功能。本章是全书前两部分的重点内容，初学者需要掌握并熟练应用本章介绍的内容。

本章主要涉及的知识点有：

- 主机组、模板、主机、应用集相关操作
- 监控项添加与配置方式
- 触发器添加与配置方式

6.1 主机组

主机组是同一类主机的集合，方便对主机进行分组管理，主机组中可以包含主机和模板。主机组在“配置”→“主机群组”界面进行配置。单击“创建主机群组”按钮，填写组名，单击“添加”按钮即可创建新的主机组，如图 6.1 所示。创建的主机组被保存在数据库的 groups 表中。

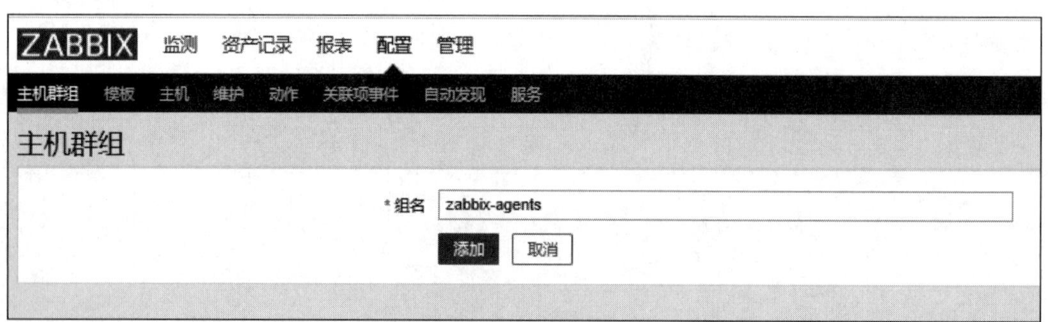

图 6.1　创建主机组

6.2 模板

模板是保存一些通用配置的载体，可以承载应用集、监控项、触发器、图形、聚合图形、自动发现规则、Web 监控、宏。若已经配置好一套模板，则只需将其链接到主机即可让该主机得到一份复制的配置；若想要对已链接该模板的主机做统一修改，则只需直接修改模板即可。

6.2.1　新建模板

依次单击“配置”→“模板”，打开“模板”界面，可进行模板配置。单击“创建模板”按钮，填写“模板名称”，模板名称将作为该模板的唯一标识，不允许使用中文；选填“可见的名称”，可见的名称允许使用中文，若设置了可见的名称，则该名称将替代模板名称显示在前端界面；在“群组”中输入该模板所属的主机组或单击“选择”按钮选择该模板所属的主机组；“描述”信息可选填，如图 6.2 所示。

图 6.2　新建模板

6.2.2　嵌套模板

模板允许嵌套，可以将一个或多个嵌套模板链接到此模板中，嵌套模板中的所有属性将被此模板继承。如图 6.3 所示，切换到“链接的模板”选项卡，在“链接指示器”输入框中输入要链接的模板或单击“选择”按钮选择要链接的模板，单击“添加”按钮便可将选择的嵌套模板链接到新模板中。

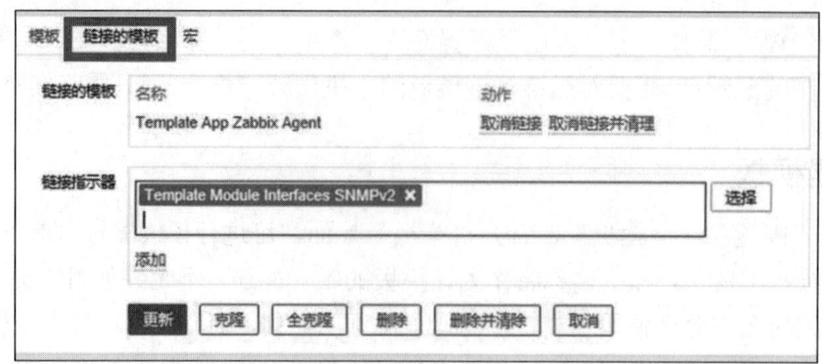

图 6.3　嵌套模板

6.2.3　模板宏

如图 6.4 所示，切换到“宏”选项卡，在此选项卡中可以定义模板级的用户宏。填写“宏”和对应的“可用值”，单击“添加”按钮可创建一个宏；若选中“继承模板的宏”选项，则链接过的模板中的宏和全局宏会被继承下来；“模板值”列标识该宏来源于哪个模板，单击“模板值”列中的模板名称可以跳转到该模板配置界面；“全局值”列标识该宏来源于哪个全局宏。

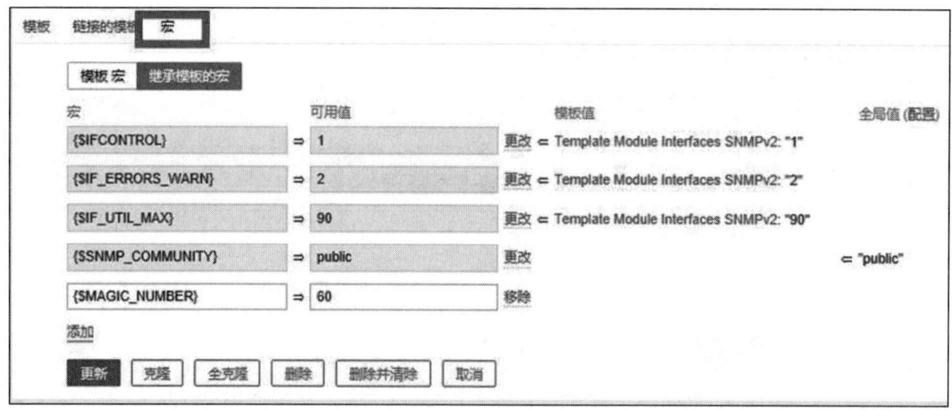

图 6.4　模板宏

单击“添加”按钮完成模板的创建，创建的模板被保存在数据库的 hosts 表中。

6.2.4　模板配置

此时在“配置”→“模板”界面已经可以看到创建的新模板，单击模板名，跳转到模板配置界面，如图 6.5 所示。“模板”“链接的模板”“宏”选项卡跟创建模板时介绍的功能一样，可以重新修改。不一样的是菜单栏下方出现了“应用集”“监控项”等按钮，单击这些按钮将跳转到这个模板对应的“应用集”“监控项”等配置界面，关于应用集与监控项的配置将在 6.4 节和 6.5 节介绍。

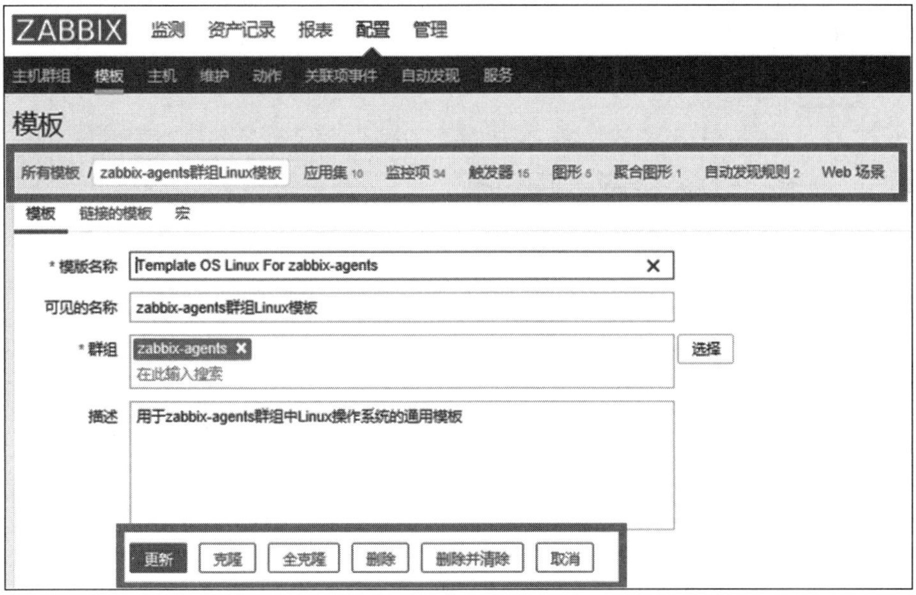

图 6.5　模板配置

单击“更新”按钮完成对模板的配置操作。单击“克隆”按钮，跳转到与创建模板时一样的界面，如图 6.6 所示，修改“模板名称”“可见的名称”和其他属性后，单击“添加”按钮便可创建一个克隆模板，克隆模板会链接源模板链接的所有嵌套模板，但是不会克隆源模板自身的配置（如绑定到源模板的应用集、监控项等配置）。

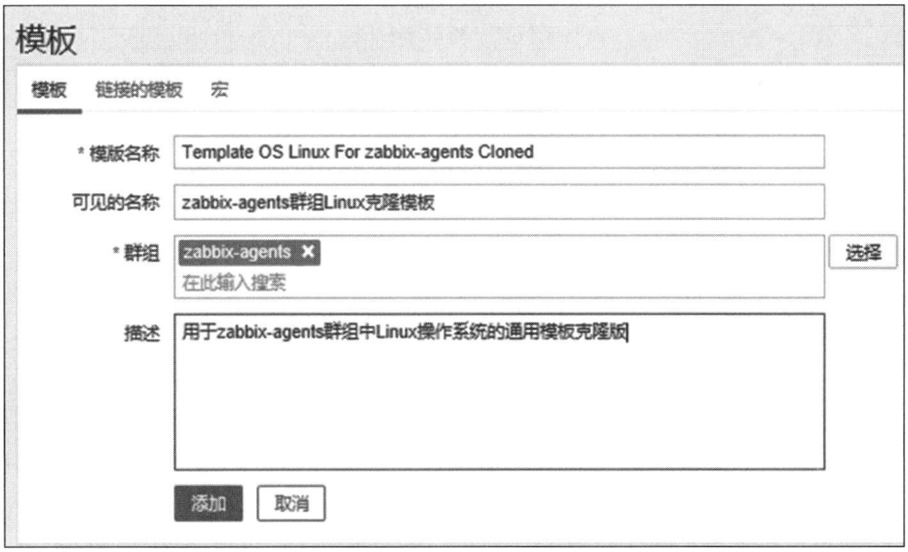

图 6.6　模板克隆

单击“全克隆”，跳转到如图 6.7 所示的界面，修改“模板名称”“可见的名称”等属性后，单击“添加”按钮创建一份源模板的全克隆模板。全克隆模板与克隆模板不同的是，全克隆模板不仅克隆嵌套模板，也会克隆源模板自身的配置。

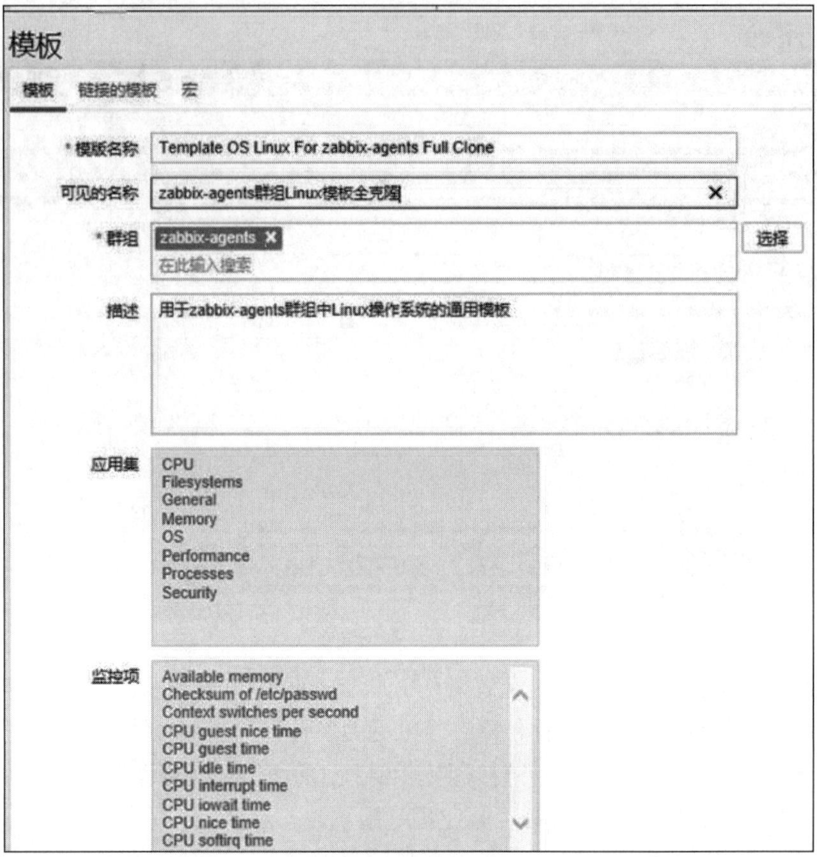

图 6.7 模板全克隆

Zabbix 自带大量“开箱即用”的模板，涵盖对常见操作系统、网络设备、协议的基础监控。由于 Zabbix 支持通过 XML 格式的文件导入模板配置，因此读者可以下载其他 Zabbix 爱好者分享的模板文件并导入自己的模板库中。

6.3 主机

主机指被监控的设备实体。主机在“配置”→“主机”界面进行配置。单击“创建主机”按钮，跳转到创建主机界面，如图 6.8 所示。在“主机”选项卡中，填写“主机名称”；选填“可见的名称”；在“群组”中为该主机指定一个主机组；若监控 Zabbix-Agent 主机，则需要在“代理程序的接口”中填写 Zabbix-Agent 所在的地址，端口默认为 10050；单击“由代理程序监控”下拉框，可以选择由哪个 Proxy 代理接收该主机采集的数据，若选择“无代理程序”，则表示使用 Zabbix-Server 接收该主机的数据；“已启用”复选框默认已被勾选，表示激活该主机的配置。单击“添加”按钮便可以创建新的主机。创建的主机被保存在数据库的 hosts 表中。

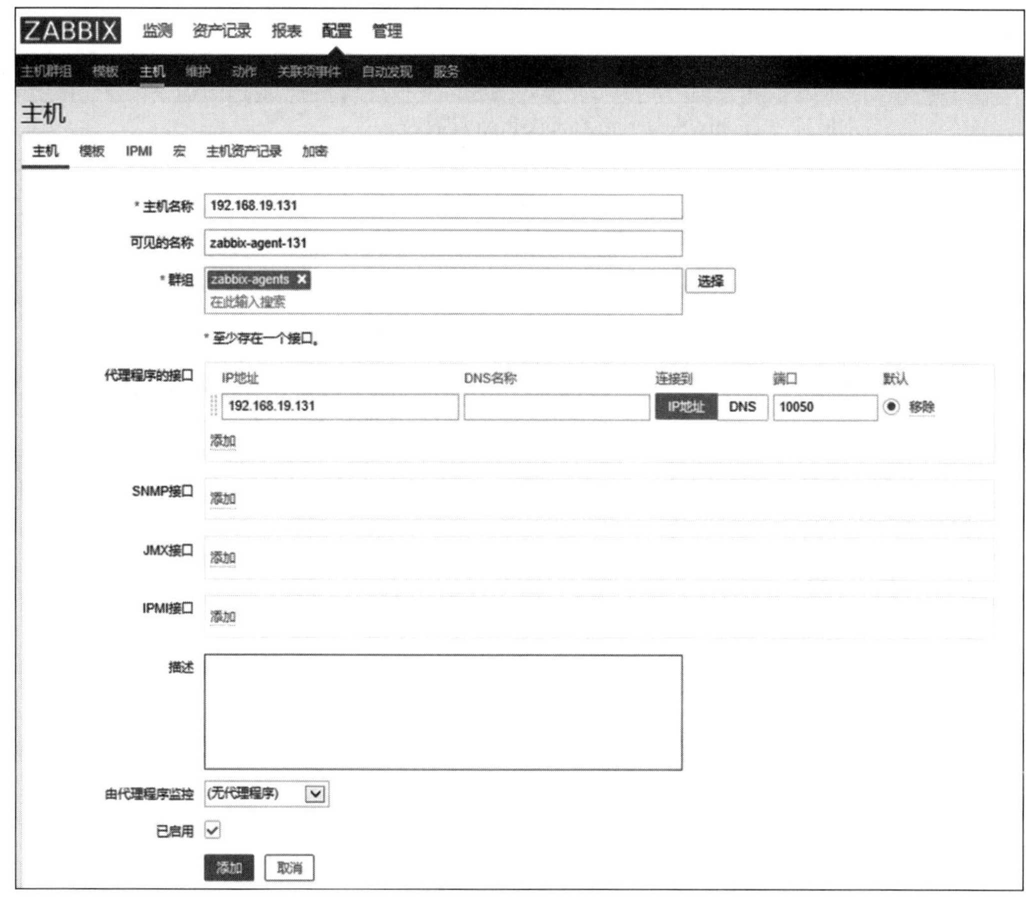

图 6.8　创建主机

关于“主机”选项卡的参数解释如表 6.1 所示。

表 6.1　“主机”选项卡参数解释

参　数	描　述
主机名称	唯一标识该主机的名称 注：主动模式下主机名称需要与配置文件中的 Hostname 参数一致
可见的名称	若设置了可见的名称，则可见的名称将会代替主机名称显示在前端界面
群组	主机所属的主机组，主机必须至少属于一个主机组
接口	主机支持多种主机接口类型：Agent、SNMP、JMX 和 IPMI 若要增加新接口，则可在接口区域单击“添加”按钮并输入主机地址和端口
IP 地址	主机的 IP 地址（可选）
DNS 名称	主机的 DNS 名称（可选）
连接到	单击对应的按钮告诉 Zabbix-Server 采用 IP/DNS 连接方式连接主机
端口	TCP/UDP 端口，默认端口为：Zabbix-Agent 10050、SNMP 161、JMX 12345、IPMI 623
默认	在多个接口的情况下，选择单选按钮设置默认接口
描述	填写主机描述

（续表）

参　数	描　述
由代理监控	主机可被 Zabbix-Server 或 Zabbix-Proxy 监控： 无代理程序：主机被 Zabbix-Server 监控； Proxy 代理名称：主机被该 Zabbix-Proxy 监控
已启用	选中表示激活主机，准备接受监控

单击主机名称，切换到“模板”选项卡，如图 6.9 所示，单击“选择”按钮选择主机要链接的模板；单击“链接指示器”下方的“添加”按钮，即可观察到该模板已经显示在“链接的模板”中；当所有模板都已加入“链接的模板”后，单击最下方的“添加”按钮完成主机的模板链接。图中主机为 Linux 操作系统主机，选用 Zabbix 自带的 Template OS Linux 模板，此时我们已经对这台主机有了基础的监控，稍稍休息一下，就可以在“监控”→“最新数据”和“监控”→“图形”中查看采集到的数据和图形。

图 6.9　“模板”选项卡

再次打开“模板”选项卡，如图 6.10 所示，单击“取消链接”链接可以取消对该模板的链接，但主机获得一份模板配置（如监控项、触发器等配置）的复制；单击“取消链接并清理”链接，取消主机对该模板的链接并清理模板配置。

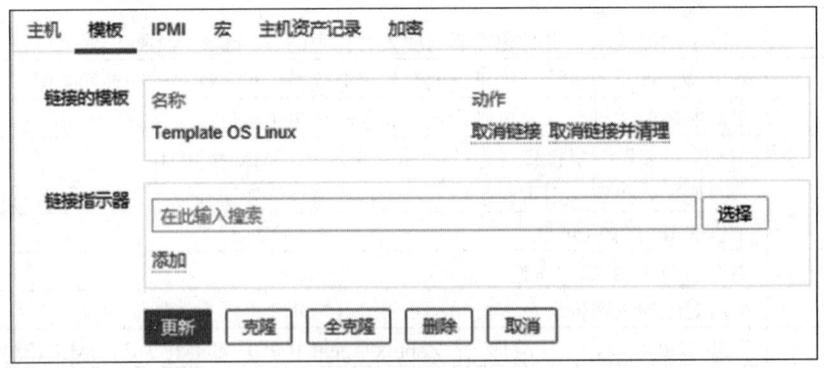

图 6.10　取消链接

IPMI 选项卡如图 6.11 所示，对于 IPMI 监控方式可设置 IPMI 的“认证算法”和“优先权

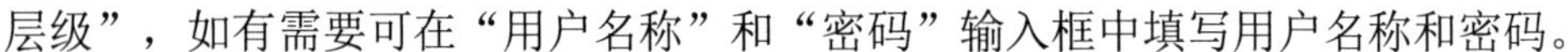

层级”，如有需要可在“用户名称”和“密码”输入框中填写用户名称和密码。

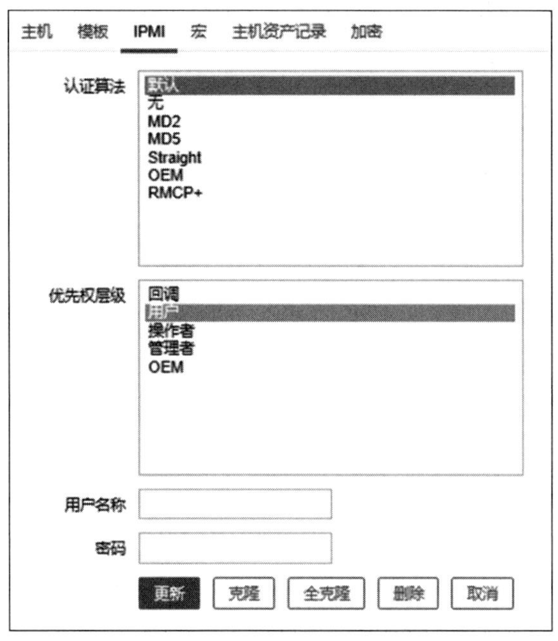

图 6.11　IPMI 选项卡

“宏”选项卡如图 6.12 所示，可在此选项卡中配置主机的宏。与模板的宏相同，单击“继承以及主机宏”选项可以继承模板的宏和全局宏，也可以单击“宏”下方的“添加”按钮填写宏名和值以设置该主机独有的宏。

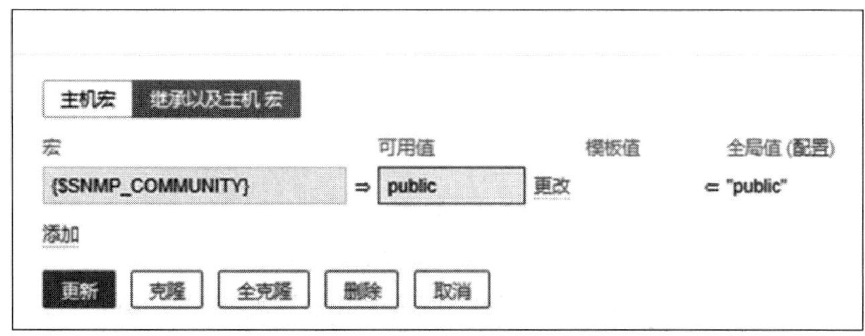

图 6.12　主机“宏”选项卡

“主机资产记录”选项卡如图 6.13 所示。此选项卡允许用户禁用填充此主机的资产信息，或者为主机手工输入资产信息，当然也可以选择启用自动填充资产信息，监控项配置时（参见 6.5 节）可以指定填充项。

主机资产记录　加密

停用的　手动的　自动地

类型　Zabbix-Agent

类型(全细节)

名称　zbx　← Host name

别名

操作系统　Linux zbx 2.6.32-754.11.1.el6.x86_64 #1 SMP Tue Feb 26 15:38:56　← System information

操作系统(所有细节)　Linux Centos6.6 X64

操作系统(简短)

序列号A

序列号B

标签

资产标签

Mac 地址 A　00:0C:29:DC:DC:0F

Mac 地址 B

图 6.13　“主机资产记录”选项卡

“加密”选项卡如图 6.14 所示，各参数解释如表 6.2 所示。

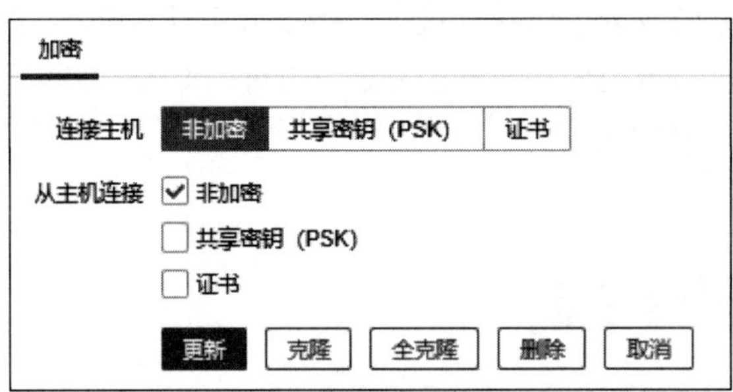

图 6.14　“加密”选项卡

表 6.2　“加密”选项卡参数解释

参　数	描　述
连接主机	Zabbix-Server 或 Zabbix-Proxy 如何连接到主机 Zabbix-Agent：无加密（默认），使用 PSK（预共享密钥）或者证书
从主机连接	从主机连接允许的连接类型，默认是无加密
预共享密钥身份	预共享密钥身份字符串
PSK	预共享密钥
发行者	允许颁发证书，证书首先会通过 CA（认证机构）认证。如果是有效的，就由 CA 签名，之后可以使用该字段进一步限制允许的 CA。如果 Zabbix 安装使用多个 CA 证书，该字段就可以被重复使用。如果这个字段为空，那么任何 CA 都是可以被接受的
主题	允许的证书主题。证书首先通过 CA 验证。如果证书有效，就由 CA 签名，此字段可用于仅允许一个主题字符串值。如果这个字段为空，那么任何 CA 都是可以被接受的

6.4 应用集

应用集用于监控项分类，将属性相似的监控项分配到同一应用集，如将监控 CPU 性能的监控项分配到 CPU 应用集，将监控内存空间的监控项分配到内存应用集，方便数据查看和管理。应用集在“配置”→“主机”界面进行配置，在此界面单击“应用集”，如图 6.15 所示。

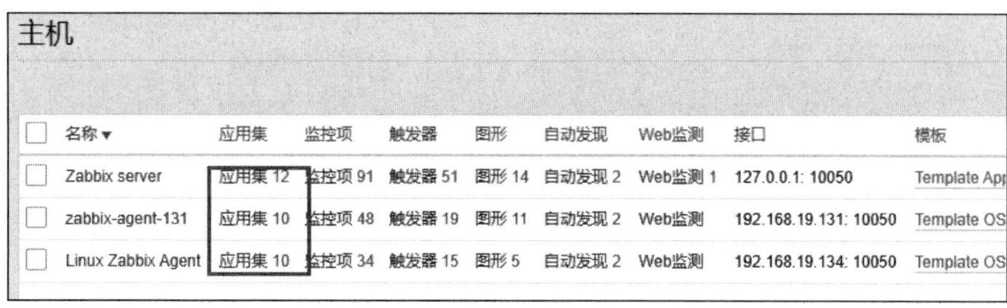

主机

名称▼	应用集	监控项	触发器	图形	自动发现	Web监测	接口	模板
Zabbix server	应用集 12	监控项 91	触发器 51	图形 14	自动发现 2	Web监测 1	127.0.0.1: 10050	Template App
zabbix-agent-131	应用集 10	监控项 48	触发器 19	图形 11	自动发现 2	Web监测	192.168.19.131: 10050	Template OS
Linux Zabbix Agent	应用集 10	监控项 34	触发器 15	图形 5	自动发现 2	Web监测	192.168.19.134: 10050	Template OS

图 6.15　单击“应用集”（局部）

单击后跳转到主机对应的“应用集”界面，如图 6.16 所示。

应用集　　主机 zabbix-agent-131　　创建应用集

所有主机 / zabbix-agent-131　已启用　ZBX SNMP JI

应用集▲	监控项	信息
Template OS Linux: CPU	监控项 15	
Template OS Linux: Filesystems	监控项 10	
Template OS Linux: General	监控项 5	
Log	监控项 1	
Template OS Linux: Memory	监控项 5	
Template OS Linux: Network interfaces	监控项 2	
Template OS Linux: OS	监控项 8	
Template OS Linux: Performance	监控项 15	
Template OS Linux: Processes	监控项 3	
Template OS Linux: Security	监控项 2	

图 6.16　“应用集”界面（局部拼接图）

单击界面右上方的“创建应用集”按钮，跳转到创建应用集界面，如图 6.17 所示，填写应用集名称。

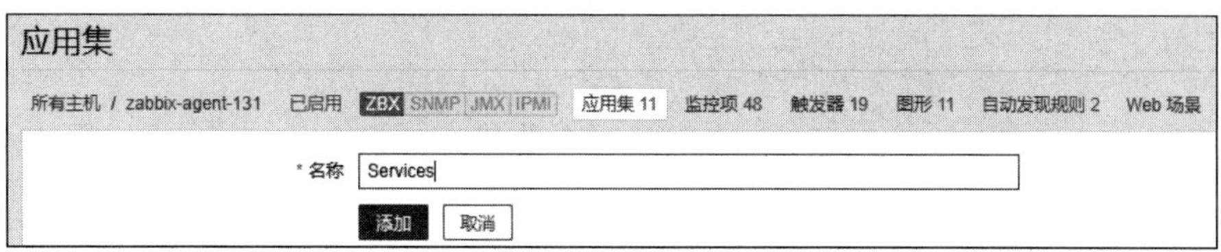

图 6.17　创建应用集界面

单击“添加”按钮即可完成应用集的添加，创建的应用集被保存在数据库的 applications

表中。如图 6.18 所示，可以看到新建应用集后面的监控项没有数字下标，这是因为我们尚未给该应用集分配监控项。

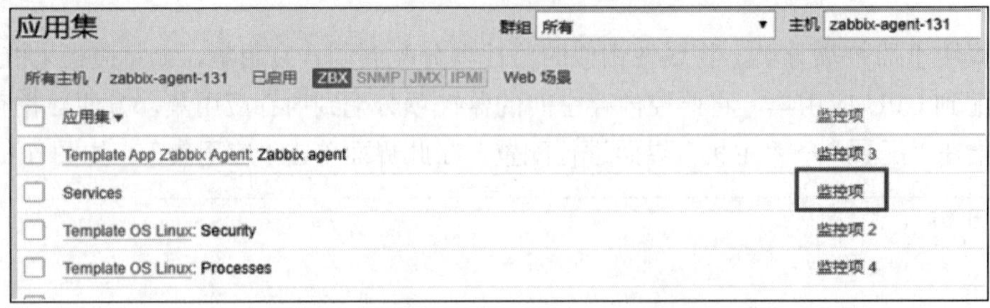

图 6.18 添加应用集完成（局部拼接图）

6.5 监控项

本节介绍监控项相关的配置。监控项即监控指标，标识从主机采集什么种类的数据，例如监控内存总量、当前内存可用量、网络出入流量等。

6.5.1 添加监控项

（1）监控项在“配置”→“主机”界面进行配置，如图 6.19 所示，在此界面单击“监控项”。

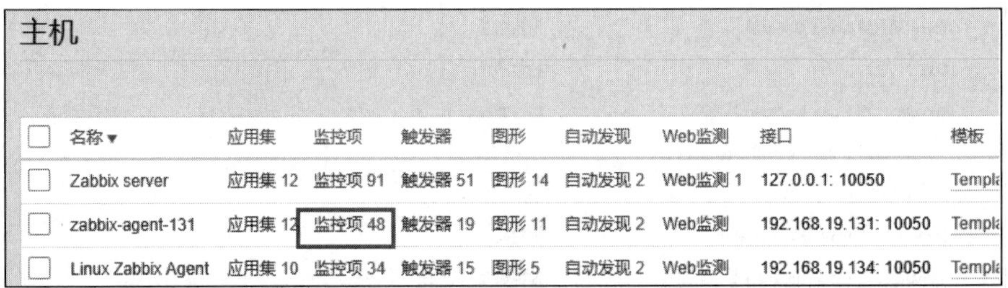

图 6.19 单击“监控项”（局部）

（2）单击后跳转到主机对应的“监控项”界面，如图 6.20 所示。

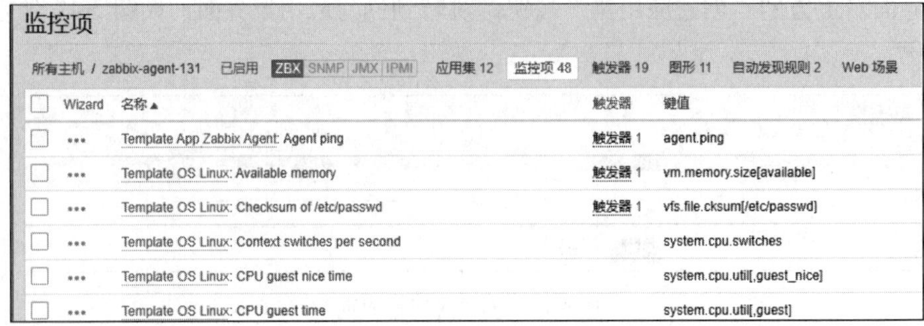

图 6.20 “监控项”界面（局部）

（3）单击界面右上方的“创建监控项”按钮，跳转到创建监控项界面，如图 6.21 所示。

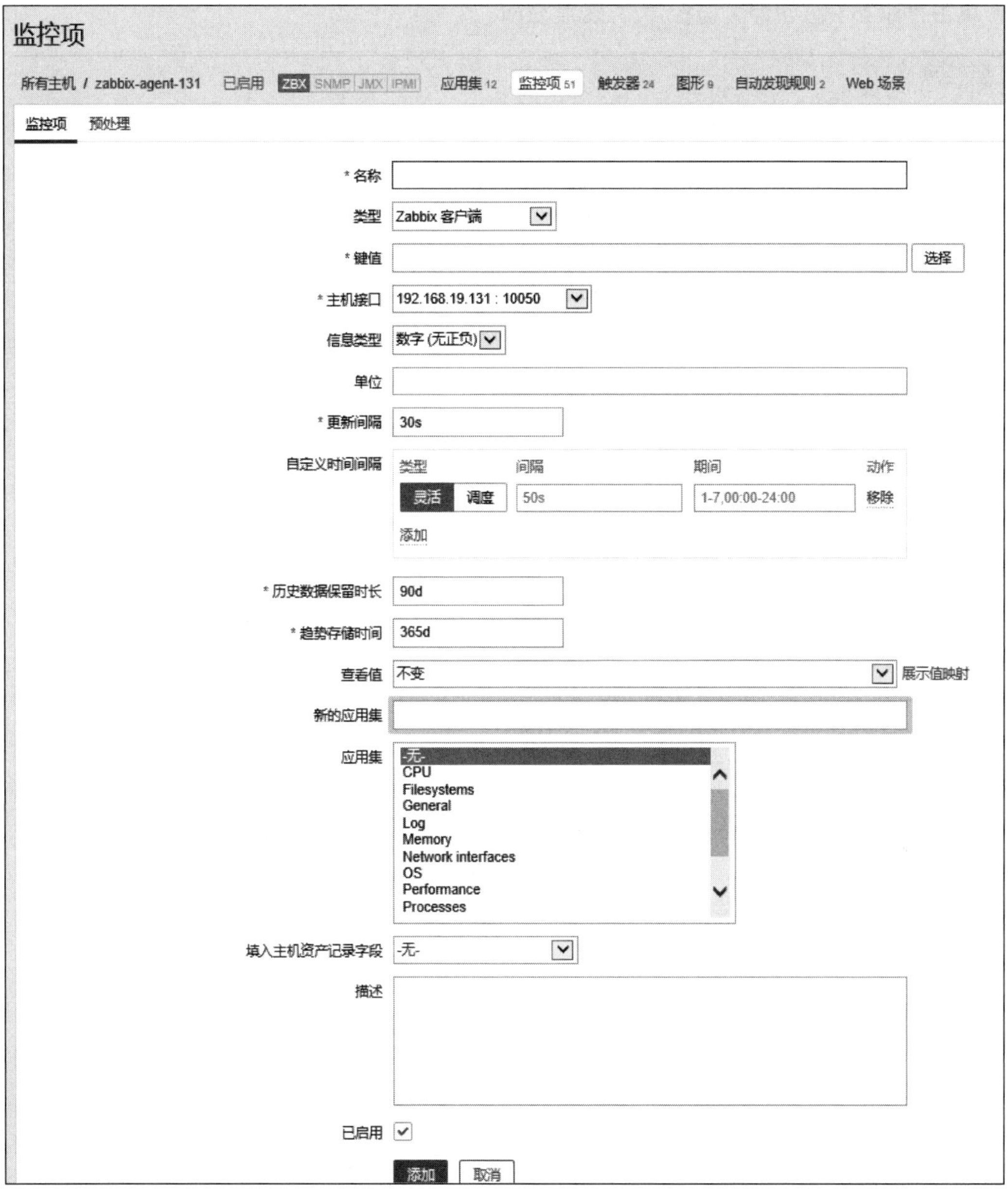

图 6.21　创建监控项界面

（4）此处我们以监控主机“/”磁盘空间为例展示监控项的配置流程。如图 6.22 所示，为监控项填写名称；选择类型为“Zabbix 客户端”，即以被动方式采集该监控项数据；单击“键值”右侧的“选择”按钮，弹出键值列表与键值解释（见图 6.23），选择键值为“vfs.fs.size[fs,<mode>]”，在“键值”文本框中将键值参数修改为[/]；“信息类型”选择“数字（无正负）”；单位填写“B”，即以“xxB”“xxMB”“xxGB”形式显示返回值；“更新间隔”“历史数据保留时长”“趋势存储时间”“查看值”都可以使用默认值；由于此监控项与文件系统有关，所以我们可以将“应用集”划分到 Filesystems 中；勾选“已启用”复选框；单击“添加”按钮即可监控“/”磁盘空间。

监控项

所有主机 / zabbix-agent-131 已启用 ZBX SNMP JMX IPMI 应用集 12 监控项 48 触发器 19 图形 11 自动发现规则 2 Web 场景

监控项 预处理

* 名称 Disk size in /

类型 Zabbix 客户端

* 键值 vfs.fs.zise[/] 选择

* 主机接口 192.168.19.131 : 10050

信息类型 数字 (无正负)

单位 B

* 更新间隔 30s

自定义时间间隔 类型 间隔 期间 动作

灵活 调度 50s 1-7,00:00-24:00 移除

添加

* 历史数据保留时长 90d

* 趋势存储时间 365d

查看值 不变 展示值映射

新的应用集

应用集 -无- CPU Filesystems General

图 6.22 配置监控项

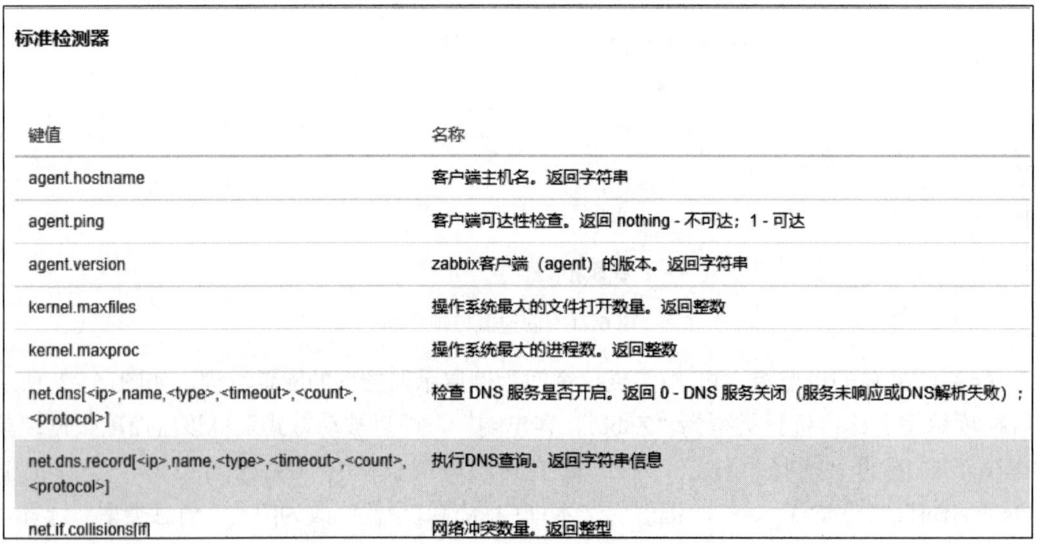

标准检测器

键值	名称
agent.hostname	客户端主机名。返回字符串
agent.ping	客户端可达性检查。返回 nothing - 不可达；1 - 可达
agent.version	zabbix客户端（agent）的版本。返回字符串
kernel.maxfiles	操作系统最大的文件打开数量。返回整数
kernel.maxproc	操作系统最大的进程数。返回整数
net.dns[<ip>,name,<type>,<timeout>,<count>,<protocol>]	检查 DNS 服务是否开启。返回 0 - DNS 服务关闭（服务未响应或DNS解析失败）；
net.dns.record[<ip>,name,<type>,<timeout>,<count>,<protocol>]	执行DNS查询。返回字符串信息
net.if.collisions[if]	网络冲突数量。返回整型

图 6.23 键值列表与键值解释

（5）稍稍休息片刻，即可在“监控”→“最新数据”中查看监控项获取到的值，如图 6.24 所示。

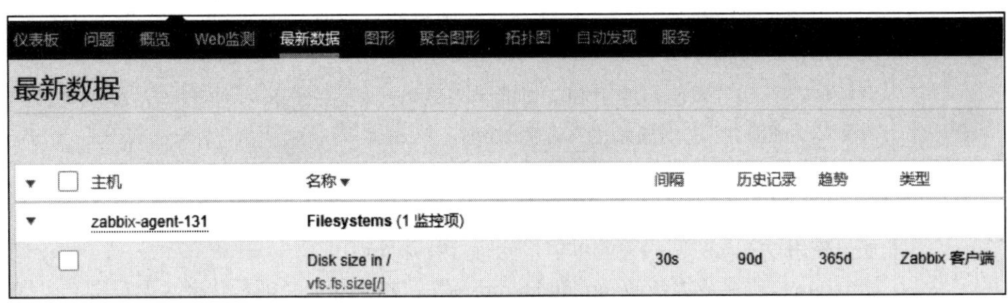

图 6.24　“/”磁盘空间采集值（局部）

（6）有时我们需要在配置前检查监控项键值是否可用，或者想在配置完成之后检查监控项是否配置成功，此时可以使用 zabbix_get 相关命令完成上述测试，如图 6.25 所示。有关 zabbix_get 命令已在 3.1 节介绍过了。

```
[root@zabbix ~]# zabbix_get -s 192.168.19.131 -k vfs.fs.size[/]
18645180416
[root@zabbix ~]#
```

图 6.25　zabbix_get 测试监控项

监控项配置界面中的参数详细解释如表 6.3 所示。

表 6.3　监控项配置界面中的参数详解

参　数	描　述
名称	标识该监控项的名称，可以使用以下宏： $1、$2、$3……$9：指监控项第 1、2……9 个参数。 例如，监控项名称为$1 上的可用磁盘空间，如果此时监控项的键值是“vfs.fs.size[/,free]”，监控项名称就被显示为“/上的可用磁盘空间”
类型	监控项类型，包括 Zabbix 客户端、Zabbix 客户端（主动）、简单检查、SNMP 客户端等。有关监控项类型将在第 9 章详细介绍
键值	监控项键值，在单个主机上唯一标识监控项采集类型。有关监控项键值将在 6.5.3 小节详细介绍
主机接口	选择主机接口。在配置了多个主机接口时，可选择该监控项通过哪个接口采集数据
信息类型	数据采集后，存储在数据库中的数据类型： 数字（无正负）：64 位无符号整数； 浮点数：浮点数，可以存储负值，也支持科学计数法； 字符：短文本数据； 日志：具有可选日志相关属性的长文本数据，通过 log[]、logrt[]相关键值采集的数据； 文本：长文本数据

（续表）

参 数	描 述
单位	如果设置了单位符号，Zabbix 就会在收到数据后再加工处理，并使用设置的单位符号作为后缀进行显示。 默认情况下，若数值超过 1000，则除以 1000，显示后缀 K。例如，若设置单位为 bps 且收到值为 881764，则显示为 881.76Kbps。 单位为 B（字节）、Bps（每秒字节数）时，数值除以 1024 而非 1000 以用于显示。例如，将 1 显示为 1B/1Bps，1024 显示为 1KB/1Kpbs。 如果使用以下与时间相关的单位，就进行特殊处理： Unixtime：转换成“yyyy.mm.dd hh:mm:ss”，接收的值必须是数字（无符号）类型； Uptime：转换成“hh:mm:ss”或者“N days, hh:mm:ss”。例如，若收到的值为 881664（秒），则显示为“10 天，04::56:04”； s: 转换成“yyy mmm ddd hhh mmm sss ms”，数值被视为秒数。例如，若收到数据为 881764（秒），则显示为“10d 4h 56m”。 可使用“!”前缀来阻止任何单位转换，如： 1024B→1KB; 1024!B→1024B; 61s→1m1s; 61!s→61s
更新间隔	该监控项数据采集间隔，可设为 30s、1m、2h、1d 等。 如果设置为 0，监控项就不会采集数据，但是如果设置了自定义时间间隔，就在自定义时间间隔时间周期内轮询采集该监控项的数据
自定义时间间隔	可以创建用于检查监控项的自定义时间规则，自定义时间规则支持时间后缀，如 30s、1m，也支持宏。 有关自定义时间间隔将在 6.5.2 小节进行说明
历史数据保留时长	在数据库中保存监控项历史数据的时长，housekeeper 程序将删除过期的历史数据（参见 3.3 节）。 默认时间单位为 s，也支持时间后缀，如 2h、1d。 在“管理”→“常规”→“管家”中可以覆盖该值
趋势存储时间	在数据库中保存趋势数据（每小时最小值、最大值、平均值、统计数）的时长，housekeeper 程序将删除过期的历史数据（参见 3.3 节）。 时间单位与“历史数据保留时长”相同。 趋势不支持非数值数据，如字符串、文本、日志
查看值	对采集到的数据进行值映射，展示映射后的字符串。 值映射不会改变采集到的值，只用于显示。 当使用 Zabbix agent ping status 作为值映射时，若采集到的数据为 1，则前端界面将显示 Up(1)

（续表）

参　数	描　述
日志时间格式	当监控项类型为日志时，填写该选项可解析日志中的时间戳。 支持以下占位符： * y：年（1970-2038）； * M：月（01-12）； * d：日（01-31）； * h：时（00-23）； * m：分（00-59）； * s：秒（00-59）。 例如，文件中有如下日志： 23480:20190328:154718.045 Zabbix agent 已启动。 该行以“23480”6 个字符开始，后面跟日期、时间和其他说明。日志时间格式为“pppppp:yyyyMMdd:hhmmss”，其中“p”与“:”只是用作占位符，只匹配“yMdhms”
新的应用集	输入监控项的新应用程序名称
应用集	将监控项纳入一个或多个已有的应用集中
填入主机资产记录字段	如果将主机资产记录切换为自动模式，选择该项就会使该监控项采集的值填入对应的主机资产字段中（参考 5.2.2 小节）
描述	输入监控项描述
已启用	选中该复选框以启用该监控项

6.5.2　监控项时间间隔

为监控项设置“更新间隔”后，该监控项将按指定时间间隔采集数据。如果我们需要灵活设置采集时间，就可以选择使用自定义时间间隔的方式来指定数据采集时间。

自定义时间间隔有两种方式：灵活（Flexible）和调度（Scheduling）。

（1）灵活：创建监控项采集数据时间周期

如图 6.26 所示，“间隔”设为“10s”，“期间”设为“1-5,09:00-18:00”，表示在周一到周五的 09:00-18:00 时间范围内，每隔 10s 采集一次数据，其他时间段将使用“更新间隔”中设置的时间。

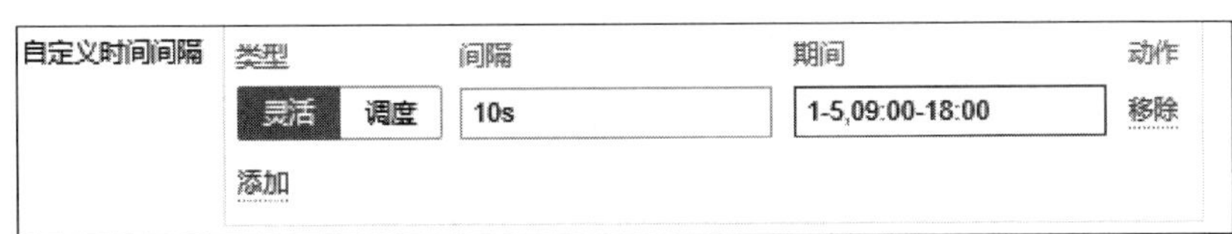

图 6.26　灵活时间间隔设置

如果“间隔”设置为 0，就在灵活间隔期间不轮询监控项，并在周期结束后根据默认更新间隔恢复轮询。若有多个更新时间间隔，则采集的是最小时间内的值。“灵活”时间间隔示例如表 6.4 所示。

表 6.4 “灵活”时间间隔示例

间 隔	期 间	描 述
0	1-7,19:00-7:00	“间隔”为 0，“期间”为每天夜晚。表示监控项不在夜间执行检查，其他时间按“更新间隔”中设置的值来轮询采集数据
0	7-7,00:00-24:00	“间隔”为 0，“期间”为星期天全天。表示监控项不在星期天执行检查，其他时间按“更新间隔”中设置的值来轮询采集数据
60	1-7,12:00-12:01	“间隔”为 60，“期间”为每天 12:00-12:01。表示监控项在每天 12:00 检查一次

（2）调度：创建自定义轮询时间表

调度间隔定义为：md<filter>wd<filter>h<filter>m<filter>s<filter>，其中：

- md：表示月中的天数。
- wd：表示每周中的星期数。
- h：表示小时。
- m：表示分钟。
- s：表示秒。
- <filter>：用于指定其前缀的值（日、时、分、秒）并被定义为：[<from>[-<to>]][/<step>][,<filter>]。<filter>各参数含义如下：
  - <from>和<to>定义匹配值的范围，若忽略<to>，则<filter>匹配<from>-<from>范围；若<from>也被忽略，则<filter>匹配所有可能的值。
  - <step>定义为一个数字值，表示<filter>匹配的范围内，间隔多久进行采集。

<filter>的定义是可选的，但是必须至少定义一个<filter>。<filter>必须有一个范围或定义一个<step>值。

<filter>可用前缀及有效的<from>和<to>的值，如表 6.5 所示。

表 6.5 <filter>前缀及<from>和<to>取值范围

前 缀	描 述	<from>	<to>
md	月份里的天数	1-31	1-31
wd	星期数	1-7	1-7
h	小时	0-23	0-23
m	分钟	0-59	0-59
S	秒	0-59	0-59

<from>值必须小于或等于<to>值，<step>值必须大于或等于 1 且小于或等于<to>-<from>。为了方便读者理解，表 6.6 列出了一些时间调度间隔的示例与解释。

表 6.6　时间调度间隔示例与解释

间　隔	描　述
m0-59	每分钟执行一次
h9-17/2	9:00-17:00 每 2 小时执行一次（9:00、11:00……）
m0,30	每小时的 0 分和 30 分各执行一次
m/30	每 30 分钟执行一次，效果与“m0,30”相同
m0,5,10,15,20,25,30,35,40,45,50,55	每小时的 0 分、5 分……55 分各执行一次
m/5	每隔 5 分钟执行一次，效果与“m0,5,10,15,20,25,30,35,40,45,50,55”相同
wd1-5h9	每星期一至星期五 9:00 执行
wd1-5h9-18	每星期一至星期五在 9:00、10:00……18:00 执行
h9,10,11	每天 9:00、10:00 和 11:00 执行
h9-11	每天 9:00-11:00、每隔一小时执行一次，效果与“h9,10,11”相同
md1h9m30	在每个月第一天 9:30 时执行一次
md1wd1h9m30	如果是星期一，就在每个月的第一天 9:30 执行
h9m/30	在 9:00、9:30 执行
h9m0-59/30	在 9:00-9:59 时间段内，每隔 30 分钟执行一次，即在 9:00，9:30 执行，效果与“h9m/30”相同
h9,10m/30	在 9:00、9:30、10:00、10:30 执行
h9-10m30	在 9:30、10:30 执行
h9m10-40/30	在 9:10-9:40 时间段内，每隔 30 分钟执行一次，即在 9:10、9:40 执行
h9,10m10-40/30	在 9:10、9:40、10:10、10:40 执行
h9-10m10-40/30	在 9:10、9:40、10:10、10:40 执行，效果与“h9,10m10-40/30”相同
h9m10-40	在 9:10、9:11、9:12……9:40 执行
h9m10-40/1	在 9:10、9:11、9:12……9:40 执行，效果与“h9m10-40”相同
h9-12,15	在 9:00、10:00、11:00、12:00、15:00 执行
h9-12,15m0	在 9:00、10:00、11:00、12:00、15:00 执行，效果与“h9-12,15”相同
h9-12,15m0s30	在 9:00:30、10:00:30、11:00:30、12:00:30、15:00:30 执行
h9-12s30	在 9:00:30、9:01:30、9:02:30……12:58:30、12:59:30 执行
h9m/30;h10	在 9:00、9:30、10:00 执行

6.5.3　监控项键值

1. 键值格式

为了按需求添加新的监控项，必须为新监控项配置对应的键值。监控项键值的配置有其特定的语法规则，如图 6.27 所示，可以跟随“开始”和“结束”后的箭头观察键值配置规则，跟随箭头可以到达的地方即为可配置的格式。

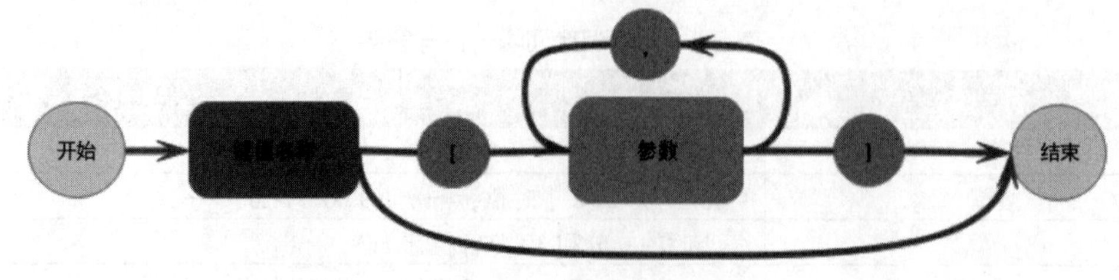

图 6.27　键值格式

从图中可以看出，键值配置规则有如下几种：

- 键值名称
- 键值名称[参数]
- 键值名称[参数 1,参数 2,...]

Zabbix 键值中的参数可以是带引号的字符串和不带引号的字符串。如果参数是带引号的字符串，那么字符串内容可为任意字符，但如果存在双引号，就需要使用反斜杠（\）对双引号进行转义。

2. 键值名称注意事项

监控项键值名称只允许使用以下字符：

- 所有数字（0~9）
- 所有大小写字母（a~z、A~Z）
- 下划线（_）
- 减号（-）
- 点（.）

6.5.4　用户自定义参数

除了使用 Zabbix 提供的监控项键值外，我们也可以自定义自己的键值，只不过这种自定义方式只允许在 Zabbix-Agent 上面部署。

1. 自定义监控项格式

自定义监控项格式如下：

```
键值[*],[命令|脚本]
```

[*]：固定格式，表示是否接收参数，在命令或者脚本中使用$1、$2、$3、...引用第一、第二、第三...个参数。如果没有传入的参数，[*]就可以忽略。

2. 配置文件

打开 Zabbix-Agent 配置文件，默认为/etc/zabbix/zabbix_agentd.conf，修改UnsafeUserParameters 参数和 UserParameter 参数，如图 6.28 所示。UnsafeUserParameters 表示是否启用自定义监控项。图中前一个 UserParameter（mysql.procnumber）用命令采集数据，后

一个 UserParameter（mysql.procnum）用脚本采集数据。

```
####### USER-DEFINED MONITORED PARAMETERS #######

### Option: UnsafeUserParameters
#       Allow all characters to be passed in arguments to user-defined parameters.
#       The following characters are not allowed:
#       \ ' " ` * ? [ ] { } ~ $ ! & ; ( ) < > | # @
#       Additionally, newline characters are not allowed.
#       0 - do not allow
#       1 - allow
#
# Mandatory: no
# Range: 0-1
# Default:
# UnsafeUserParameters=0
UnsafeUserParameters=1

### Option: UserParameter
#       User-defined parameter to monitor. There can be several user-defined parameters.
#       Format: UserParameter=<key>,<shell command>
#       See 'zabbix_agentd' directory for examples.
#
# Mandatory: no
# Default:
# UserParameter=

UserParameter=mysql.procnumber,ps -ef | grep "mysqld" | grep -v grep | wc -l

UserParameter=mysql.procnum[*],/etc/zabbix/userparameter/mysql_procnum.sh $1 $2
```

图 6.28　修改配置文件

3. 其他准备

在图 6.28 所示第二个 UserParameter 指定的文件夹下创建 mysql_procnum.sh 脚本，编写内容如图 6.29 所示。

```
#!/bin/bash
#$1用于匹配进程名称
#$2用于匹配用户名
echo `ps -ef | grep "$1" | grep -v grep | awk '{if($1=="$2"){print $2}}' | wc -l`
```

图 6.29　编写 mysql_procnum.sh 脚本

脚本文件需要可执行权限，为脚本文件授权，如图 6.30 所示。

```
[root@zabbix userparameter]# vim mysql_procnum.sh
[root@zabbix userparameter]# chmod +x mysql_procnum.sh
[root@zabbix userparameter]# 
```

图 6.30　为脚本文件授权

测试配置文件中的命令或脚本是否能正确执行，如图 6.31 所示。

```
[root@zabbix userparameter]# ps -ef | grep "mysqld" | grep -v grep | wc -l
2
[root@zabbix userparameter]# ./mysql_procnum.sh mysqld mysql
1
[root@zabbix userparameter]# 
```

图 6.31　测试脚本

重启 zabbix_agentd，如图 6.32 所示。

```
[root@zabbix zabbix]# service zabbix-agent restart
Shutting down Zabbix agent:                                [  OK  ]
Starting Zabbix agent:                                     [  OK  ]
[root@zabbix zabbix]# 
```

图 6.32　重启 zabbix_agentd

通过 zabbix_get 测试自定义监控项是否成功，如图 6.33 所示。

```
[root@zabbix zabbix]# zabbix_get -s 127.0.0.1 -k mysql.procnumber
2
[root@zabbix zabbix]# zabbix_get -s 127.0.0.1 -k mysql.procnum[mysqld,mysql]
1
[root@zabbix zabbix]# 
```

图 6.33　使用 zabbix_get 验证自定义监控项

4. 添加监控项

在 Zabbix Web 界面中添加监控项，分别如图 6.34 和图 6.35 所示。

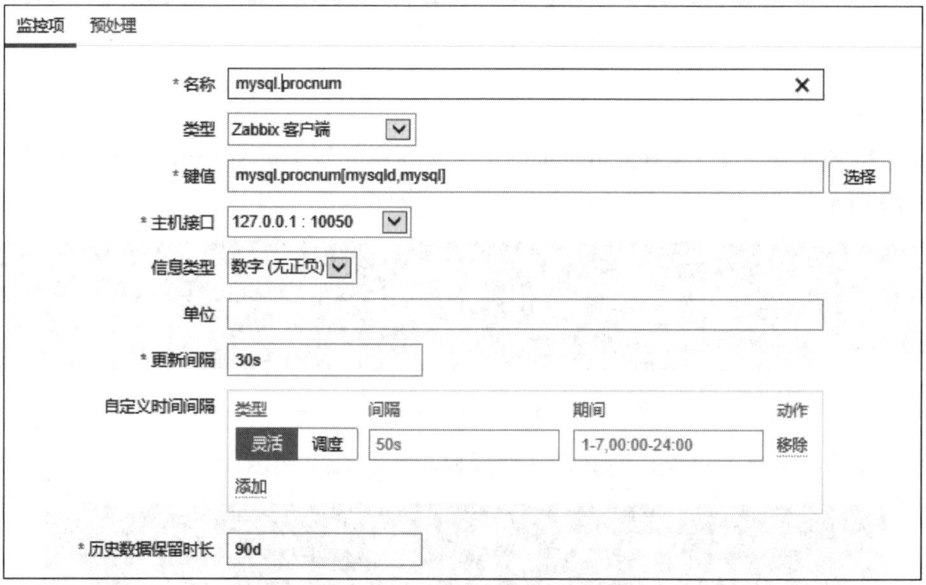

监控项　预处理

* 名称	mysql.procnum
类型	Zabbix 客户端
* 键值	mysql.procnum[mysqld,mysql]　选择
* 主机接口	127.0.0.1 : 10050
信息类型	数字 (无正负)
单位	
* 更新间隔	30s
自定义时间间隔	类型：灵活 / 调度；间隔：50s；期间：1-7,00:00-24:00；动作：移除；添加
* 历史数据保留时长	90d

图 6.34　添加 mysql.procnum 监控项

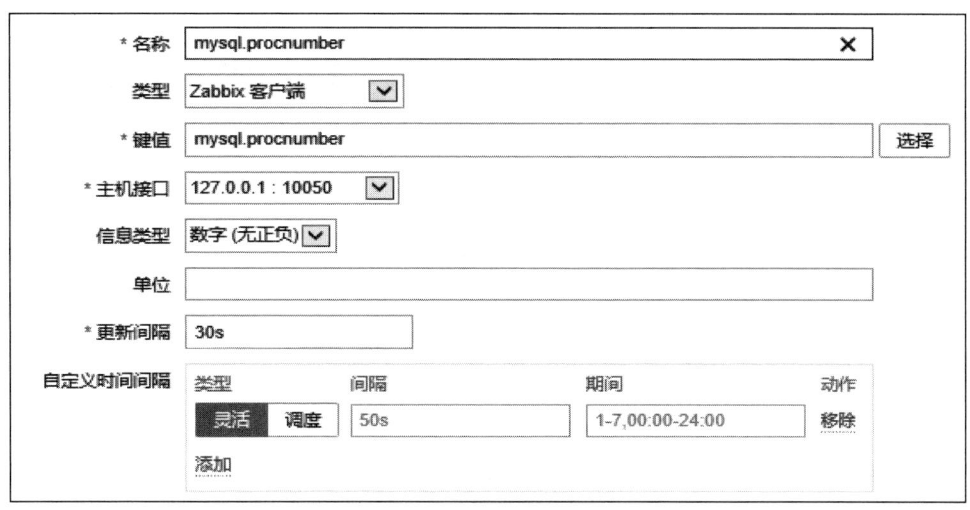

图 6.35　添加 mysql.procnumber 监控项

在 Web 界面观察监控项采集结果，如图 6.36 所示。

主机	名称▲	间隔	历史记录	趋势
Zabbix server	Processes (5 监控项)			
	mysql.procnum mysql.procnum[mysqld,mysql]	30s	90d	365d
	mysql.procnumber mysql.procnumber	30s	90d	365d

图 6.36　自定义监控项数据采集结果（局部）

6.5.5　预处理

在监控项配置界面中可以切换“预处理”选项卡，如图 6.37 所示。在此选项卡中，允许为采集到的值定义转换规则，Zabbix-Server 接收到采集的数据后，可以按照定义的预处理顺序将数据进行一次或多次转换，进而存储到数据库中。

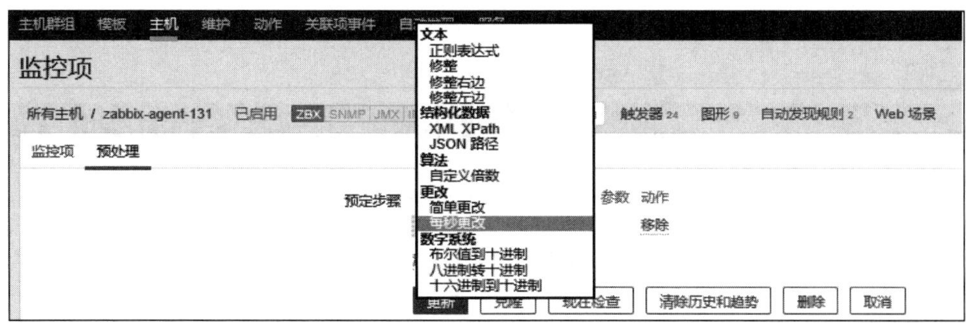

图 6.37　“预处理”选项卡

“预处理”方式和解释如表 6.7 所示。

表 6.7 “预处理”方式和解释

预处理方式	解　释
正则表达式	将值与<模式>按照正则表达式规则匹配，并将值替换为<输出>
修整	从值的起始和结尾位置删除指定字符
修整右边	从值的末尾删除指定的字符
修整左边	从值的起始处删除指定的字符
XML XPath	从 XML 数据中提取值
JSON 路径	从 JSON 文件中提取值
自定义倍数	将值乘以指定的整数或浮点数
简单更改	计算当前值和上一个值之间的差值
每秒更改	计算差值变化率，计算方法为： （以前的值-当前值）/（以前的时间-当前时间）
布尔值到十进制	将值从布尔值转换为十进制
八进制到十进制	将八进制格式的值转换为十进制
十六进制到十进制	将值从十六进制格式转换为十进制

6.6 触发器

本节介绍触发器相关的配置，触发器允许通过表达式定义触发器判断条件和触发阈值。每当 Zabbix-Server 接收到表达式使用的新值时，表达式都会被重新计算，如果数据达到了判断条件或阈值，触发器状态就会被改变。触发器有两种状态：

- OK：正常的触发器状态。
- PROBLEM：异常的触发器状态，通常表示发生了异常事件。

6.6.1 添加触发器

（1）触发器在“配置”→“主机”界面进行配置，在此界面单击“触发器”，如图 6.38 所示。

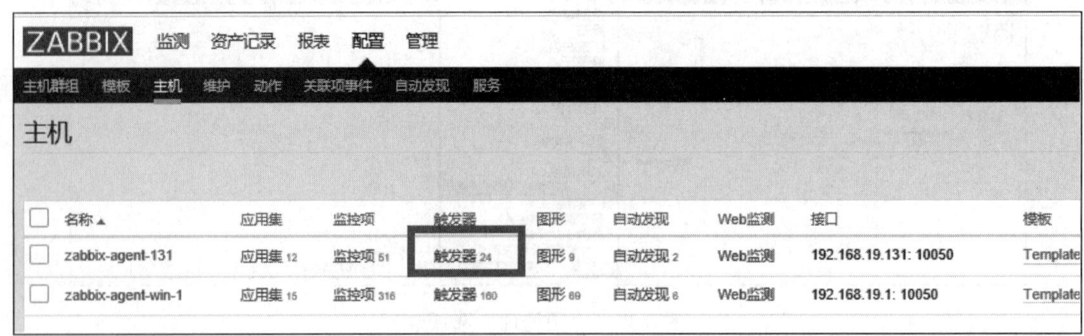

图 6.38　单击“触发器”（局部）

（2）单击后跳转到主机对应的“触发器”界面，如图 6.39 所示。

图 6.39　“触发器”界面（局部）

（3）单击界面右上方的“创建触发器”按钮，跳转到创建触发器界面，如图 6.40 所示。

图 6.40　创建触发器界面

（4）承接 6.5.1 小节创建的监控项，本小节创建一个主机“/”空间超过 1 262 485 504B（1GB）便触发的触发器。如图 6.41 所示，填写触发器名称，并选择触发器严重性。

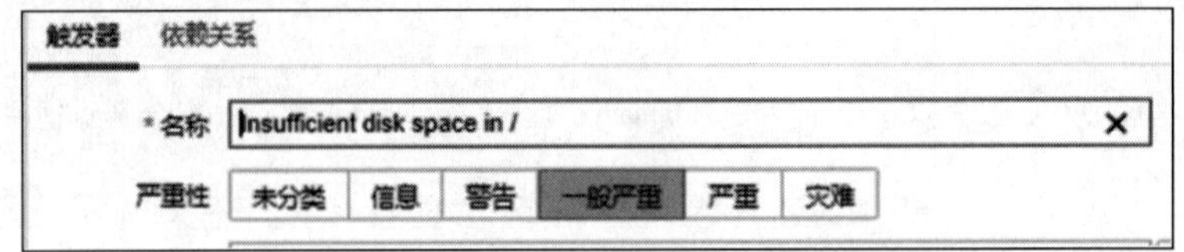

图 6.41　填写触发器名称

（5）单击“表达式”右侧的“添加”按钮，弹出如图 6.42 所示的“条件”窗口。

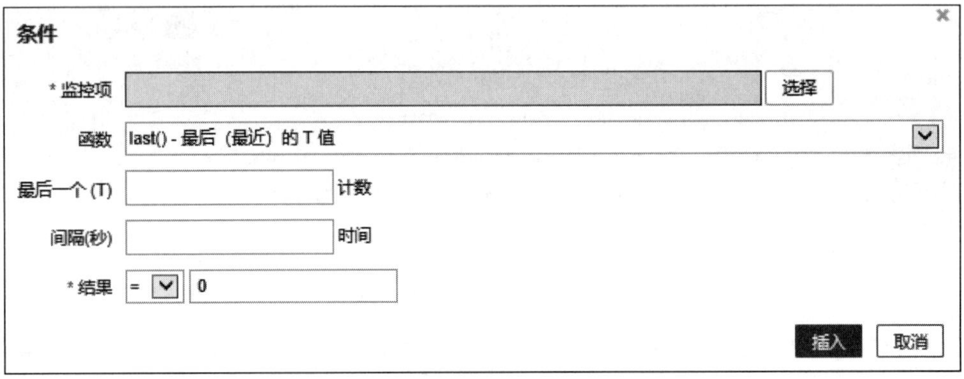

图 6.42　“条件”窗口

（6）在“条件”窗口中，单击“监控项”右侧的“选择”按钮，弹出监控项列表，如图 6.43 所示，在列表中选择 6.5 节创建的监控项。

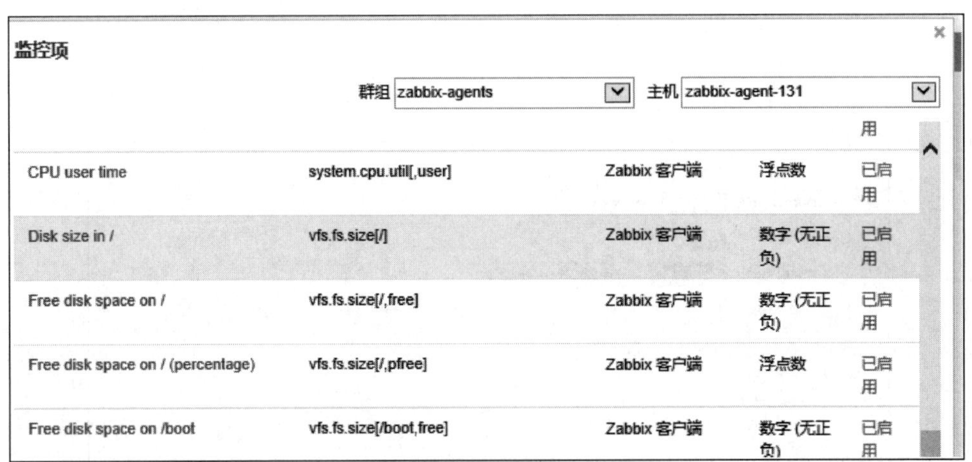

图 6.43　弹出的监控项列表

（7）单击“函数”下拉菜单，如图 6.44 所示，选择 last()函数，last()函数返回采集到的最新值。最后一个（T）表示从后往前第几个值，间隔（秒）表示离当前时间的时间偏移。

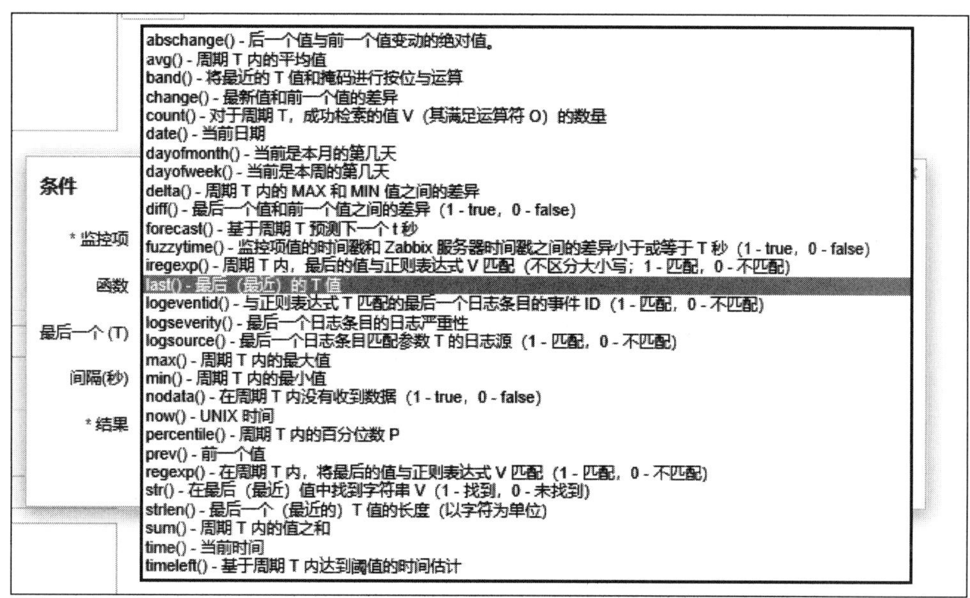

图 6.44　选择 last()函数

（8）在“结果”中选择“>”并填写“1262485504”，表示当“函数”返回的值大于 1262485504 时便触发触发器。图 6.45 所示为配置的“条件”窗口。

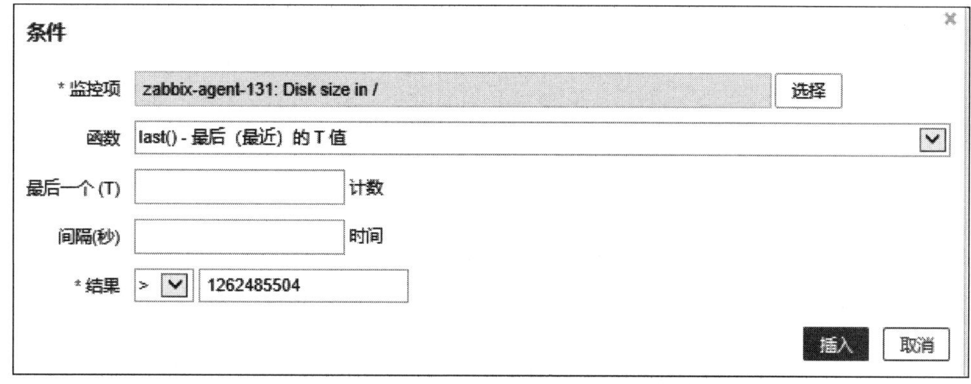

图 6.45　配置“条件”窗口结果

（9）单击“插入”按钮，即可在“表达式”中看到已经有一条表达式生成，如图 6.46 所示。

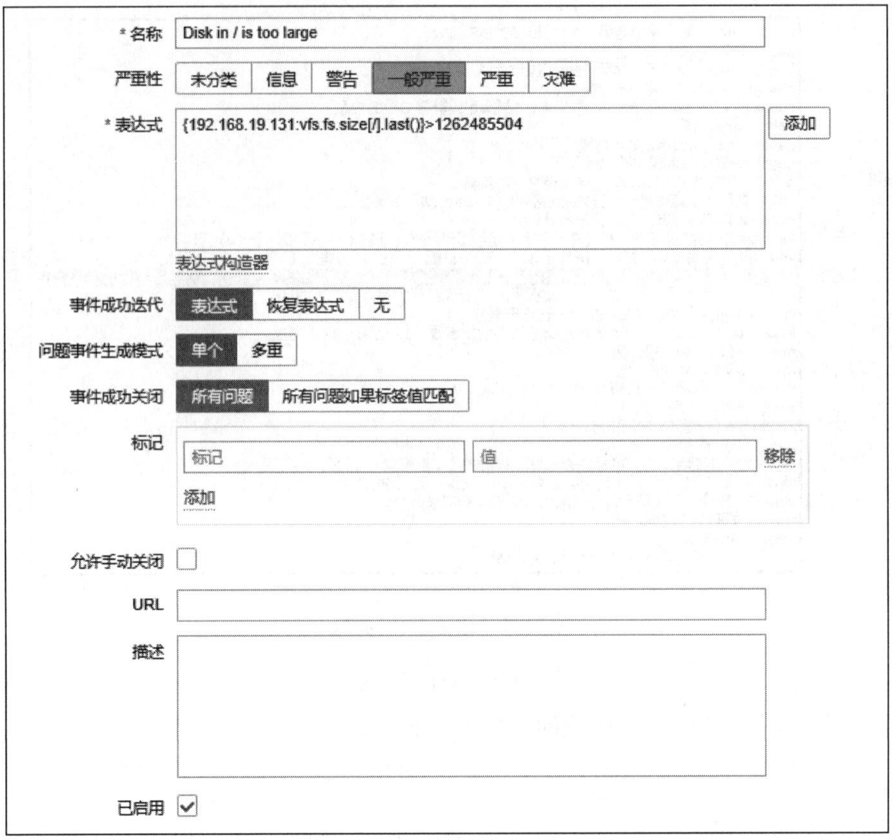

图 6.46　表达式

（10）勾选“已启用”复选框，单击“添加”按钮，即可完成触发器的添加。

当 Zabbix-Server 采集到该主机的数据时，会根据表达式进行判断，由于采集到的值为 18645180416，大于设定的 1262485504，因此触发器会被触发。可在“监控”→“问题”中查看该触发器的触发状态，如图 6.47 所示。

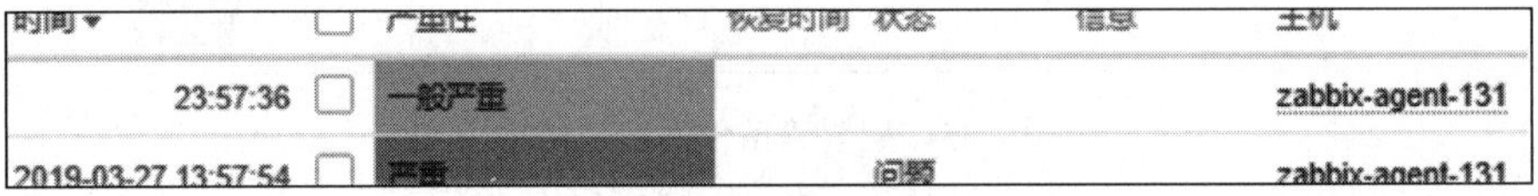

图 6.47　触发器状态

触发器配置界面中的参数详细解释如表 6.8 所示。

表 6.8　触发器配置界面中的参数详解

参　数	解　释
名称	触发器名称。名称中可包含的宏：{HOST.HOST}、{HOST.NAME}、{HOST.CONN}、{HOST.DNS}、{HOST.IP}、{ITEM.VALUE}、{ITEM.LASTVALUE}和{$MACRO}。$1、$2……$9 宏可以用来指定第一、第二……第九个表达式参数。例如，如果表达式是{New host:system.cpu.load[percpu,avg1].last()}>5，“Processor load above $1 on {HOST.NAME}“就会自动更改成“Processor load above 5 on New host”

（续表）

参 数	解 释
严重性	通过单击对应的按钮来设置所需的触发器严重性
表达式	定义触发触发器的逻辑表达式
事件成功迭代	OK 事件生成选项： 表达式：OK 事件基于与问题事件相同的表达式生成； 恢复表达式：如果问题表达式计算为 false，恢复表达式计算为 true，就生成 OK 事件； 无：在这种情况下，Zabbix 将永远不会恢复到 OK 状态
恢复表达式	定义恢复问题状态为 OK 的表达式
问题事件生成模式	生成问题事件的模式： 单个：当触发器第一次进入“问题”状态时，生成一个单个事件； 多重：每次触发器被判断为“问题”时都将产生一个新事件
事件关闭	关闭问题方式： 所有问题：此触发器产生的所有问题； 所有问题如果标签值匹配：只有事件标签值匹配的问题会被关闭
标记	输入事件标记名称以用于事件关联事件
允许手动关闭	勾选后允许手动关闭问题，不勾选不能手动关闭该触发器产生的问题
URL	跳转到该页面的 URL
描述	填写该触发器的描述
已启用	勾选为启用状态

6.6.2 触发器依赖

有时一个事件的触发需要依赖另一个事件。例如，若一台路由器宕机，则路由器后端的服务器都将不可达，此时没有必要同时接收路由器和路由器后端所有机器的不可达报警。在这种情况下，可以通过设置触发器依赖关系来控制事件的触发。

在触发器配置界面中切换至“依赖关系”选项卡，如图 6.48 所示，设置一个当“/”磁盘空间不足 20%且“/”磁盘中空间不足 1GB 的情况下达到触发条件的触发器。

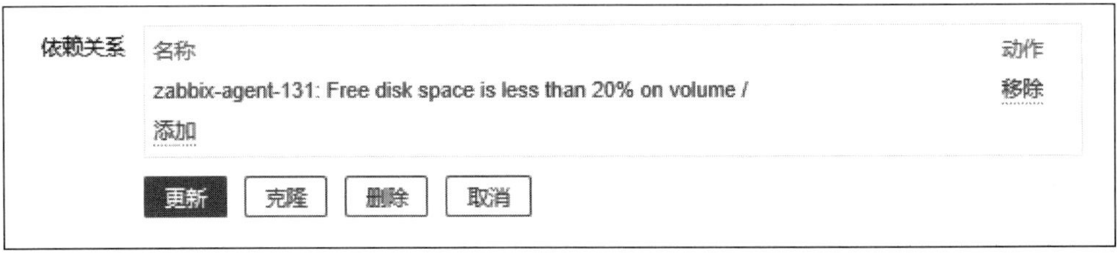

图 6.48 “依赖关系”选项卡

配置后触发器显示如图 6.49 所示。

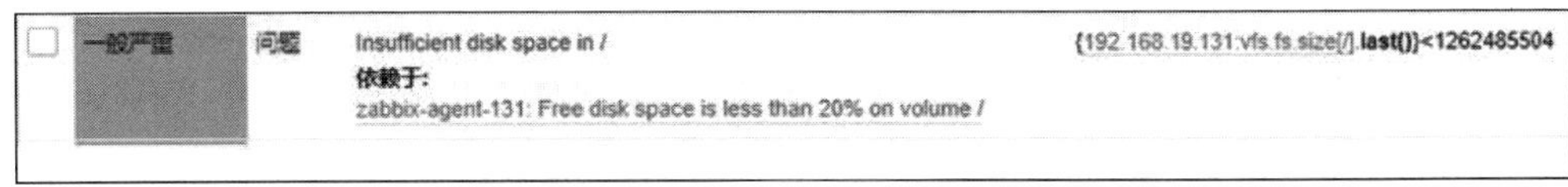

图 6.49 设置依赖条件的触发器

6.6.3 触发器表达式函数

本小节介绍 Zabbix 触发器表达式中支持的函数，所有函数都通过指定参数处理采集到的数据并返回一个可用于比较的值。

（1）abschange

参数：无。

支持的值类型：float、int、str、text、log。

描述：后一个值与前一个值变动的绝对值。

例如：

（前一值，后一值=abschange 返回值）

⇒7，9=2

⇒9，7=2

⇒0，-34.5=34.5

（2）avg

参数：sec|#num,<time_shift>。

支持的值类型：float、int。

描述：返回指定时间间隔的平均值。#num 表示最新值的数目（如#5，表示最近 5 次的值）；sec 表示时间间隔，可以在第二个参数中设置时间偏移。

例如：

⇒avg(#5)：最新 5 个值的平均值。

⇒avg(1h)：最近一小时的平均值。

⇒avg(1h,1d)：一天前的一小时内的平均值。

⇒avg(3600,86400)：一天前的一小时内的平均值。

（3）band

参数：sec|#num,mask,<time_shift>。

支持的值类型：int。

描述：返回获取的值与 mask 按位与操作的结果。此处#num 表示第 num 个最近的值。

例如：

若最新获取的值为 10，则 band(,12)=8。

（4）change

参数：无。

支持的值类型：float、int、str、text、log。

描述：返回最新获取的值与先前值的差值，指类型为字符串类型时，0 表示值相同，1 表示值不同。

例如：

（前一值，后一值=change 返回值）

⇒ 7，9=+2

⇒ 9，7=-2

⇒ 0，-34.5=-34.5

⇒ “info”，“info”=0

⇒ “Warning”，“Error”=1

（5）count

参数：sec|#num,<pattern>,<operator>,<time_shift>。

支持的值类型：float、int、string、text、log。

描述：返回指定期间内值出现的次数。#num 表示最新值的数目（如#5，表示最近 5 次的值）；sec 表示时间间隔，可以在最后一个参数中设置时间偏移；pattern 用于指定模式；operator 指定匹配值的方式，支持的操作符如下：

- eq：等于。
- ne：不等于。
- gt：大于。
- ge：大于等于。
- lt：小于。
- le：小于等于。
- like：只要包含（区分大小写）就被匹配。
- band：按位与。
- regexp：按 pattern 参数进行正则表达式匹配（区分大小写）。
- iregexp：按 pattern 参数进行正则表达式匹配（不区分大小写）。

例如：

⇒ count(10m)：过去 10 分钟内值的个数。

⇒ count(10m,"error",eq)：过去 10 分钟内值等于 error 的个数。

⇒ count(10m,12)：过去 10 分钟内值等于 12 的个数。

⇒ count(10m,12,gt)：过去 10 分钟内值大于 12 的个数。

⇒ count(#10,12,gt)：最新 10 个值大于 12 的个数。

⇒ count(10m,12,gt,1d)：昨天这个时间点前 10 分钟内值大于 12 的个数。

⇒ count(10m,6/7,band)：过去 10 分钟内值的最低 3 个有效位是 110（二进制）的个数。

⇒ count(10m,,,1d)：昨天这个时间点前 10 分钟值的个数。

（6）date

参数：无。

支持的值类型：所有。

描述：返回当前日期，格式为（YYYYMMDD）。

例如：

date()：20190421

（7）dayofmonth

参数：无。

支持的值类型：所有。

描述：返回当前日期是本月的第几天，范围为 1~31。

例如：

若当前日期为 2019 年 04 月 21 日，则 dayofmonth ()为 21。

（8）dayofweek

参数：无。

支持的值类型：所有。

描述：返回当前日期是本周的第几天，范围为 1~7。

例如：

若当前日期为 2019 年 04 月 21 日，则 dayofweek ()为 7。

（9）delta

参数：sec|#num,<time_shift>。

支持的值类型：float、int。

描述：返回指定期间内最大值与最小值的差值。#num 表示最新值的数目（如#5，表示最近 5 次的值）；sec 表示时间间隔，可以在最后一个参数中设置时间偏移。

例如：

最近采集到的 5 个值分别为：1、2、3、4、5，则此 5 个值中最大值为 5，最小值为 1，差值为 4，表示为 delta (#5)为 4。

（10）diff

参数：无。

支持的值类型：float、int、str、text、log。

描述：比较最近获取的值与前一个值是否相同。返回 1 表示与前一个值不同，返回 0 表示与前一个值相同。

例如：

当前采集到的值为 34，前一个值为 33，则 diff ()为 1。

（11）forecast

参数：sec|#num,<time_shift>,time,<fit>,<mode>。

支持的值类型：float、int。

描述：预测未来采集值的最大值、最小值或平均值。#num 表示最新值的数目（如#5，表示最近 5 次的值）；sec 表示时间间隔，可以在第二个参数中设置时间偏移；time 用于指定需要预测的时间点；fit 指定用于匹配历史数据的函数，支持的匹配函数如下：

- linear（默认）：线性函数。
- polynomialN：N 次多项式（1≤N≤6），polynomial1 与 linear 等同。
- exponential：指数函数。
- logarithmic：对数函数。
- power：幂函数。
- Mode：指定输出最大值、最小值还是其他，支持的 mode 为：
- value：值（默认）。
- max：最大值。
- min：最小值。
- delta：最大值-最小值。
- avg：平均值。

例如：

⇒ forecast(#10,,1h)：根据最近的 10 个值预测一小时后的值。

⇒ forecast(1h,,30m)：根据过去一小时的值预测 30 分钟后的值。

⇒ forecast(1h,1d,12h)：根据昨天这个时间点前一个小时的值预测 12 个小时后的值。

⇒ forecast(1h,,10m,exponential)：根据过去一小时的值，按照指数函数方式预测 10 分钟后的值。

⇒ forecast(1h,,2h,polynomial3,max)：根据过去一小时的值，按照 3 次多项式方式预测两小时后的最大值。

⇒ forecast(#2,,-20m)：根据最近的两个值预测 20 分钟前的值（可在监控项检测时间间隔较大时使用，例如监控项时间间隔为一小时，而此时需要预测 20 分钟前的值）。

（12）fuzzytime

参数：sec。

支持的值类型：float、int。

描述：检测当前采集到的值的时间戳跟 Zabbix-Server 时间的差值。sec 用于指定允许两个时间戳相差的时间秒数。返回 0 表示时间戳相差超过了指定的 sec 秒数，返回 1 表示未超过。

例如：

若时间戳相差时间超过了 1 分钟，则 fuzzytime(60)为 0。

（13）iregexp

参数：pattern,<sec|#num>。

支持的值类型：str、log、text。

描述：检查最新的值是否匹配正则表达式，匹配方式不区分大小写。pattern 为正则表达式匹配模式；#num 表示最新值的数目（如#5，表示最近 5 次的值）；sec 表示时间间隔。返回 1 表示最新值与 pattern 匹配，返回 0 表示不匹配。

（14）last

参数：sec|#num,<time_shift>。

支持的值类型：float、int、str、text、log。

描述：返回最新获取的值。#num 表示第几个最新值（如#5，表示第 5 个最近采集到的值。注意：此处的#num 与上文函数中介绍的#num 含义不同）；sec 表示时间间隔，可以在最后一个参数中设置时间偏移。

例如：

若最近采集的 3 个值分别为：A、B、C，则 last()（等同于 last(#1)）为 A，last(#3)为 C，last(0,1d)为昨天此时采集到的值。

（15）logeventid

参数：pattern。

支持的值类型：log。

描述：检查最近的日志记录的 EventID 是否匹配正则表达式。pattern 为指定的匹配模式，返回 0 表示不匹配，返回 1 表示匹配。

（16）logseverity

参数：无。

支持的值类型：log。

描述：返回最近采集的日志记录的日志等级，返回 0 表示默认等级，返回其他值为其他相应等级。

（17）logsource

参数：无。

支持的值类型：log。

描述：检查最近的日志记录是否匹配参数指定的日志来源，返回 0 表示不匹配，返回 1 表示匹配。通常用于 Windows 日志事件。

（18）max

参数：sec|#num,<time_shift>。

支持的值类型：float、int。

描述：指定范围内值的最大值。#num 表示最新值的数目（如#5，表示最近 5 次的值）；sec 表示时间间隔，可以在最后一个参数中设置时间偏移。

（19）min

参数：sec|#num,<time_shift>。

支持的值类型：float、int。

描述：指定范围内值的最小值。#num 表示最新值的数目（如#5，表示最近 5 次的值）；

sec 表示时间间隔，可以在最后一个参数中设置时间偏移。

（20）nodata

参数：sec。

支持的值类型：所有。

描述：检查指定时间内是否采集到数据。sec 用于指定要统计的时间范围，单位为秒，sec 不少于 30 秒，因为 timer 进程每 30 秒调用一次该函数。返回 0 表示指定时间内采集到了数据，返回 1 表示指定时间内未采集到数据。

（21）now

参数：无。

支持的值类型：所有。

描述：返回距离 Epoch 时间（1970 年 1 月 1 日 00:00:00）的秒数。

（22）percentile

参数：sec|#num,<time_shift>,percentage。

支持的值类型：float、int。

描述：返回指定范围内数值的指定百分点的值，即把数值按从小到大的顺序排列，取出第 percentage/100 个值。#num 表示最新值的数目（如#5，表示最近 5 次的值）；sec 表示时间间隔，可以在第二个参数中设置时间偏移；percentage 指定百分点，范围为 1~100。

（23）perv

参数：无。

支持的值类型：folat、int、str、text、log。

描述：取前一个值。等同于使用 last(#2)。

（24）regexp

参数：pattern,<sec|#num>。

描述：检查采集到的值是否匹配正则表达式，区分大小写。用法与 iregrexp 相同。

（25）str

参数：pattern,<sec|#num>。

支持的值类型：str、log、text。

描述：查找采集到的值中的字符串是否找到指定的字符串，区分大小写。pattern 指定匹配模式；#num 表示最新值的数目（如#5，表示最近 5 次的值）；sec 表示时间间隔。返回值为 1 表示有匹配的字符串，返回值为 0 表示没有匹配的字符串。

例如：最近采集到的 3 个数据为 Warning、Error、Info，则 str("Error")为 1。

（26）strlen

参数：sec|#num,<time_shift>。

支持的值类型：str、text、log。

描述：采集值的字符串长度（不是字节数）。#num 表示最近的第几个值（与 last 函数相似）；sec 表示时间间隔，可以在第二个参数中设置时间偏移。返回指定字符串的长度值。

例如：

⇒ strlen()：最新值的字符串长度，等同于 strlen(#1)。

⇒ strlen(#3)：最近的第三个值的字符串长度。

⇒ strlen(,1d)：一天前此时采集到的值的长度。

（27）sum

参数：sec|#num,<time_shift>。

支持的值类型：float、int。

描述：指定范围内采集到的值的和。#num 表示最新值的数目（如#5，表示最近 5 次的值）；sec 表示时间间隔，可以在第二个参数中设置时间偏移。

例如：最近采集到的 3 个值为：1、2、3，则 sum(#3)为 6（1+2+3=6）。

（28）time

参数：无。

支持的值类型：所有。

描述：返回当前时间，以 HHMMSS 格式表示。

例如：

time()：213433（21 点 34 分 33 秒）。

（29）timeleft

参数：sec|#num,<time_shift>,threshold,<fit>。

支持的值类型：float、int。

描述：预测监控项达到指定值需要多长时间，单位为秒。#num 表示最新值的数目（如#5，表示最近 5 次的值）；sec 表示时间间隔，可以在第二个参数中设置时间偏移；fit 指定用于匹配历史数据的函数；mode 指定返回哪种形式的值。fit 和 mode 参数可参考 forecast 函数。

6.6.4 触发器表达式实战演练

1. 触发器表达式规则

通过编写表达式，可以按照需求定义非常灵活的触发器。表达式编写规则如下：

```
{<主机名>:<监控项键值>.<触发器表达式函数>(<参数>)}<运算符><常量值>
```

例如：

```
{192.168.19.131:vfs.file.cksum[/etc/passwd].diff(0)}>0
{Zabbix server:system.cpu.util[,iowait].avg(5m)}>20
```

2. 运算符

触发器表达式支持的运算符如表 6.9 所示（按优先级降序排序）。

表 6.9　触发器表达式支持的运算符

优先级	运算符	描述
1	-	负
2	not	逻辑非
3	*	乘
	/	除
4	+	加
	-	减
5	<	小于
	<=	小于等于
	>	大于
	>=	大于等于
6	=	等于
	<>	不等于
7	and	逻辑与
8	or	逻辑或

上述运算符中，not、and 和 or 运算符区分大小写且必须为小写。在所有运算符中，除了-（负）和 not 外，其他运算符都具有从左到右的结合性。

3. 触发器表达式示例

示例 1：

Zabbix-Server 的处理器负载过高：

```
{Zabbix-Server:system.cpu.load[all,avg1].last()}>5
```

Zabbix-Server 对应于规则公式中的主机名；system.cpu.load 对应监控项键值；[all,avg1]为监控项键值参数；last()对应表达式函数；运算符为“>”；常量值为“5”，表示若最近采集到的值大于 5，则表达式值为真，触发器进入 PROBLEM 状态。

示例 2：

Zabbix-Server 的处理器负载过高：

```
{ Zabbix-Server:system.cpu.load[all,avg1].last()}>5 or
{ Zabbix-Server:system.cpu.load[all,avg1].min(10m)}>2
```

当 Zabbix-Server 的处理器负载大于 5 或者最近 10 分钟的负载最小值大于 2 就触发触发器。

示例 3：

Zabbix-Server 的/etc/passwd 文件被修改：

```
{ Zabbix-Server:vfs.file.cksum[/etc/passwd].diff()}=1
```

当文件/etc/passwd 的 checksum 值与上一次不同时，表达式为真。

示例 4：
网络入流量过高：

```
{ Zabbix-Server:net.if.in[eth0,bytes].min(5m)}>100KB
```

在过去 5 分钟内，eth0 网卡上接收的字节数大于 100KB 时，表达式为真。

示例 5：
Zabbix-Agent1 和 Zabbix-Agent2 的 TCP 服务都不可用：

```
{Zabbix-Agent1:net.tcp.service[smtp].last()}=0 and
{ Zabbix-Agent2:net.tcp.service[smtp].last()}=0
```

Zabbix-Agent1 和 Zabbix-Agent2 服务都不可用时表达式为真。

示例 6：
Zabbix-Agent1 无法访问：

```
{ Zabbix-Agent1:icmpping.count(30m,0)}>5
```

Zabbix-Agent1 在最近 30 分钟内超过 5 次不可达，表达式为真。

示例 7：
Zabbix-Agent1 的夜间负载：

```
{ Zabbix-Agent1:system.cpu.load[all,avg1].min(5m)}>2 and
{ Zabbix-Agent1:system.cpu.load[all,avg1].time()}>000000 and
{ Zabbix-Agent1:system.cpu.load[all,avg1].time()}<060000
```

Zabbix-Agent1 在夜间（00:00-06:00）这段时间内，5 分钟内负载最小值大于 2 时表达式为真。

示例 8：
检查 Zabbix-Agent1 的本地时间与 Zabbix-Server 之间的时间同步状况：

```
{ Zabbix-Agent1:system.localtime.fuzzytime(10)}=0
```

Zabbix-Agent1 本地时间与 Zabbix-Server 之间时间相差超过 10 秒。

示例 9：
比较 Zabbix-Server 今天的平均负载和昨天同一时间的平均负载：

```
{ Zabbix-Server:system.cpu.load.avg(1h)}/{ Zabbix-Server:system.cpu.load.av
g(1h,1d)}>2
```

若最近一小时平均负载超过昨天同一时间负载的两倍，则表达式为真。

示例 10：
使用另一个监控项的值来获得触发器的阈值：

```
{Template PfSense:hrStorageFree[{#SNMPVALUE}].last()}<{Template
PfSense:hrStorageSize[{#SNMPVALUE}].last()}*0.1
```

若剩余存储量下降到 10%以下，则表达式为真。

示例 11：
使用表达式的值获取超过阈值的触发器数量：

```
({Zabbix-Agent1:system.cpu.load[all,avg1].last()}>5) +
({Zabbix-Agent2:system.cpu.load[all,avg1].last()}>5) +
({Zabbix-Agent3:system.cpu.load[all,avg1].last()}>5)>=2
```

若表达式中至少有两个触发器大于 5，则表达式为真。

示例 12：
对于服务器温度过高，首先定义问题表达式：

```
{ Zabbix-Server:temp.last()}>20
```

然后在“恢复表达式“输入框中定义恢复表达式：

```
{ Zabbix-Server:temp.last()}<=15
```

当 Zabbix-Server 温度高于 20 时触发问题表达式，进入 Problem 状态；当 Zabbix-Server 温度低于 15 度时触发恢复表达式，进入 OK 状态。

6.6.5　表达式测试

添加较为复杂的表达式时，我们可能无法立刻确保表达式是符合需求的，此时可以使用 Zabbix 自带的测试器对表达式的正确性做一些测试。

（1）创建触发器，如图 6.50 所示。

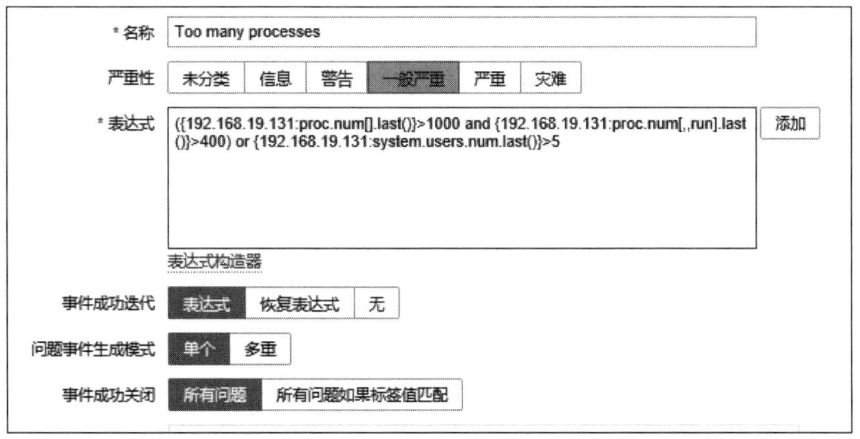

图 6.50　表达式测试示例

（2）单击“表达式构造器”按钮，表达式将被拆分为若干单个表达式，如图 6.51 所示。

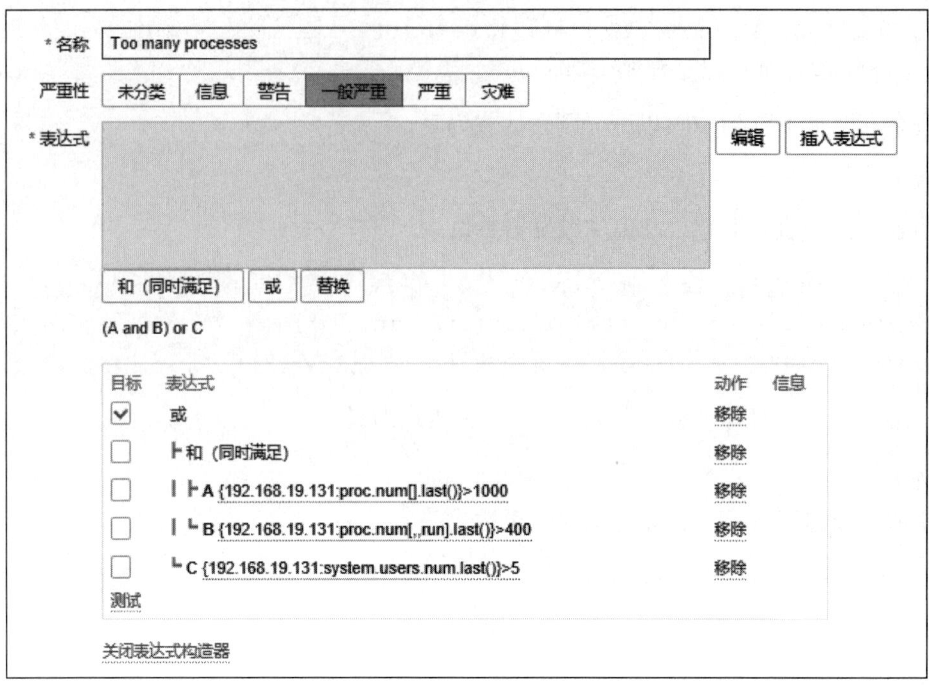

图 6.51　表达式构造器

（3）单击“测试”按钮，弹出“测试”窗口，如图 6.52 所示。

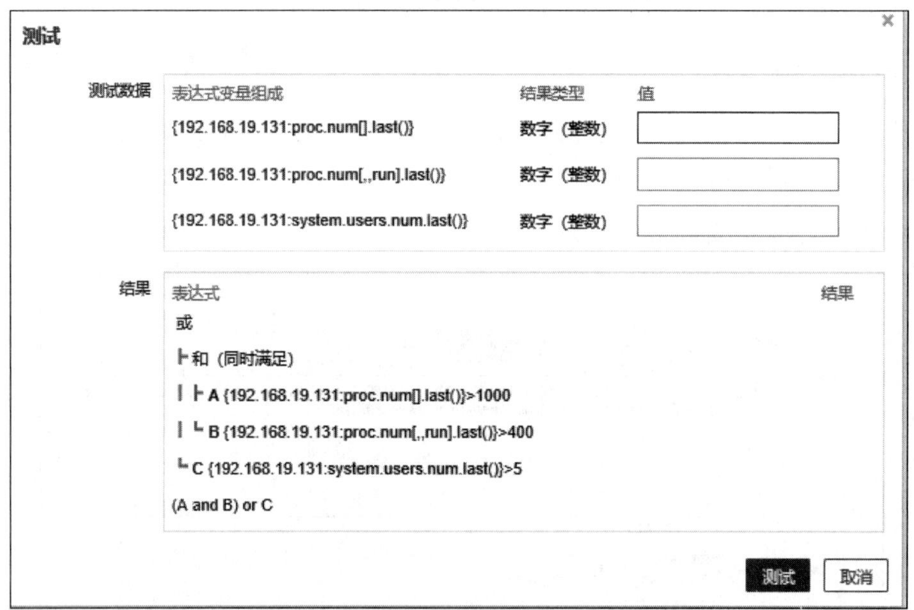

图 6.52　“测试”窗口

（4）在 3 个被拆分的表达式后面填写测试值，单击“测试”按钮，如图 6.53 所示。

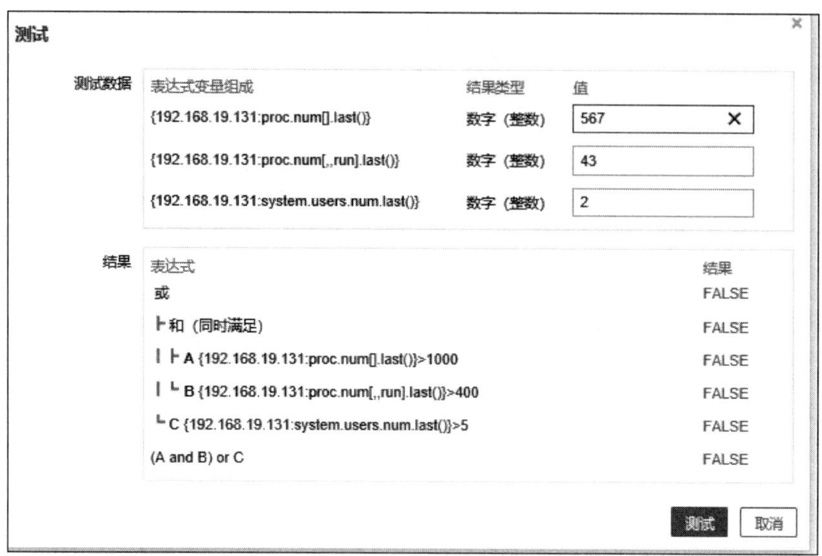

图 6.53 填写测试数据

（5）根据输入的测试值，可以看出各个表达式及经过运算之后的逻辑状态是 TRUE 还是 FALSE。图 6.53 中最后一行(A and B)or C 表示该组合表达式的结构，最终值为 FALSE，即触发器不会被触发。

（6）再测试一组数据，如图 6.54 所示。

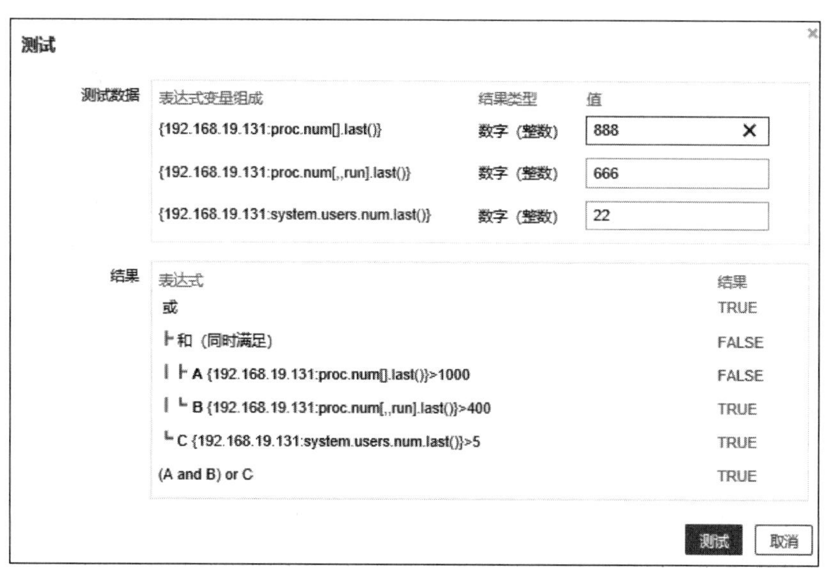

图 6.54 第二次测试表达式

从图 6.54 中可以看出，表达式 A 逻辑状态为 FALSE（888<1000，不满足条件），表达式 B 逻辑状态为 TRUE（666>400，满足条件），(A and B)逻辑状态为 FALSE（FALSE and TRUE=FALSE），表达式 C 逻辑状态为 TRUE（22>10，满足条件），(A and B)or C 结果为 TRUE（FALSE or TRUE=TRUE），因此触发器会被触发。

第 7 章

◂ 事件与通知 ▸

通过第 6 章的介绍，我们已经能够按照需求配置复杂的 Zabbix 监控了。本章将介绍 Zabbix 事件机制，以及通过事件机制关联事件通知方式，建立一套完整的报警机制，事件被触发后，用户可以通过短信、邮件等方式及时接收到告警通知。

本章主要涉及的知识点有：

- 事件、关联事件的配置介绍
- 事件通知、媒介、动作的配置介绍

7.1 事件

Zabbix 以事件作为发送短信、邮件通知等动作的依据。Zabbix 中可以生成以下几种类型的事件：

- 触发器事件（Trigger Events）：当触发器状态改变（OK 状态改变为 Problem 状态或 Problem 状态改变为 OK 状态）时产生触发器事件。
- 发现事件（Discovery Events）：当主机或服务被检测到时产生发现事件。
- 自动注册事件（Auto Registration Events）：当 Agent 被自动注册到 Zabbix-Server 时产生自动注册事件。
- 内部事件（Internal Events）：当监控项或低级别自动发现规则变得不受支持或触发器进入未知状态后产生内部事件。

7.1.1 事件生成与关闭

触发器事件是 Zabbix 中常见的事件。触发器状态由 OK 改变为 Problem 时产生问题事件，由 Problem 改变为 OK 时产生正常事件。事件包含触发器状态、产生时间等信息。

有 3 种方法通过正常事件关闭相关的问题事件，分别说明如下。

1. 触发器

当触发器表达式计算结果为 false，且恢复表达式计算结果为 true 时，会生成一个正常事件，且将触发器状态由 Problem 改为 OK。如图 7.1 所示，触发器状态由“问题”变为“已解决”，问题事件被关闭。

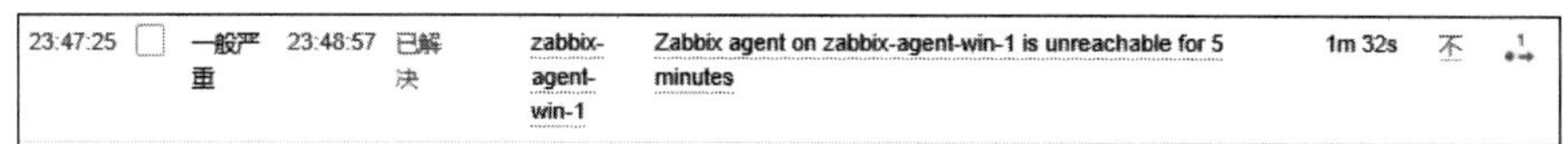

图 7.1　触发器方式关闭问题事件

2. 关联事件

设置事件关联规则，定义如何生成正常事件来关闭匹配的问题事件。图 7.2 所示为根据设定的关联事件关闭之前生成的问题事件。

图 7.2　关联事件方式关闭问题事件（局部）

3. 手动关闭

若在触发器中启用“允许手动关闭”，则可通过手动干预方式关闭此触发器问题事件。手动关闭方式关闭问题事件的过程如下：

（1）在触发器配置界面中勾选“允许手动关闭”复选框并单击“更新”按钮保存修改，如图 7.3 所示。

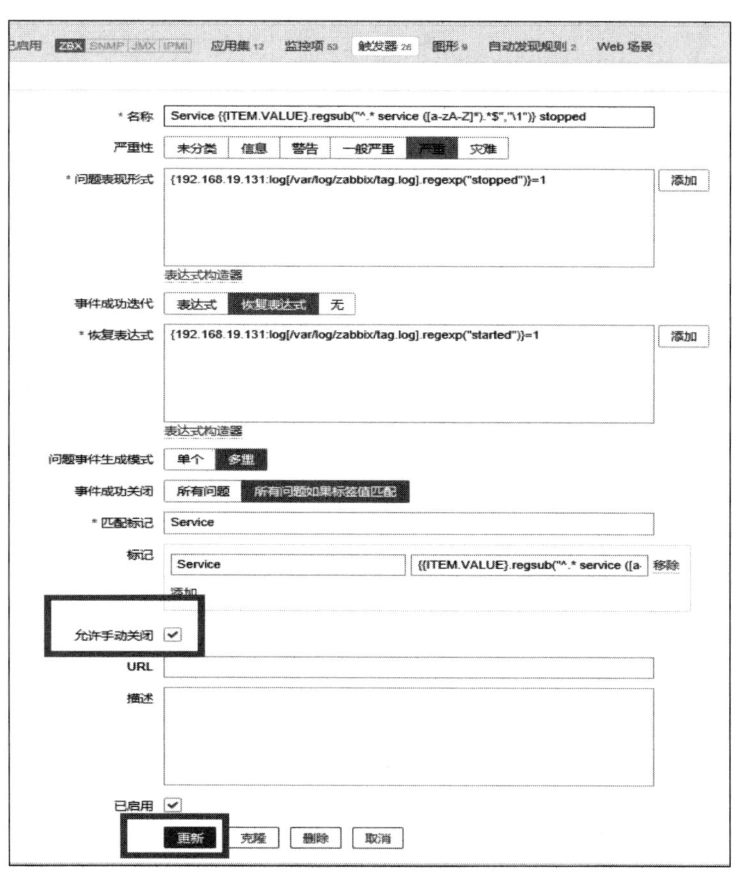

图 7.3　勾选“允许手动关闭”复选框

（2）在“问题”控件中单击“确认”栏的按钮（见图 7.4）或在“监测”→“问题”界面中勾选问题并单击“批量更新”按钮（见图 7.5）。

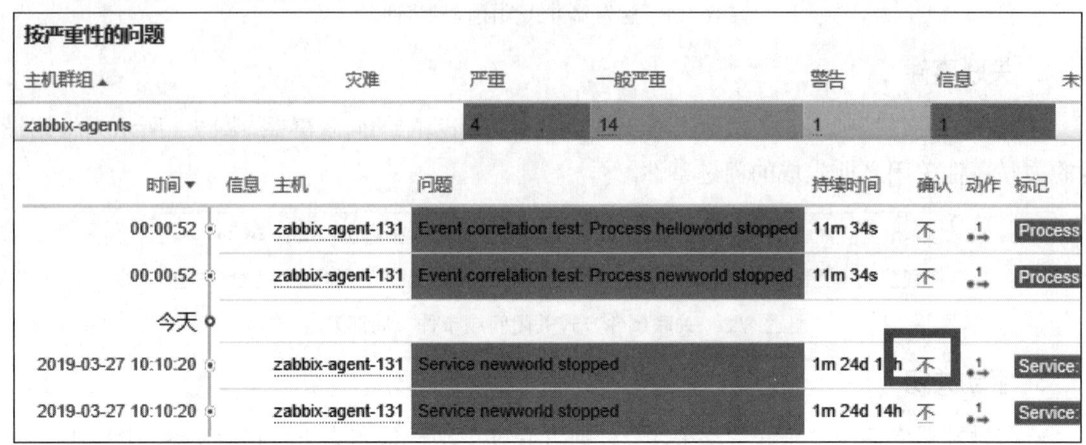

图 7.4　在“问题”控件中单击“确认”栏的按钮（局部）

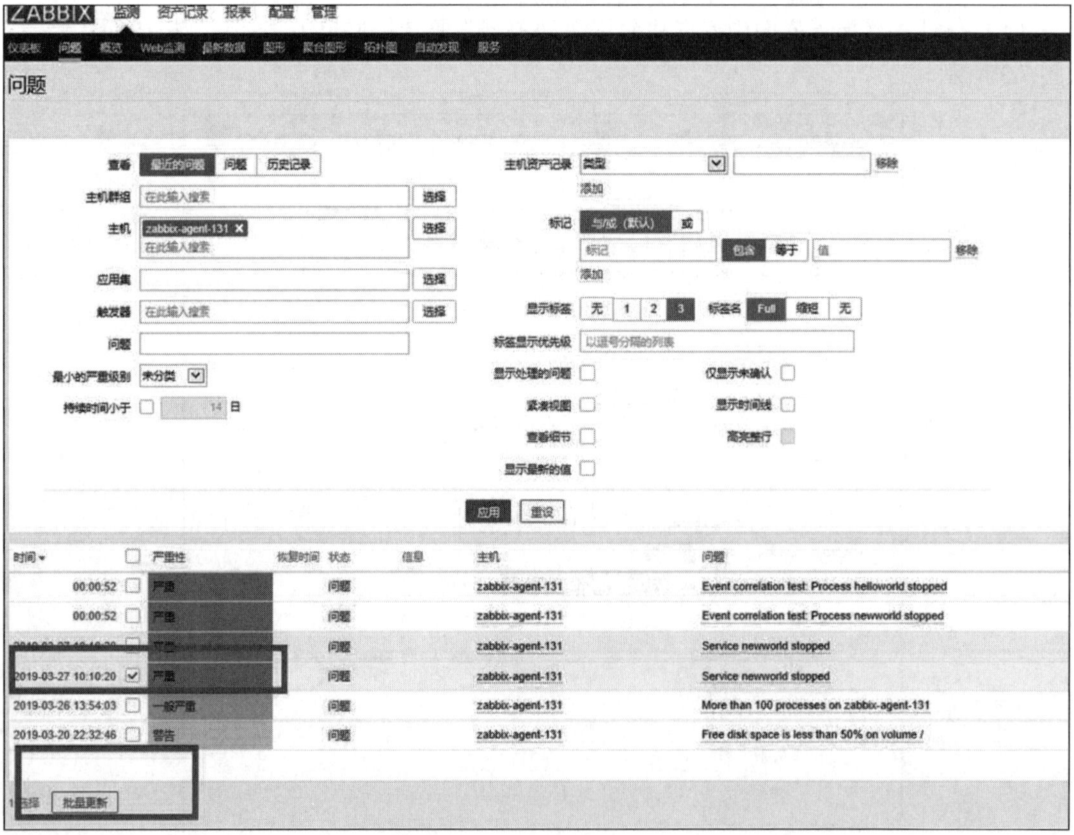

图 7.5　在“监测”→“问题”界面中勾选问题（局部）

（3）此时跳转到“更新问题”界面，如图 7.6 所示。

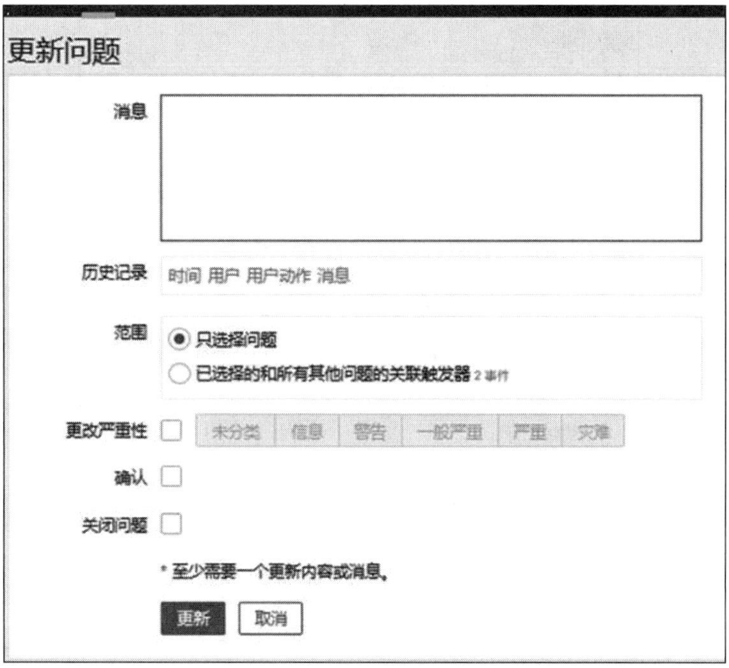

图 7.6　“更新问题”界面

“更新问题”界面中各参数解释如表 7.1 所示。

表 7.1　“更新问题”界面中各参数解释

参　数	解　释
消息	输入对该问题的文字备注或评论
历史记录	列出所有该问题以往的操作和备注已经操作的时间和用户
范围	定义更新问题操作的范围，更新问题操作包括更改严重性级别、确认问题或手动关闭问题： 只选择问题：操作仅影响此事件； 已选择的和所有其他问题的关联触发器：在确认/关闭问题操作的情况下，操作将影响此事件以及到目前为止未确认/关闭的其他所有问题
更改严重性	勾选该选项，单击严重性按钮可以更改问题级别
确认	勾选该选项，进行确认问题操作
关闭问题	勾选该选项，进行关闭问题操作

配置“更新问题”界面如图 7.7 所示。

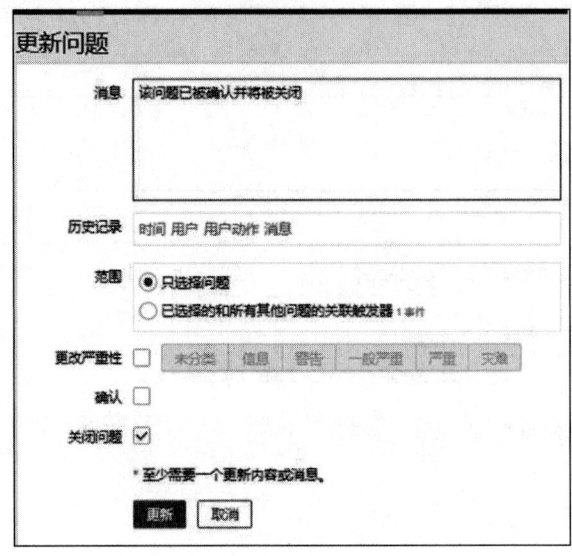

图 7.7　配置“更新问题”界面

（4）单击“更新”按钮，查看“问题”界面，如图 7.8 和图 7.9 所示，可以观察到问题状态由“问题”转变为“关闭中”并最后更改为“已解决”。

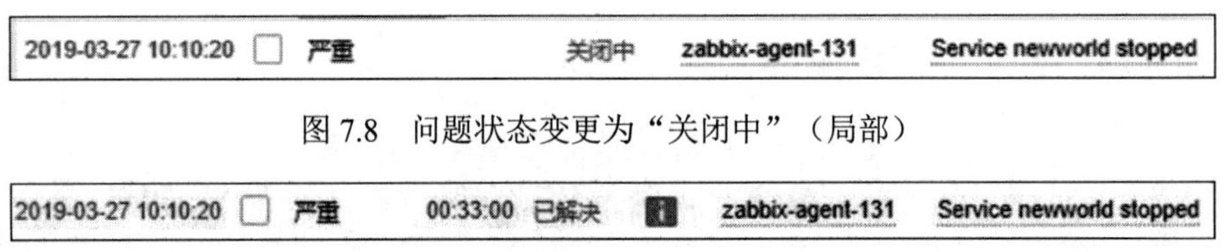

图 7.8　问题状态变更为“关闭中”（局部）

图 7.9　问题状态变更为“已解决”

问题可被多次更新，再次进入“更新问题”界面，可以看到已经有一条历史记录生成，如图 7.10 所示。

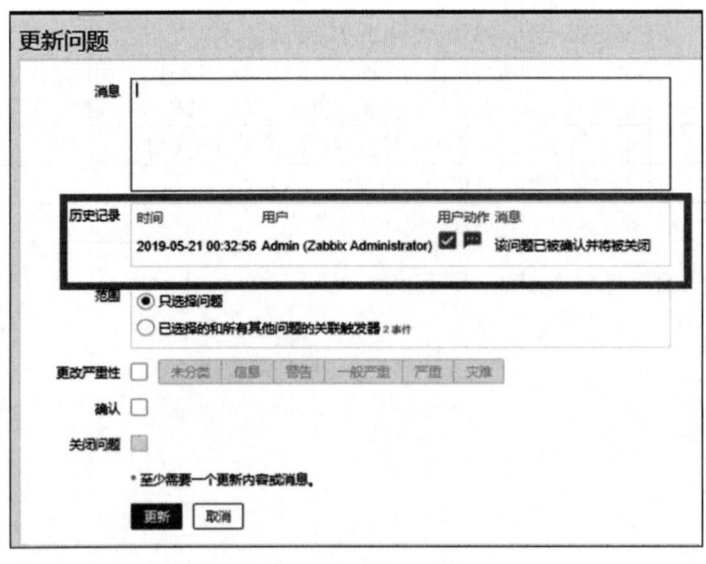

图 7.10　历史记录生成

7.1.2　关联事件

Zabbix 默认的事件都是相对独立的，有时我们不希望接收重复触发的问题事件，或者需要将同一触发器触发的有共性的事件关联起来，此时可以使用 Zabbix 提供的关联事件功能将相关事件关联起来。关联事件包含触发器级别的关联事件和全局关联事件。

1. 触发器关联事件

配置触发器关联事件可以将一个触发器产生的不同问题关联起来，关联起来的事件可以接受单独的操作。例如，通常情况下我们会将一个触发器下产生的所有问题都一起关闭，可当一个触发器产生多个事件，并且有些事件有某种关联时，我们可能需要单独处理这些关联起来的事件，而不是所有事件都关闭。假设现有日志记录了多个服务进程的启停情况，如图 7.11 所示。

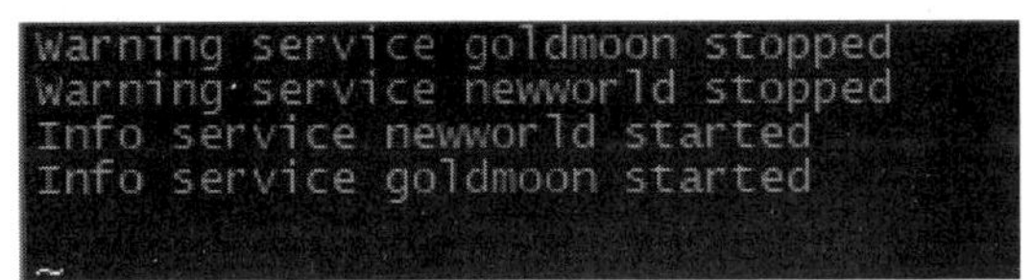

图 7.11　日志记录多个服务进程的启停情况

在这个例子中，我们需要将相同名称的服务进程启停情况对应起来，如第一行 service goldmoon stopped 与第四行 service goldmoon started 相对应，表示 goldmoon 进程停止后又恢复运行；而将第二行与第三行相对应，表示 newworld 进程停止后又恢复运行。

当触发器配置界面的“问题事件生成模式”指定为“多重”情况下，同一触发器可以创建由事件标签标识的不同事件。此时，可以基于事件标签单独地处理问题事件，如设置标签 service 并通过正则表达式提取服务进程名作为标签值。

触发器关联事件配置过程如下：

（1）跳转到“触发器”配置界面，如图 7.12 所示。切换“问题事件生成模式”参数为“多重”，切换“事件成功关闭”参数为“所有问题如果标签值匹配”，填写匹配标记名，填写标记名和标记值对，单击“更新”按钮。

（2）如图 7.13 所示，在“监控”→“问题”界面可以观察到在 Zabbix 接收到日志 Warning service newworld stopped 时问题触发器被触发。

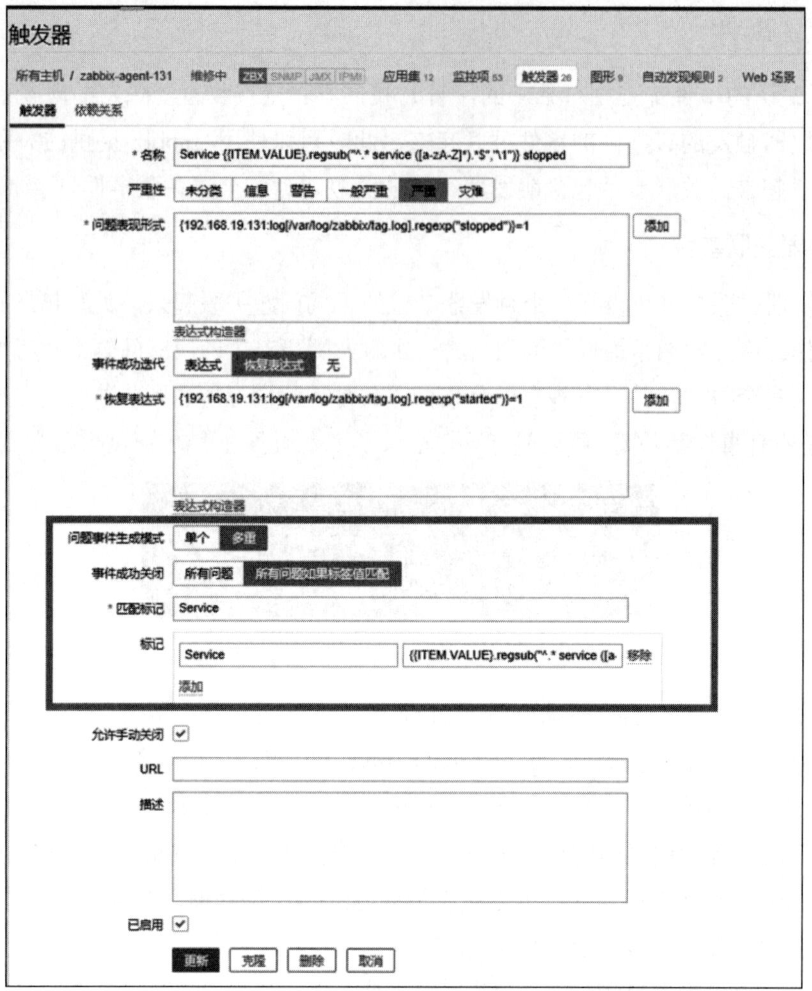

图 7.12　配置触发器级别关联事件

时间 ▾		严重性	恢复时间	状态	信息	主机	问题
16:34:58		严重		问题		zabbix-agent-131	Service newworld stopped

图 7.13　问题触发器被触发（局部）

（3）而当日志 Info service newworld started 被接收到时，上面的问题被更改为“已解决”状态，图 7.14 所示。

时间 ▾		严重性	恢复时间	状态	信息	主机	问题
16:39:00		严重	16:39:00			zabbix-agent-131	Service newworld stopped

图 7.14　问题触发器被解决

2. 全局关联事件

全局关联事件作用于所有 Zabbix 触发器。基于触发器的关联事件只可以关联同一个触发器产生的事件，无法通过触发一个触发器解决另一个触发器问题，而全局关联事件可以关联不同触发器产生的事件。通过创建全局关联事件，可以将 Zabbix 事件更灵活地关联起来，避免因多个触发器产生相同事件而重复报警。

配置全局关联事件的步骤如下：

（1）单击“配置”→“关联项事件”→“创建关联项”按钮，打开关联项事件规则界面，如图 7.15 所示。

图 7.15　关联项事件规则界面

图 7.15 中各项参数及解释如表 7.2 所示。

表 7.2　配置全局关联事件参数解释

参　数	解　释
名称	填写全局关联事件名称，唯一标识该全局关联事件
计算方式	条件之间的逻辑关系，添加条件后可选择计算方式： 和：必须满足所有条件； 或：满足一个条件就足够了； 与/或（默认）：不同条件类型间使用“和”，相同条件类型间使用“或”； 自定义表达式：通过条件代号自定义组合表达式，如 A or (B and C)。使用自定义表达式必须包含所有条件
条件	条件列表，添加“新条件”后显示

（续表）

参 数	解 释
新的触发条件	添加事件关联条件： 过去的事件标签：匹配要关联的过去的事件标签； 新事件标签：匹配要关联的新事件标签； 新事件的主机组：事件关联只对该指定主机组内产生的新事件有效； 事件标签对：匹配新事件、过去的事件的标签与标签值； 过去的事件标签值：匹配过去的时间的标签值； 新事件标签值：匹配新事件的标签值。 关联条件支持以下关系类型： 等于：标签值与填写的值完全匹配； 不等于：标签值与填写的值不相等； 包含：标签值包含填写的值； 不包含：标签值不包含填写的值
描述	添加该关联事件的描述
已启用	控制是否启用该关联事件

（2）切换到“操作”选项卡，如图 7.16 所示。

图 7.16 “操作”选项卡

图 7.16 中各项参数及解释如表 7.3 所示。

表 7.3 匹配关联事件“操作”选项卡参数解释

参 数	解 释
操作	操作类型列表，添加“新的操作”后显示
新的操作	关联条件的操作类型： 关闭过去的事件：关联条件全部满足后关闭过去的事件； 关闭新的事件：关联条件全部满足后关闭新的事件

（3）与前面的例子类似，本次我们依旧监控日志中进程启停情况，只是本例使用两个触

发器：一个触发器监控进程停止情况，有进程停止日志被写入后产生问题事件；另一个触发器监控进程启动情况，有进程启动日志被写入后关闭问题事件。

（4）配置监控进程停止情况的触发器，填写表达式为{192.168.19.131:log["/var/log/zabbix/event_correlation.log"].regexp("stopped")}=1，填写标记对为 ProcessName：{{ITEM.VALUE}.regsub("^.* process ([a-zA-Z]*).*$","\1")}、State：{{ITEM.VALUE}.regsub("^.* process .*([a-zA-Z]*)$","\1")}，如图 7.17 所示。

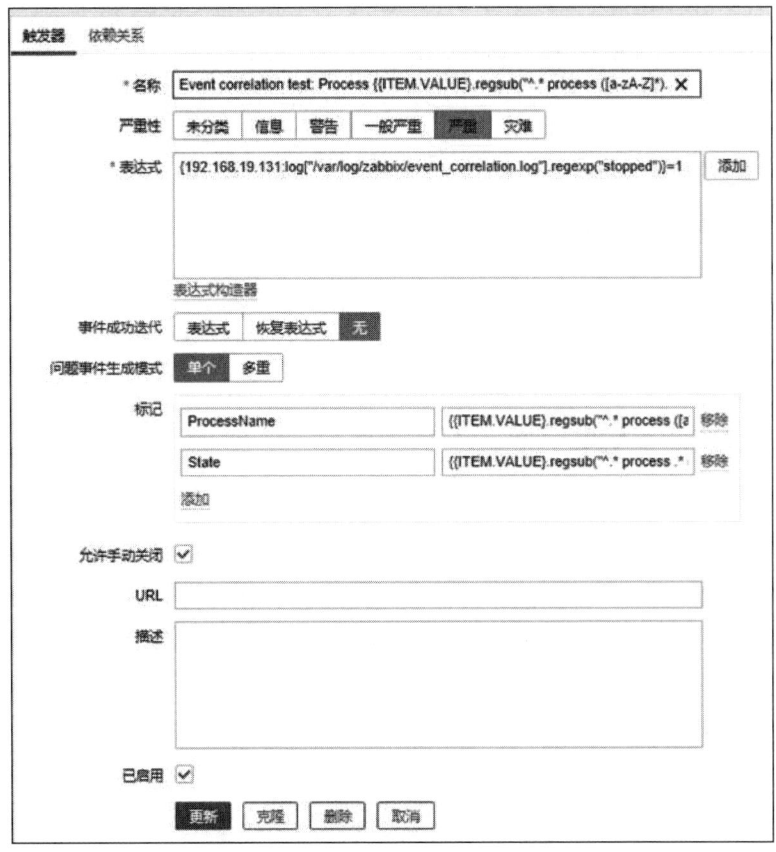

图 7.17　配置监控进程停止情况的触发器

（5）配置监控进程启动情况的触发器，填写表达式为{192.168.19.131:log["/var/log/zabbix/event_correlation.log"].regexp("started")}=1；填写标记对为 ProcessName：{{ITEM.VALUE}.regsub("^.*process([a-zA-Z]*).*$","\1")}、State：{{ITEM.VALUE}.regsub("^.* process .*([a-zA-Z]*)$","\1")}，如图 7.18 所示。

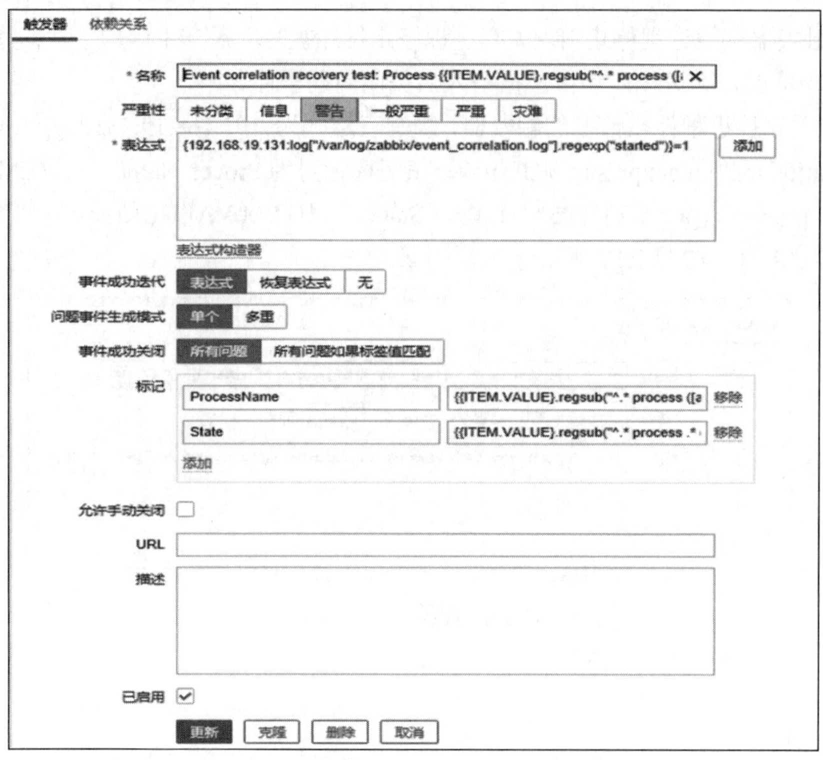

图 7.18　配置监控进程启动情况的触发器

（6）配置全局关联事件如图 7.19 所示。添加条件“过去的事件标签 ProcessName 等于新事件的标记 ProcessName”“过去的事件标签 ProcessName 等于 newworld”“过去的事件标签 State 等于 stopped”“新事件的标签 ProcessName 等于 newworld”“新事件的标签 State 等于 started”，计算方式使用默认的“与/或”。

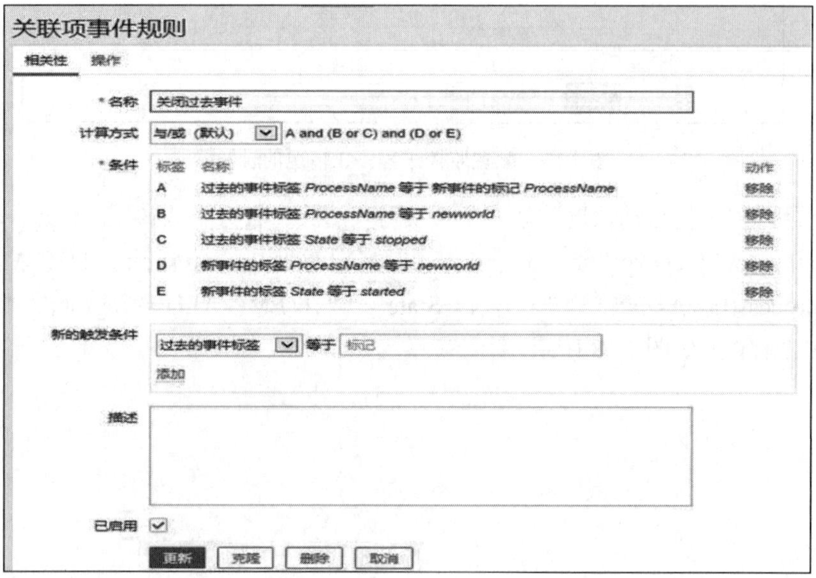

关联项事件规则
相关性　操作
*名称　关闭过去事件
计算方式　与/或（默认）　A and (B or C) and (D or E)
*条件　标签　名称　动作
A　过去的事件标签 *ProcessName* 等于 新事件的标记 *ProcessName*　移除
B　过去的事件标签 *ProcessName* 等于 *newworld*　移除
C　过去的事件标签 *State* 等于 *stopped*　移除
D　新事件的标签 *ProcessName* 等于 *newworld*　移除
E　新事件的标签 *State* 等于 *started*　移除
新的触发条件　过去的事件标签　等于　标记
添加
描述
已启用
更新　克隆　删除　取消

图 7.19　配置全局关联事件

（7）在全局关联事件“操作”选项卡中配置操作为“关闭过去的事件”，如图 7.20 所示。

图 7.20　配置操作为“关闭过去的事件”

（8）配置完成后，当文件中出现类似“Warning: process newworld stopped”的日志时，问题事件被触发，如图 7.21 所示。

图 7.21　问题事件被触发（局部）

（9）当文件中出现类似“Info: process newworld started”的日志时，问题事件被关闭，从“信息”中可以查看该问题由我们创建的关联规则解析，如图 7.22 所示。

图 7.22　问题事件被解决

7.2 事件通知

现在，我们已经可以定义一系列监控项以及触发器，能够在触发器状态发生改变时在 Zabbix Web 界面观察到相应的信息。然而通常我们的监控项只有在少数情况下会产生问题，并且出现时间可能是不固定的，比如机器断网、宕机等，对于这些严重的异常状况需要及时通知相关工作人员。依靠长时间观察 Zabbix 屏幕和问题列表显然不能完全将人力从监控流程中解放出来，为了解决上述痛点，Zabbix 提供了事件通知功能——动作（Action）。

定义动作后，当特定触发器状态发生变化时，Zabbix 便将预定的通知内容通过短信、邮件等媒介即时或延时发送给相关工作人员。

7.2.1 媒介类型

媒介是指用于在 Zabbix 中发送通知和报警的传输通道，Zabbix 支持以 E-Mail、SMS、Jabber、Ez Texting 以及自定义脚本方式作为媒介。

本小节以配置 Zabbix E-mail 为例，展示媒介类型的配置方式。

（1）单击“管理”→“报警媒介类型”，跳转到报警媒介类型界面，如图 7.23 所示。

图 7.23 报警媒介类型界面

（2）单击界面右上方的“创建媒体类型”按钮，跳转到媒介类型配置界面，如图 7.24 所示。

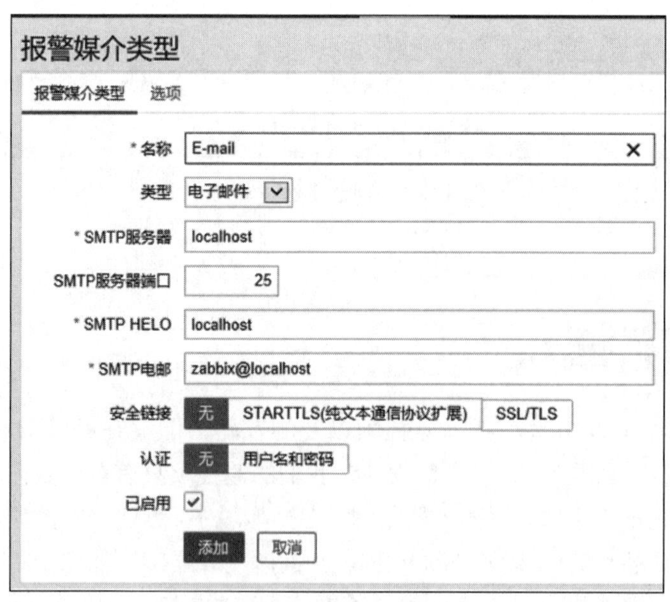

图 7.24 媒介类型配置界面

该界面各个参数及解释如表 7.4 所示。

表 7.4　媒介类型配置界面参数及解释

参　数	解　释
名称	媒介类型名称
类型	媒介类型，配置电子邮件为媒介类型时选择“电子邮件”
SMTP 服务器	设置 SMTP 服务器用于发送邮件
SMTP 服务器端口	设置 SMTP 服务器端口用于发送邮件
SMTP HELO	SMTP HELO 值，通常为域名
SMTP 电邮	此处输入的地址将被用作发送消息的源（From）地址，如 zabbix@company.com。若要配置显示名称，则可通过例如 Zabbix-Admin <zabbix@company.com>格式配置显示名称为 Zabbix-Admin
安全链接	选择连接的安全级别
认证	选中该复选框以验证 SMTP 服务器的 SSL 证书
已启用	选中该复选框启用媒介类型

（3）切换到“选项”选项卡，如图 7.25 所示。

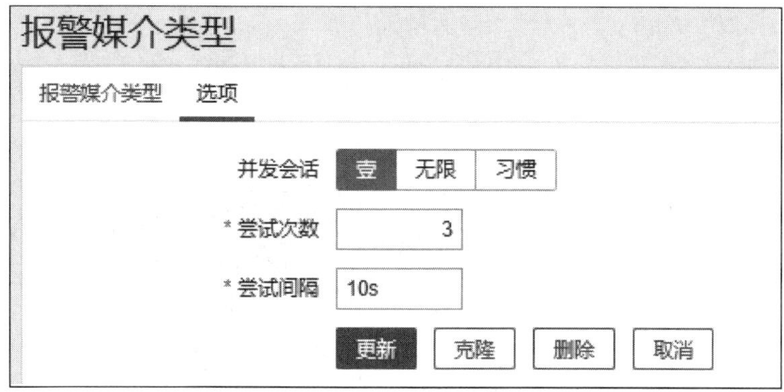

图 7.25　“选项”选项卡

（4）该界面可配置告警尝试次数、媒介类型最大会话数量等，这些参数及解释如表 7.5 所示。

表 7.5　“选项”选项卡参数及解释

参　数	解　释
并发会话	所有的媒介类型都是并行处理的，该参数用于配置每个媒介类型的最大会话数量
尝试次数	发送通知异常或失败的尝试次数，该参数可设置最大值为 10，默认为 3
尝试间隔	发送失败后重试发送的频度，默认单位为秒。如果设置为 0，发送失败后就立即重发

7.2.2　自定义报警媒介

Zabbix 允许用户通过脚本方式配置自定义报警媒介。当报警媒介被触发后，Zabbix 会调用配置的脚本，因此，我们需要在脚本中调用自己的媒介接口。本小节配置通过 mailx 发送邮件的方式。

（1）首先需要申请两个邮箱：一个用于发送邮件；另一个用于接收邮件。用于发送邮件的邮箱需要开启 POP3/SMTP 服务，并生成允许通过第三方登录的授权码，如图 7.26 所示。

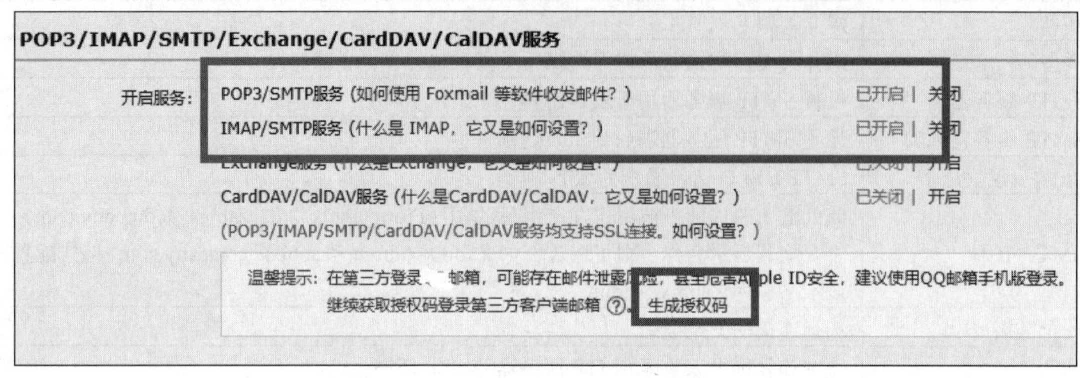

图 7.26　开启 POP3/SMTP 服务并生成授权码

（2）在 Zabbix-Server 中安装 mailx 邮箱服务：

```
#yum install mailx -y
```

（3）安装完成后，编辑 mailx 配置，如图 7.27 所示。

```
#vim /etc/mail.rc
```

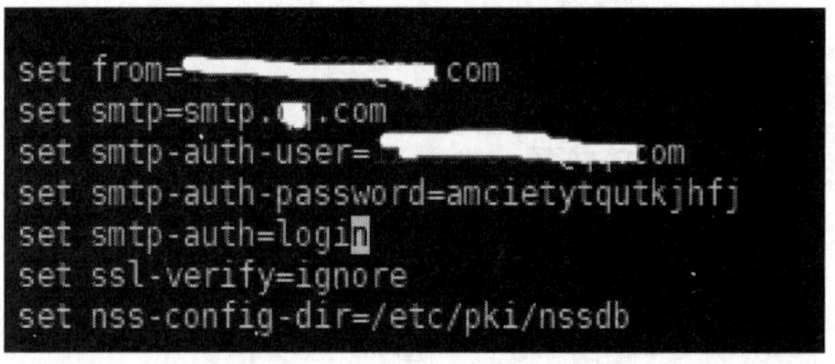

图 7.27　编辑 mailx 配置

各参数及解释如表 7.6 所示。

表 7.6　mailx 配置文件参数及解释

参　数	解　释
set from	设置发送人名称
set smtp	设置外部 SMTP 服务器
set smtp-auth-user	设置 SMTP 登录用户名
set smtp-auth-password	设置登录密码，填写为上面获取到的授权码

（4）完成后保存并退出配置，向目的邮箱发送测试邮件，检测 mailx 是否配置成功：

```
#echo "Hello zabbix" | mail -s "test mail" 目标邮箱地址
```

（5）随即目标邮箱会收到一条主题为“test mail”、内容为“Hello zabbix”的邮件，表明 mailx 已经配置成功，如图 7.28 所示。

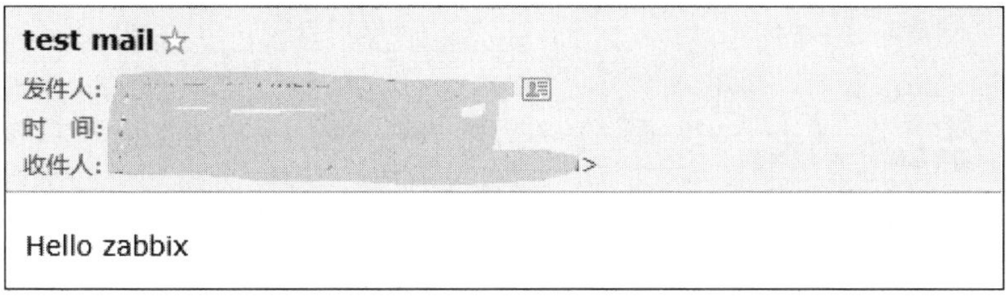

```
test mail ☆
发件人:
时　间:
收件人:

Hello zabbix
```

图 7.28　收到测试邮件

（6）创建 Zabbix 报警脚本目录，如/usr./lib/zabbix/alertscripts，编辑 Zabbix-Sever 配置文件，修改 AlertScriptsPath 参数以添加报警脚本目录，如图 7.29 所示。

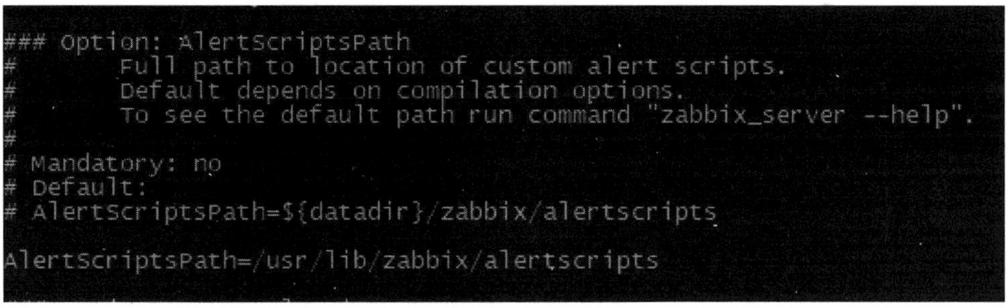

```
### Option: AlertScriptsPath
#       Full path to location of custom alert scripts.
#       Default depends on compilation options.
#       To see the default path run command "zabbix_server --help".
#
# Mandatory: no
# Default:
# AlertScriptsPath=${datadir}/zabbix/alertscripts

AlertScriptsPath=/usr/lib/zabbix/alertscripts
```

图 7.29　修改 AlertScriptsPath 路径

（7）切换到报警脚本目录中，新建脚本文件，如 sendmail.sh，编辑内容如图 7.30 所示。sendmail.sh 接收 3 个参数，分别为目标邮箱地址、邮件主题与邮件内容，运行 sendmail.sh 将调用 mailx 向目标邮箱发送一条包含传入的邮件主题与邮件内容的邮件。

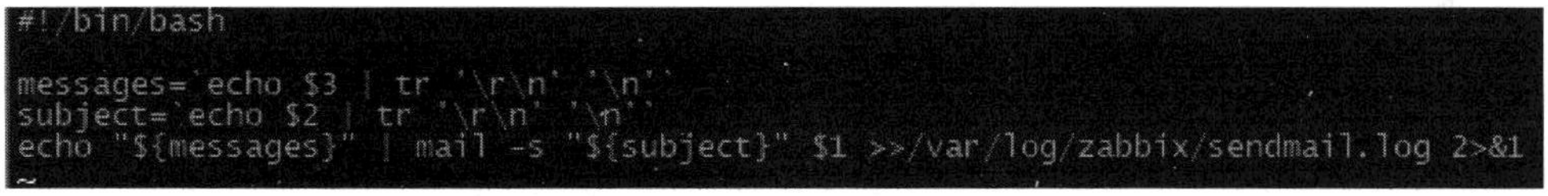

```
#!/bin/bash

messages=`echo $3 | tr '\r\n' '\n'`
subject=`echo $2 | tr '\r\n' '\n'`
echo "${messages}" | mail -s "${subject}" $1 >>/var/log/zabbix/sendmail.log 2>&1
```

图 7.30　编辑 sendmail.sh

（8）在报警媒介类型界面单击“创建媒体类型”按钮，跳转到报警媒介配置界面。填写报警媒介名称，选择“类型”为“脚本”，填写脚本名称为上述的 sendmail.sh，依次填写脚本参数{ALERT.SENDTO}、{ALERT.SUBJECT}、{ALERT.MESSAGE}，对应 sendmail.sh 的 3 个参数，如图 7.31 所示。

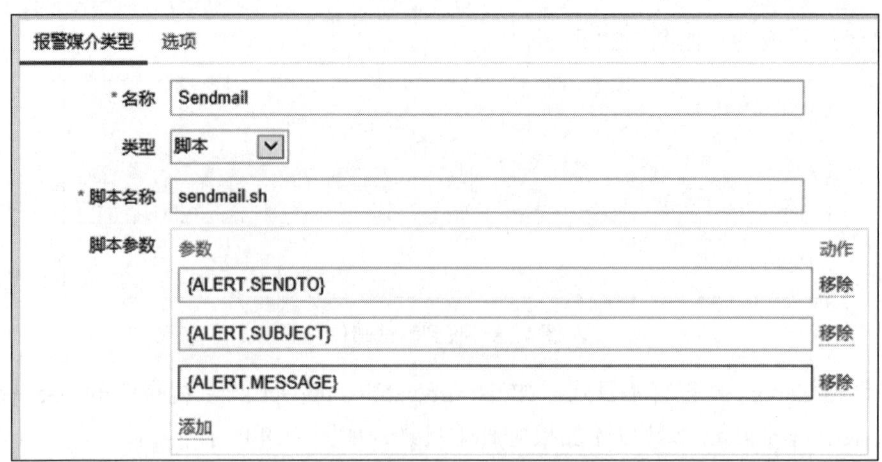

图 7.31　自定义报警媒介配置

（9）单击“添加”按钮即可完成该报警媒介的配置。

7.2.3　动作

配置报警媒介后，下一步就是将事件与报警媒介关联起来了。通过动作的配置可以指定哪些事件产生后通过哪种方式向哪些用户或用户组发送媒体通知。

（1）依次单击“配置”→“动作”，跳转到“动作”界面，如图 7.32 所示。

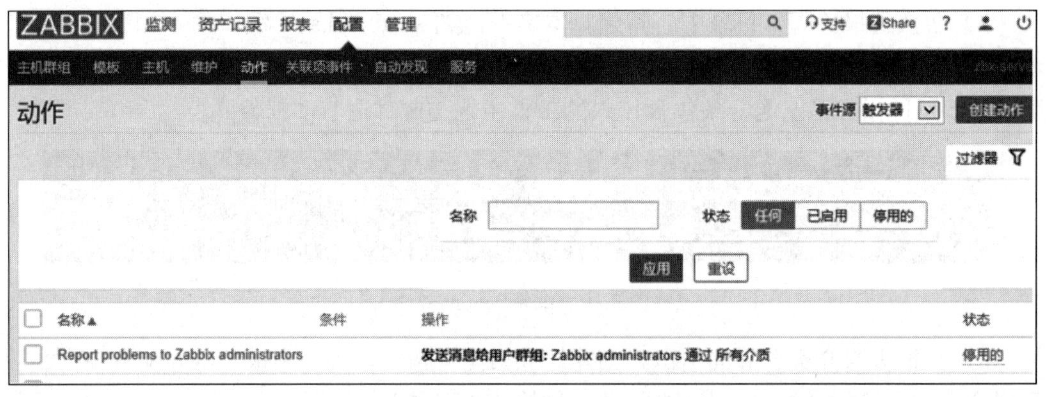

图 7.32　“动作”界面

（2）可以在“事件源”下拉菜单中选择事件源，如触发器，配置对应事件源的动作。本小节以触发器事件源为例展示动作配置流程，其他事件源动作配置流程与触发器事件源动作配置流程相似。单击界面右上方的“创建动作”按钮，切换到动作配置界面，如图 7.33 所示。

图 7.33　动作配置界面

（3）该界面用于配置动作触发条件，可以配置主机、主机群组、应用集、时间期间、标签、标记值、模板、触发器、触发器名称、触发器示警度及问题已被制止（主机处于维护状态时问题被制止）。触发动作操作符及解释如表 7.7 所示。

表 7.7　触发动作操作符及解释

参　数	解　释
等于	字符串或名称与制定值完全相同时触发动作
不等于	字符串或名称与制定值不同时触发动作
包含	字符串或名称包含于制定值时触发动作
不含	字符串或名称不包含于制定值时触发动作
在	用于时间段的判断，事件发生时间在指定时间段内触发动作
不在	用于时间段的判断，事件发生时间不在指定时间段内触发动作
大于等于	用于告警级别的判断，触发器告警级别大于等于指定触发器级别时触发动作
小于等于	用于告警级别的判断，触发器告警级别小于等于指定触发器级别时触发动作
是	用于问题是否被抑制，问题被抑制时触发动作
否	用于问题是否被抑制，问题不被抑制时触发动作

（4）当添加多个触发条件时，会出现“计算方式”下拉框，可选择或自定义多个条件之间的触发关系，如 A or (B and C)。

（5）切换到“操作”选项卡，如图 7.34 所示。

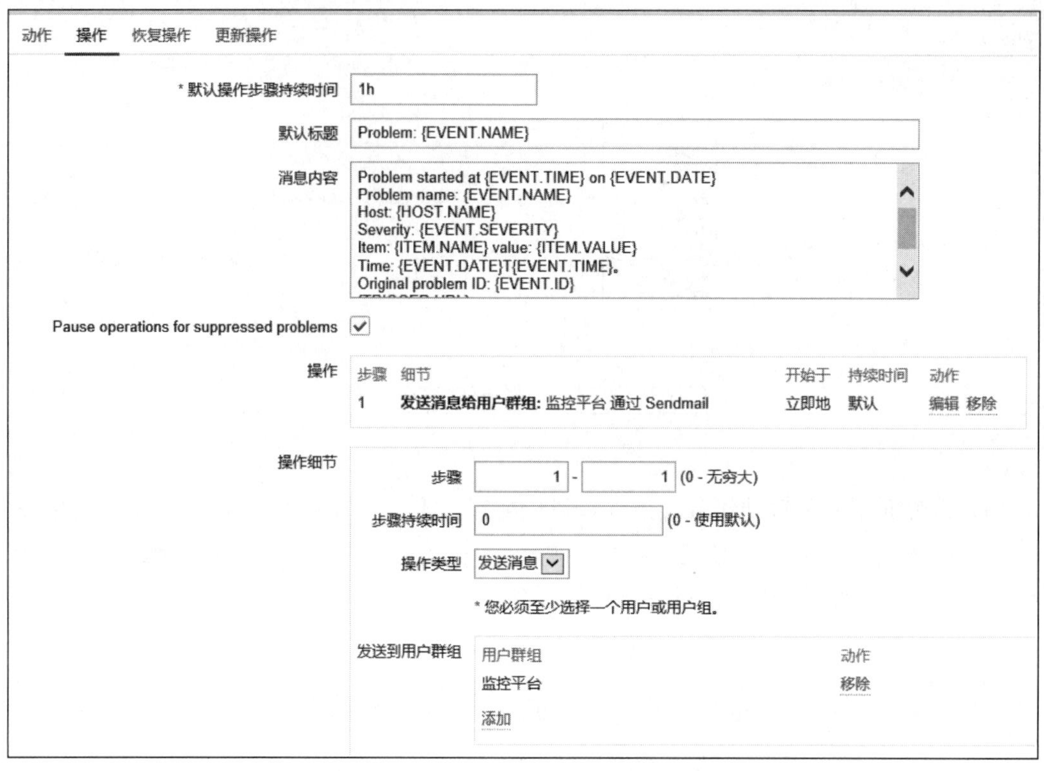

图 7.34 “操作”选项卡

（6）该界面中可配置动作的操作步骤、发送通知内容、执行远程命令（执行远程命令需要启用配置中的 EnableRemote 参数）等，可以定制升级计划操作，如触发事件后立即向运维工程师发送通知，若一小时后问题仍未解决，则通知项目经理。参数与解释如表 7.8 所示。

表 7.8 “操作”选项卡参数与解释

<table>
<tr><th colspan="2">参 数</th><th>解 释</th></tr>
<tr><td colspan="2">默认操作步骤持续时间</td><td>操作步骤默认间隔时间。若设置为 1 小时，则执行一次操作后，下一次操作将在一小时后执行</td></tr>
<tr><td colspan="2">默认标题</td><td>默认通知的消息主题</td></tr>
<tr><td colspan="2">消息内容</td><td>默认通知的消息内容</td></tr>
<tr><td colspan="2">Pause operations for suppressed problems</td><td>若选中该复选框，则维护期间操作不被执行；若取消选中，则维护期间操作被执行</td></tr>
<tr><td colspan="2">操作</td><td>显示已经配置的操作列表</td></tr>
<tr><td rowspan="3">操作细节</td><td>步骤</td><td>分配升级计划步骤</td></tr>
<tr><td>步骤持续时间</td><td>这些步骤的自定义持续时间（覆盖默认持续时间，填 0 表示使用默认的步骤持续时间）</td></tr>
<tr><td>操作类型</td><td>为步骤选择操作类型，触发器事件源支持以下两种操作类型：
发送消息；
执行远程命令</td></tr>
</table>

（续表）

参　数			解　释
操作细节	操作类型：发送消息	发送到用户群组	选择要发送消息通知的用户组，用户组至少需要“读取”权限才可以获得消息通知
		发送到用户	选择要发送消息通知的用户，用户至少需要“读取”权限才可以获得消息通知
		仅送到	选择发送消息的媒介类型
		消息内容	勾选将使用默认消息
	操作类型：远程命令	目标列表	执行命令的目标列表
		命令类型	选择要执行的命令类型： IPMI – IPMI 命令； 自定义脚本 – 执行脚本； SSH – SSH 命令； Telnet – Telnet 命令； 全局脚本 – 执行“管理”→“脚本”中定义的全局脚本
		执行在	选择在 Zabbix-Server、Zabbix-Proxy 还是在 Zabbix-Agent 机器上执行该命令。若要在 Zabbix-Proxy 或在 Zabbix-Agent 上执行远程命令，则需要启用 Zabbix EnableRemoteCommands 参数配置
		命令	输入要执行的命令
	执行操作的条件		执行操作的条件： 未确认 – 只有当事件未被确认时 确认 – 只有事件被确认时

（7）选择发送的用户组或用户群体，选择“仅送到”为配置的自定义媒介类型名。当然也可以配置多个操作步骤，定义为一套升级计划操作。

（8）切换到“恢复操作”选项卡，如图 7.35 所示。恢复操作用于问题被解决时发送通知或运行远程命令。

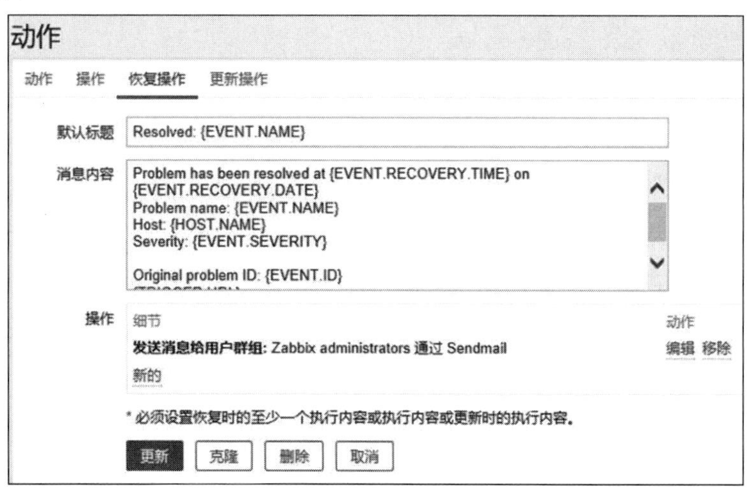

图 7.35　“恢复操作”选项卡

（9）切换到“更新操作”选项卡，如图 7.36 所示。当确认事件、事件状态变化或手动关闭事件时会触发更新操作。

图 7.36 “更新操作”选项卡

（10）通过配置动作将事件与媒介关联后，就可以及时接收消息通知了。图 7.37 所示为接收的一条邮件告警。

图 7.37 接收到的邮件告警

第 8 章 其他配置

经过前面章节的介绍，我们已经掌握了 Zabbix 关键配置流程。本章将介绍 Zabbix 事件、动作、图形、Web 监控、日志监控的配置，以及 Zabbix 支持的正则表达式和权限管理等其他配置。

本章主要涉及的知识点有：

- Zabbix 自带图形、拓扑图、聚合图形、幻灯片演示的查看与配置
- Web 监控配置方式
- 正则表达式的应用
- 用户权限管理
- 配置导入导出
- 宏

8.1 图形

本节介绍 Zabbix 图形相关的配置。当配置的监控项产生大量数据时，我们或许更想直观地观察这些数据的变化趋势与规律，而不是单看每一条监控项的值。通过图形可以将采集的数据以可视化的方式表现出来，方便运维人员管理、查看复杂的监控数据。

8.1.1 简单图形

Zabbix 已经为我们提供了简单的图形功能，对于采集值为数字类型的监控项，Zabbix 会默认生成一份图表，不需要进行任何配置就可以查看。依次单击“监测”→“最新数据”，可以在跳转的“最新数据”界面中看到“图形”按钮，如图 8.1 所示。

图 8.1 “最新数据”界面

单击“图形”按钮，跳转到该监控项的实时图形界面，如图 8.2 所示。

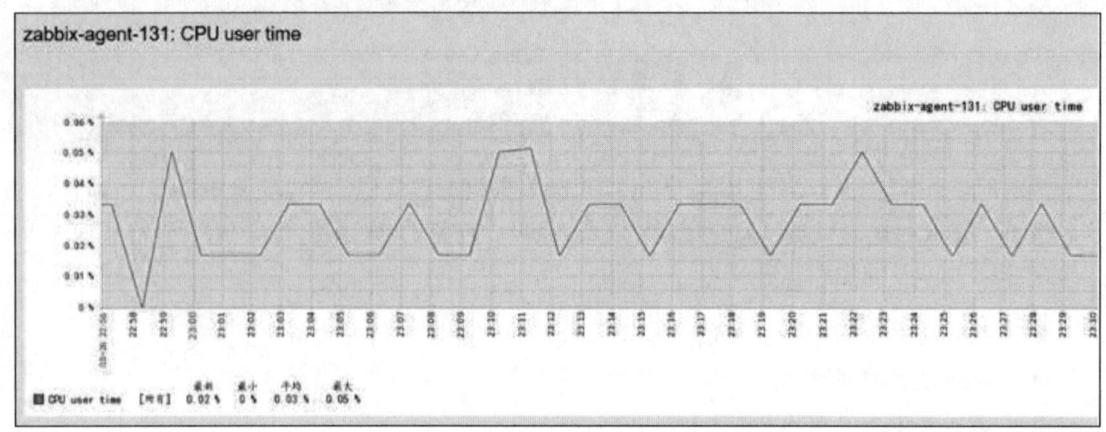

图 8.2　监控项实时图形界面（局部示意）

打开时间筛选器，如图 8.3 所示，可以选择要查看的时间范围，如“今天”“最近一小时”等，或者直接输入要查看的时间段。

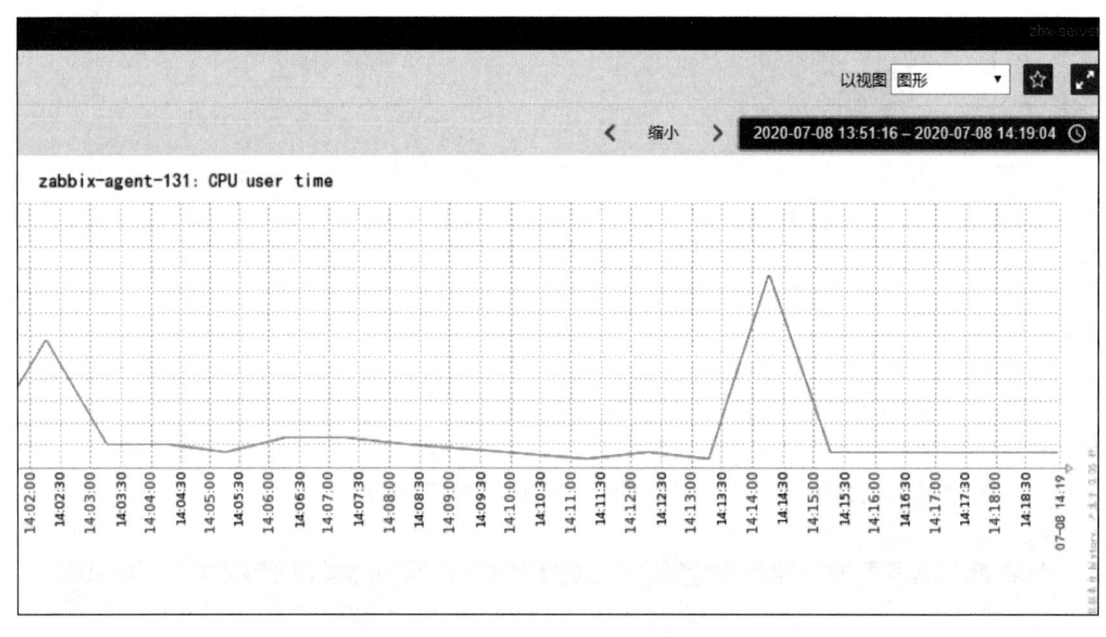

图 8.3　使用时间筛选器（示意图）

也可以单击“缩小”按钮来扩大已选时段，同时可以直接在图形中拖曳选择要查看的时间范围，展示更详细的数据。时间较近的图形使用历史数据来展示，时间较远或图形中的数据过于拥挤、不能渲染所有历史数据时使用趋势数据来展示。使用趋势数据时，图形将会被绘制成 3 条线：深绿色的线显示平均值，而深粉色和浅绿色的线则显示该时间点的最大值和最小值，最大值和最小值的中间部分用黄色背景填充，如图 8.4 所示。

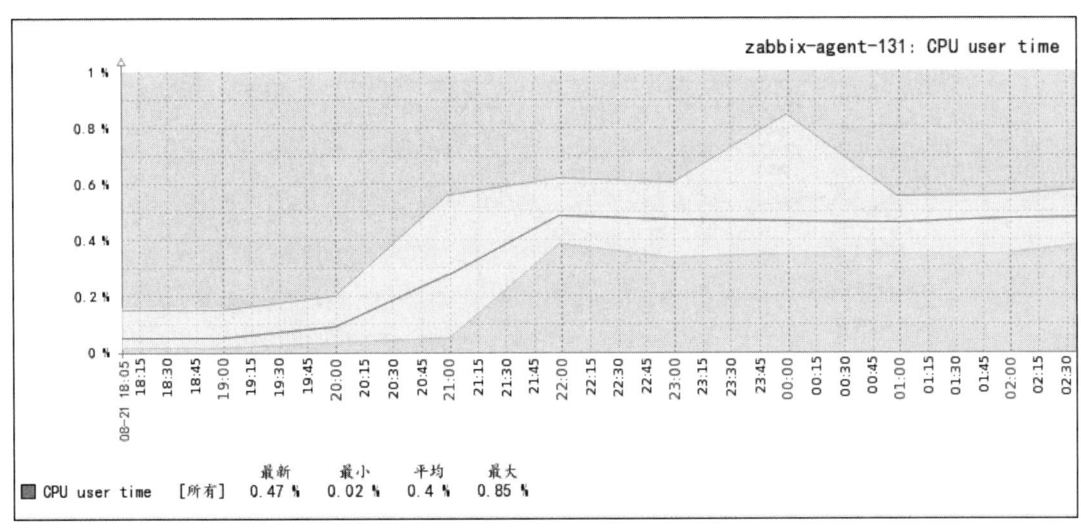

图 8.4　趋势数据绘制的图形

8.1.2　自定义图形

除了通过简单图形查看历史数据外，也可以通过自定义方式定制更复杂的图形。简单图形只适合查看单独的监控项，而自定义图形不仅可以查看多个监控项，还可以更改图形样式、配置线条显示方式。可以为单个主机、主机组或模板创建自定义图形。

配置自定义图形的步骤如下：

（1）依次单击“配置”→“主机”或“模板”→“图形”，在打开的“图形”界面中展示已经配置好的图形列表，如图 8.5 所示。

ZABBIX　监测　资产记录　报表　配置　管理

主机群组　模板　主机　维护　动作　关联项事件　自动发现　服务

图形　群组 所有　主机 zabbix-agent-131

所有主机 / zabbix-agent-131　已启用　ZBX SNMP JMX IPMI　应用集 12　监控项 53　触发器 27　图形 9　自动发现规则 2　Web 场景

名称 ▲	宽	高	图形类别
Template OS Linux: CPU jumps	900	200	正常
Template OS Linux: CPU load	900	200	正常
Template OS Linux: CPU utilization	900	200	层积的
Mounted filesystem discovery: Disk space usage /	600	340	Pie
Mounted filesystem discovery: Disk space usage /boot	600	340	Pie
Template OS Linux: Memory usage	900	200	正常
Network interface discovery: Network traffic on eth2	900	200	正常
Network interface discovery: Network traffic on pan0	900	200	正常
Template OS Linux: Swap usage	600	340	Pie

图 8.5　“图形”界面

（2）单击“创建图形”按钮，打开如图 8.6 所示的界面。

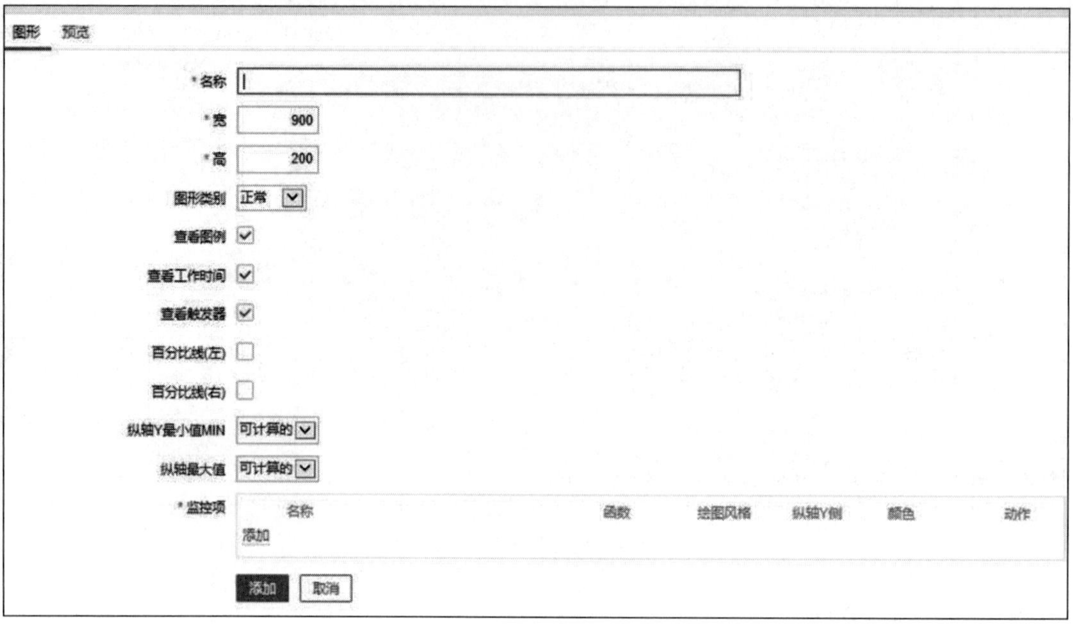

图 8.6　创建图形

图 8.5 中各参数及解释如表 8.1 所示。

表 8.1　创建图形界面参数及解释

参　数	解　释
名称	图形名称，可以在名称中使用标准的{host:key.func(param)}简单宏，该宏中只可以使用 avg、last、max、min 这些基本函数
宽	图形的宽度，以像素为单位
高	图形的高度，以像素为单位
图形类别	图形展示类型： 正常：图形以线条形式展示； 层积：层叠图，通过填充区域展示； 饼图：以饼图方式展示； 爆炸：爆炸饼图，部分显示分离的饼图
查看图例	选中后在图形下方显示图例，例如： 最新　最小　平均　最大 Avai|ab|e memory　[平均]　727.51 MB　727.49 MB　727.54 MB　728.68 MB 触发器：Lack of avai|ab|e memory on server zabbix-agent-131　[< 20M]
查看工作时间	如果选中，非工作时间将显示为灰色背景，工作时间显示为白色背景。该选项不适用于饼图和爆炸饼图
查看触发器	如果选中，触发器在背景中显示为红色线。该选项不适用于饼图和爆炸饼图
百分比线（左）	在左边的 Y 轴处显示百分比。例如设置百分比线参数为 95%，当百分比线位于 95%所在的位置时显示为亮绿色的线。该选项只适用于线条的图形
百分比线（右）	在右边的 Y 轴处显示百分比。例如设置百分比线参数为 95%，当百分比线位于 95%所在的位置时显示为亮红色的线。该选项只适用于线条的图形
纵轴 Y 最小值 MIN	Y 轴最小值： 可计算的：自动计算 Y 轴最小值； 固定的：指定一个值并固定作为 Y 轴最小值，不适用于饼图和爆炸饼图； 监控的：监控项最新的值作为 Y 轴最小值

（续表）

参　数	解　释
纵轴最大值	Y 轴最大值： 可计算的：自动计算 Y 轴最大值； 固定的：指定一个值并固定作为 Y 轴最大值，不适用于饼图和爆炸饼图； 监控的：监控项最新的值作为 Y 轴最大值
3D 视图	启用 3D 风格视图，只适用于爆炸饼图
监控项	选择数据来源于哪个监控项，单击“添加”按钮选择监控项，可以添加多个监控项并配置其他的展示方式。其他展示方式如表 8.2 所示

表 8.2　配置“监控项”图形展示方式

参　数	解　释
排序次序	图形绘制顺序，从1开始升序排列。可以拖曳监控项名称前的 ⁞ 图标来更改顺序
名称	监控项名称，图形中展示该监控项的数据
类型	仅适用于饼图和爆炸饼图： 简单：将监控项的值按照比例显示；图形总数：监控项的值占满整个饼图
函数	当一个监控项中有多个值时，将显示何种类型的值： 所有：所有值（最小值、最大值和平均值）；最小：仅显示最小值；平均：仅显示平均值；最大：仅显示最大值
绘图风格	绘图风格，该选项仅适用于线条图形： 线条：以线条形式绘制图形；填满的区域：绘制为填充区域；粗线：线条加粗绘制；点：绘制为点线；虚线：绘制为虚线
纵轴Y侧	Y轴的位置显示于左边还是右边
颜色	RGB颜色，可以点击选择颜色或者填入代表颜色的十六进制字符

填写名称，配置其他信息后，单击“添加”按钮，弹出监控项外表，如图 8.7 所示。

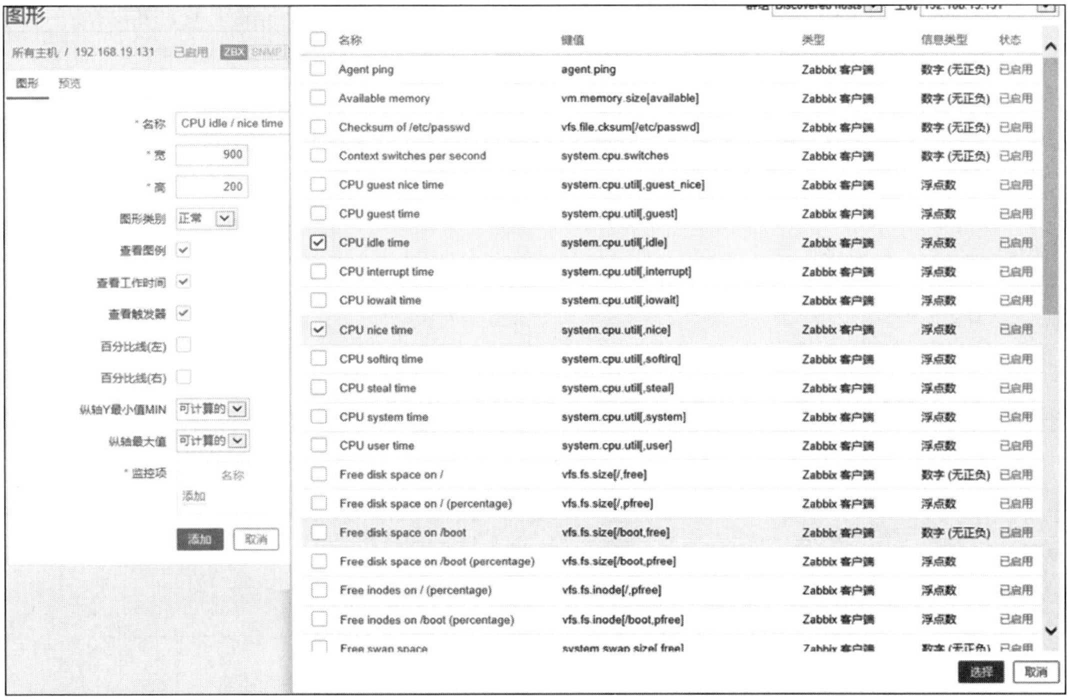

图 8.7　监控项列表

勾选要通过图形观察的监控项，单击“选择”按钮，完成监控项的添加，如图 8.8 所示。

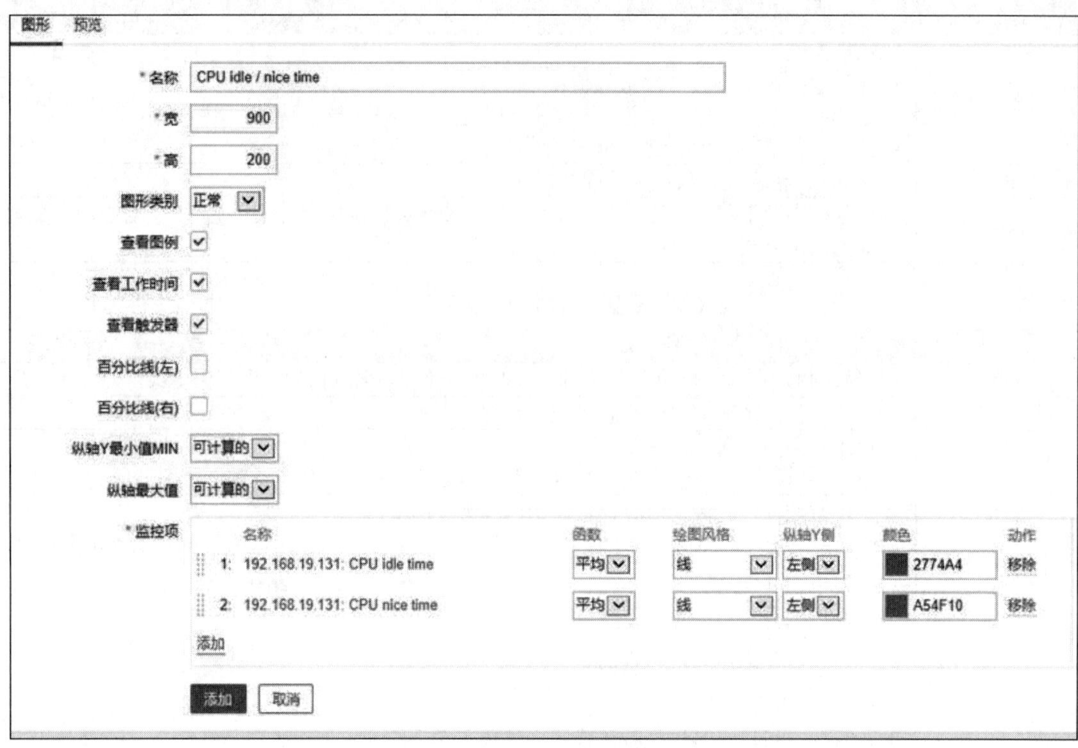

图 8.8　完成图形中监控项的添加

切换到“预览”选项卡，可预览配置的图形（模板中的图形不可预览），如图 8.9 所示。

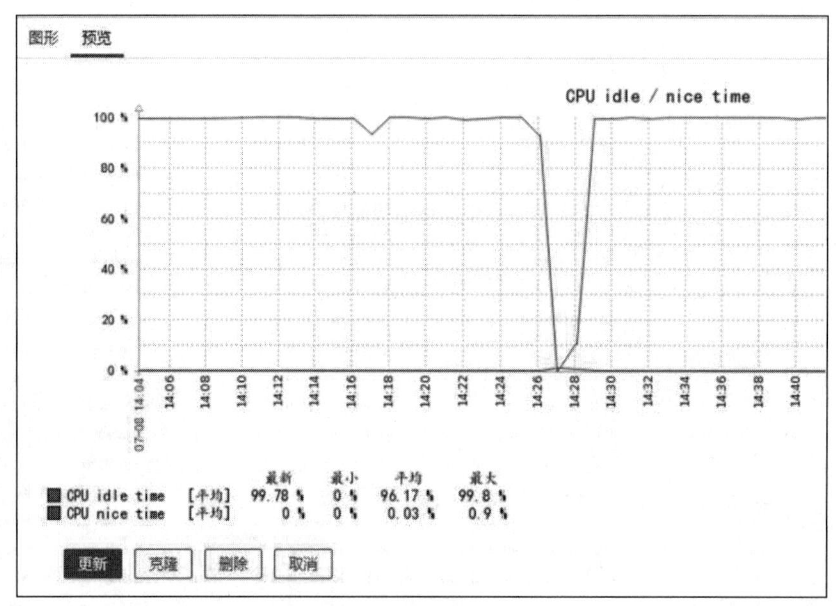

图 8.9　预览配置的图形

单击“添加”按钮即可完成图形的创建。

8.2 拓扑图

Zabbix 允许通过绘制拓扑图来查看整个监控基础架构的状况。创建拓扑图的步骤如下：

（1）依次单击“监测”→“拓扑图”，打开“拓扑图”界面，如图 8.10 所示。

ZABBIX　监测　资产记录　报表　配置　管理　支持　Share

仪表板　问题　概览　Web监测　最新数据　图形　聚合图形　拓扑图　自动发现　服务

拓扑图　创建拓扑图　导入

过滤器

名称▲	宽	高	动作
Local network	980	600	属性 构造函数
zabbix-agents	800	600	属性 构造函数
示例	800	600	属性 构造函数

图 8.10　“拓扑图”界面

（2）图 8.9 所示列出了已有的拓扑图。单击“创建拓扑图”按钮，打开如图 8.11 所示的界面。

图 8.11　创建拓扑图

图 8.10 中所示的各参数及解释如表 8.3 所示。

表 8.3　拓扑图各参数及解释

参　数	解　释
所有者	该拓扑图的所有者名称
名称	拓扑图名称，唯一标识该拓扑图
宽	拓扑图宽度，以像素为单位
高	拓扑图高度，以像素为单位
背景图片	使用背景图片： 没有图片：不选择背景图片（默认为白色背景）； 图片：选择一张图片作为背景图片，如使用一张地图图片作为背景
自动的图标映射	允许图标与主机资产信息字段进行映射，可在“管理”→“常规”→“图标映射”界面配置主机资产信息与图标的映射关系
图标高亮	高亮显示图标。如果主机触发器被触发，那么主机周围将显示与该触发器同等级下颜色的圆形背景。如果所有问题都被确认，那么会在原型周围显示一条加粗的绿色线条。状态为“禁用”或“维护中”的主机周围分别显示灰色或橙色的正方形背景
触发器状态上的标记组件改变	触发器状态最新的变更状况将会在主机图标左、上、右 3 个方向上高亮显示标记，如下所示： 标记仅显示 30 分钟
显示问题	如果拓扑图上的主机存在问题，那么该选项控制显示问题的具体名称还是问题数量
高级标签	选中此选项可以为单独的元素定义标签
拓扑元素标签类型	图标可使用标签类型如下： 标签：图标标签； IP 地址：IP 地址； 元素名称：元素名称（如主机名）； 只有状态：正常或问题状态； 无：不显示
扑扑元素标签位置	与图标相关的标签位置： 底部：在图标下方； 左边：在图标左侧； 右边：在图标右侧； 顶部：在图标上面
问题显示	问题计算显示如下： 所有：将显示所有的问题数； 分开：未确认的问题将显示为分开的若干问题数； 仅未确认：仅显示未确认的问题数
最小的严重级别	低于最小的触发器严重级别的问题将不会显示在拓扑图中
显示处理的问题	若“显示问题”选项设定为“问题数量”，则该选项用于指定问题数量
URLs	可以维护每个元素的 URLs，当用户在拓扑图中单击元素时，它们将显示为链接

（3）切换到“分享”选项卡，如图 8.12 所示。

图 8.12　“分享”选项卡

（4）“分享”选项卡参数及解释如表 8.4 所示。

表 8.4　“分享”选项卡参数及解释

参　数	解　释
类型	选择拓扑图类型： 私人的：拓扑图只对选定的用户组和用户可见； 公开的：拓扑图对所有人可见
共享用户组列表	选择拓扑图允许访问的用户组，可以为用户组赋予只读或读写权限
共享用户列表	选择拓扑图允许访问的用户，可以为用户赋予只读或读写权限

（5）“拓扑图”选项卡配置如图 8.13 和图 8.14 所示。

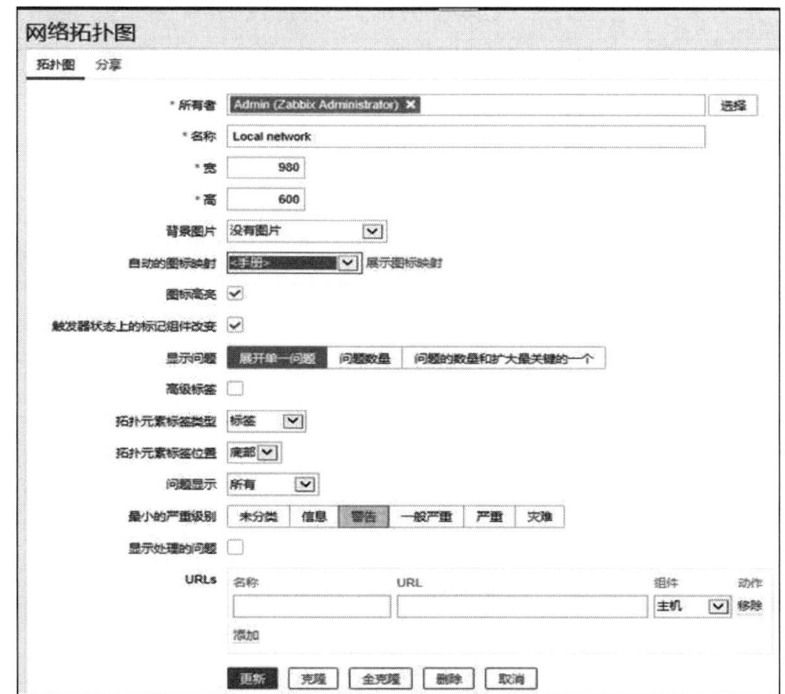

图 8.13　“拓扑图”选项卡配置

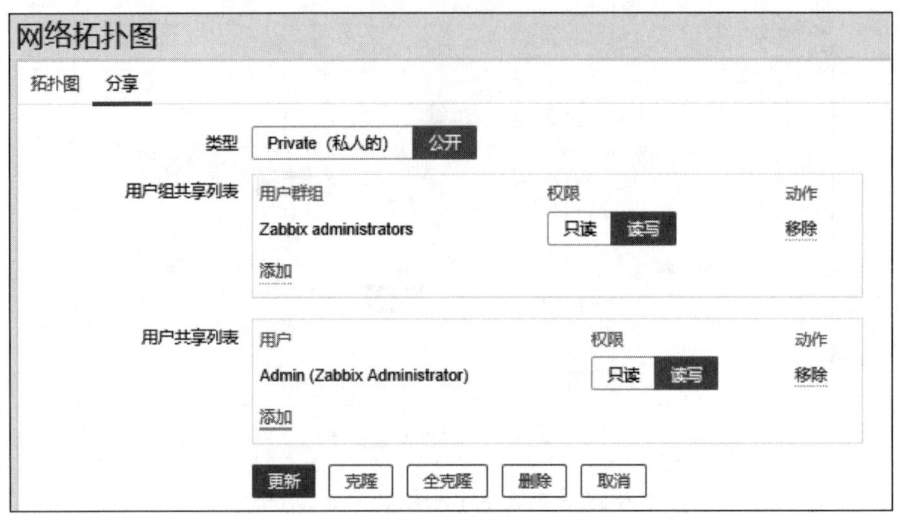

图 8.14 “分享”选项卡配置

（6）配置完成之后，即可创建一个空拓扑图。单击“构造函数”按钮，如图 8.15 所示。

图 8.15 单击“构造函数”按钮

（7）打开拓扑图编辑界面，可以通过编辑拓扑图元素来绘制拓扑图，如图 8.16 所示。单击“地图元素”的“添加”按钮，会生成一个图标，右击该图标，弹出“地图元素”编辑框。

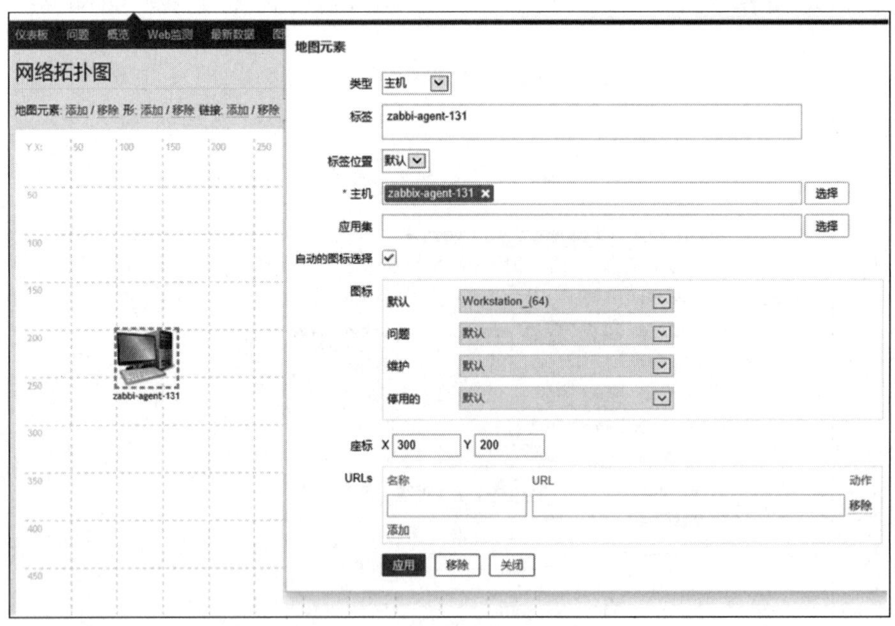

图 8.16 “地图元素”编辑框

“地图元素”编辑框参数及解释如表 8.5 所示。

表 8.5　“地图元素”编辑框参数及解释

参　数	解　释
类型	图标代表的元素类型： 主机：图标表示选定主机的所有触发器的状态； 拓扑图：图标表示拓扑图所有元素的状态； 触发器：图标表示指定触发器状态； 主机组：图标表示主机组下所有主机的触发器状态； 图片：仅仅是一个图标，不指向任何资源
标签	图标名称，可以使用宏
标签位置	标签名称显示位置： 默认：默认的标签位置； 底部：图标下方显示； 左边：图标左边显示； 右边：图标右边显示； 顶部：图标顶部显示
主机	若选择图标代表的元素类型为“主机”，则可在此处选择图标要代表的具体主机
拓扑图	若选择图标代表的元素类型为“拓扑图”，则可在此处选择图标要代表的具体拓扑图
触发器	若选择图标代表的元素类型为“触发器”，则可在此处选择图标要代表的具体触发器
主机组	若选择图标代表的元素类型为“主机组”，则可在此处选择图标要代表的具体主机组
应用集	选择一个应用集，仅显示该应用集的触发器产生的问题
自动的图标选择	使用图标映射来确定图标
图标	可以配置默认、问题、维护、停用的情况下的图标
坐标	拓扑图元素 X 轴、Y 轴坐标
URLs	为元素设置特定 URL。当用户在拓扑图查看模式下单击元素时，弹出的菜单会显示一个可跳转至该链接的选项

（8）当有两个元素有关联时，我们可以通过添加链接为这两个元素建立关联，如图 8.17 所示。按住 Ctrl 键并单击元素图标选中两个拓扑图元素，再单击“链接”右侧的“添加”按钮，即可为两个元素建立链接。

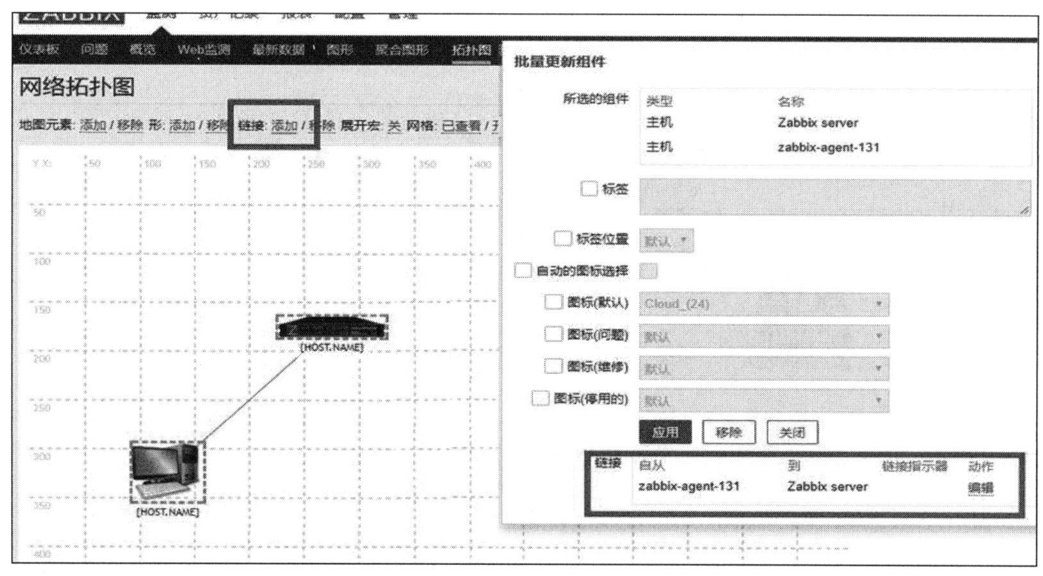

图 8.17　图标元素建立链接

（9）单击“编辑”按钮，展开链接编辑列表。单击“链接指示器”中的“添加”链接，选择一个触发器，以此表示这个链接代表此触发器的状态，如图 8.18 所示。

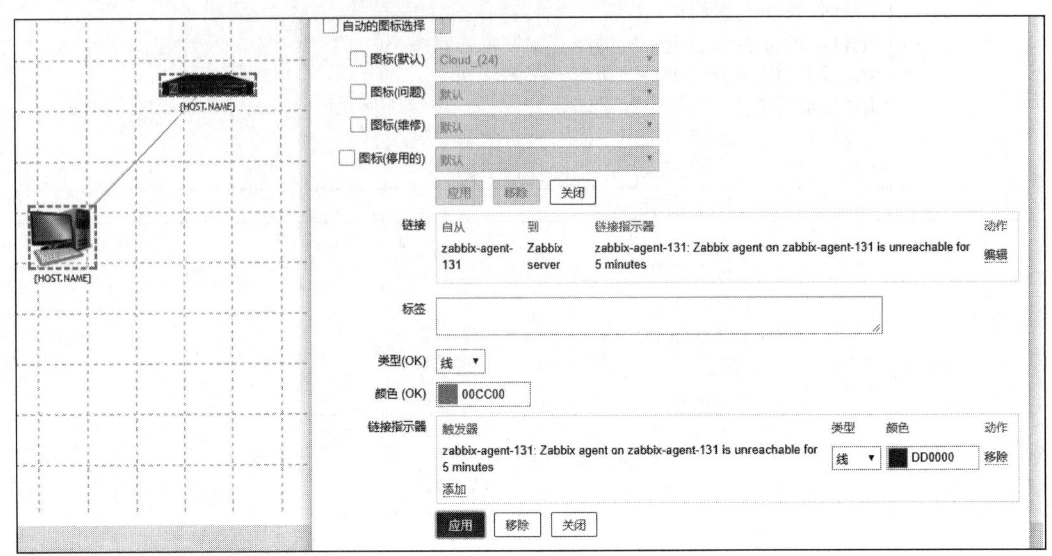

图 8.18　编辑“链接”

（10）单击“形”右侧的“添加”按钮，为图标元素添加一个形状背景。右击形状可以编辑该形状并添加为某个图标元素的背景，如图 8.19 所示。形状背景可用于标识不同类别的元素，在视觉上对不同类别的元素有更明显的区分。

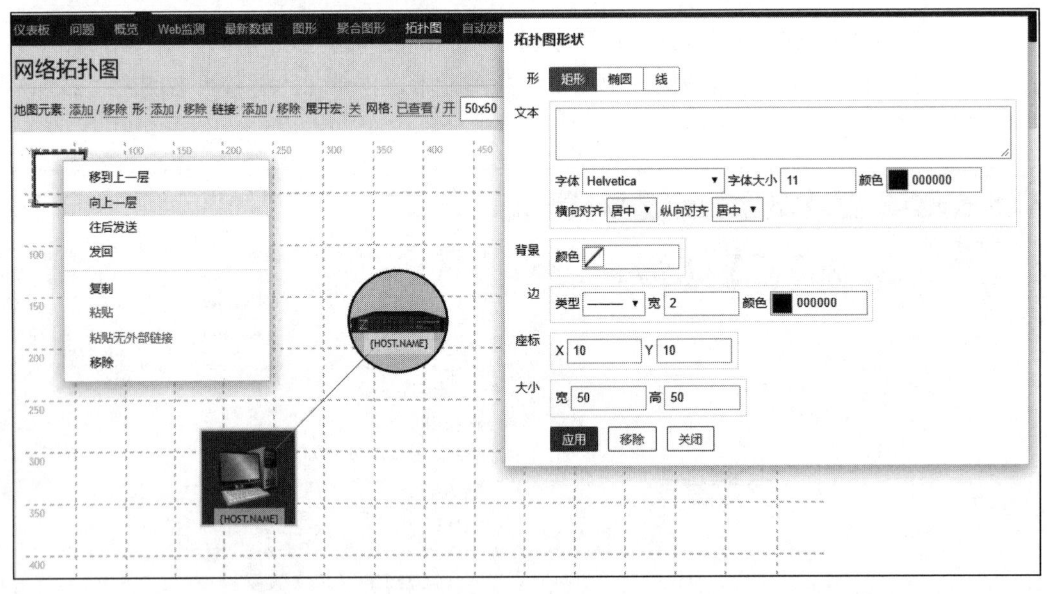

图 8.19　添加形状

（11）结束编辑后，单击“更新”按钮，退出拓扑图编辑界面，单击拓扑图名称，观察配置好的拓扑图，如图 8.20 所示。

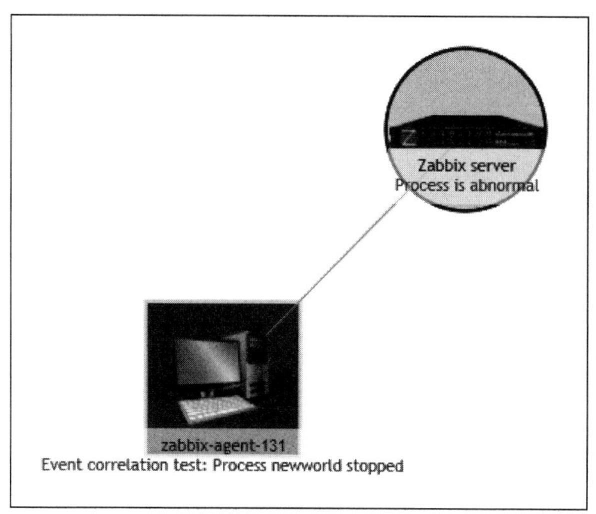

图 8.20　观察拓扑图

从图 8.20 中可以看出元素名称已经由宏替换为真实名称，图标下方显示当前元素问题触发器的状态。

8.3 聚合图形与幻灯片演示

本节介绍 Zabbix 聚合图形与幻灯片演示相关的配置，聚合图形允许将多个组件投放到同一个界面，幻灯片演示则允许同时显示多个聚合图形。

8.3.1 聚合图形

Zabbix 允许将多个图形、拓扑图、触发器信息、事件等组件统一投放到同一个界面中。依次单击“监测”→“聚合图形”菜单栏按钮，可在该界面中配置聚合图形来达到上述需求，如图 8.21 所示。

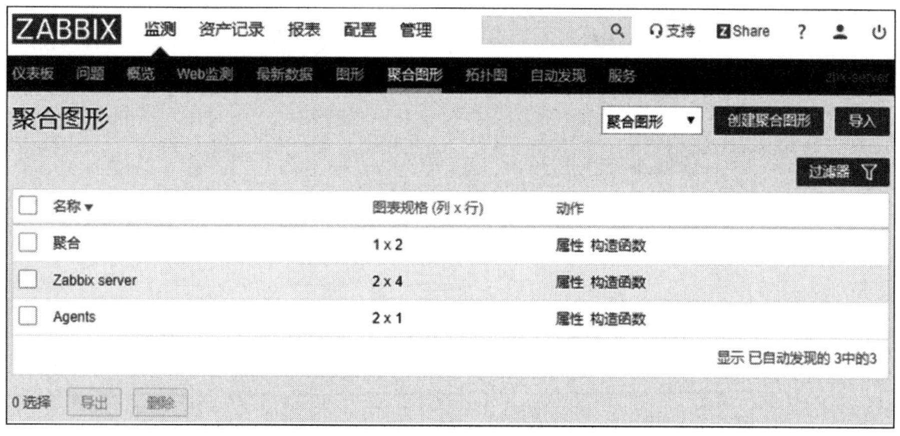

图 8.21　“聚合图形”界面

单击界面右上方的“创建聚合图形”按钮，跳转到聚合图形创建界面，如图 8.22 所示。在该界面中可以选择聚合图形所有者、填写聚合图形名称并设置该聚合图形的列数和行数。

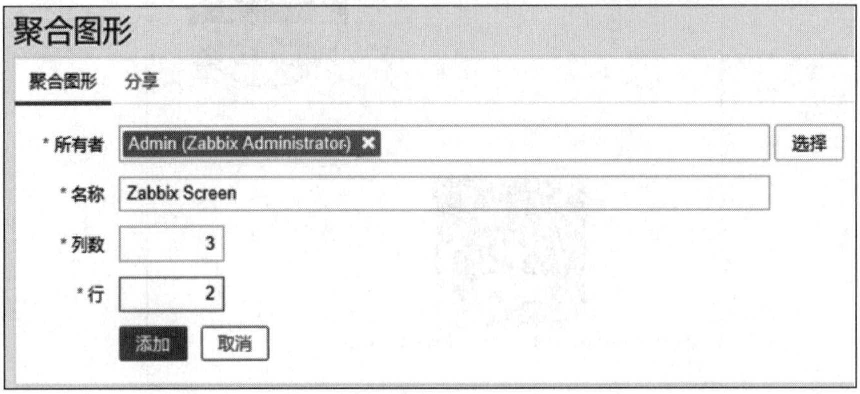

图 8.22　聚合图形创建界面

切换到“分享”选项卡，如图 8.23 所示，可以在该界面配置查看该聚合图形的权限，配置完成权限后，单击“添加”按钮，即可完成聚合图形的创建。

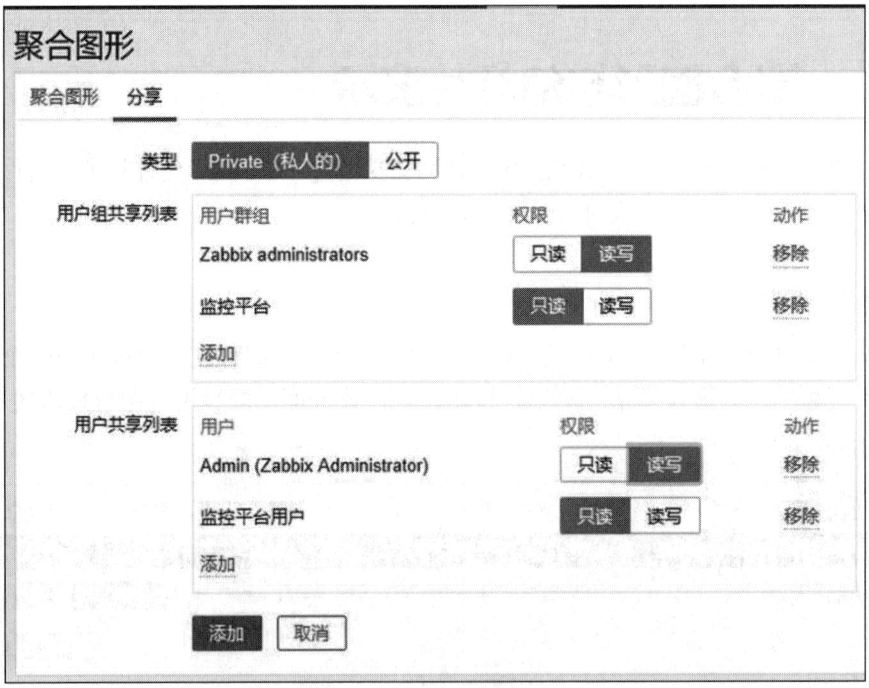

图 8.23　“分享”选项卡

“分享”选项卡中各参数及解释如表 8.6 所示。

表 8.6 “分享”选项卡中各参数及解释

参 数	解 释
类型	选择聚合图形的查看类型： 私人的：聚合图形只对选定用户组和用户可见； 公开的：聚合图形对所有人可见
用户组共享列表	选择可访问聚合图形的用户组，可以为用户组赋予只读或读写权限
用户共享列表	选择可访问聚合图形的用户，可以为用户赋予只读或读写权限

返回“聚合图形”界面，在聚合图形列表中单击“构造函数”按钮，跳转到聚合图形编辑界面，如图 8.24 所示。

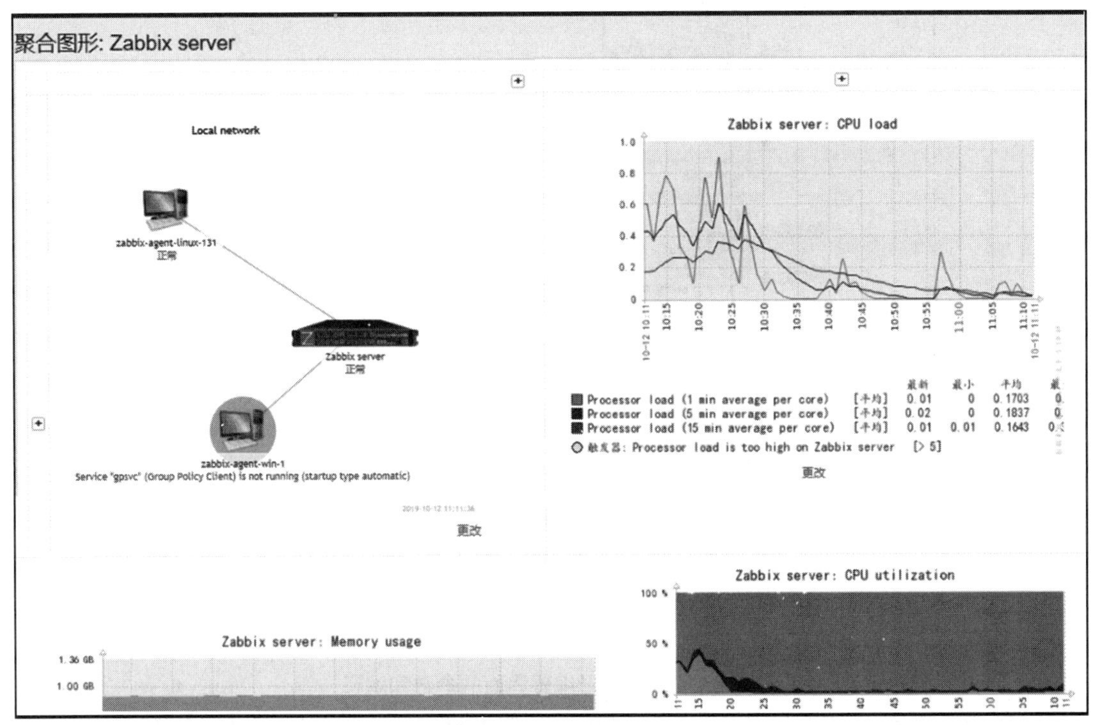

图 8.24 聚合图形编辑界面

在该界面中可以添加聚合图形中的展示元素，单击表格上方或左侧的 [+] 按钮可以添加一列或一行表格，单击表格下方或右侧的 [-] 按钮可以删除一列或一行表格。在表格中单击“更改”按钮，选择要展示的元素，如图 8.25 所示。

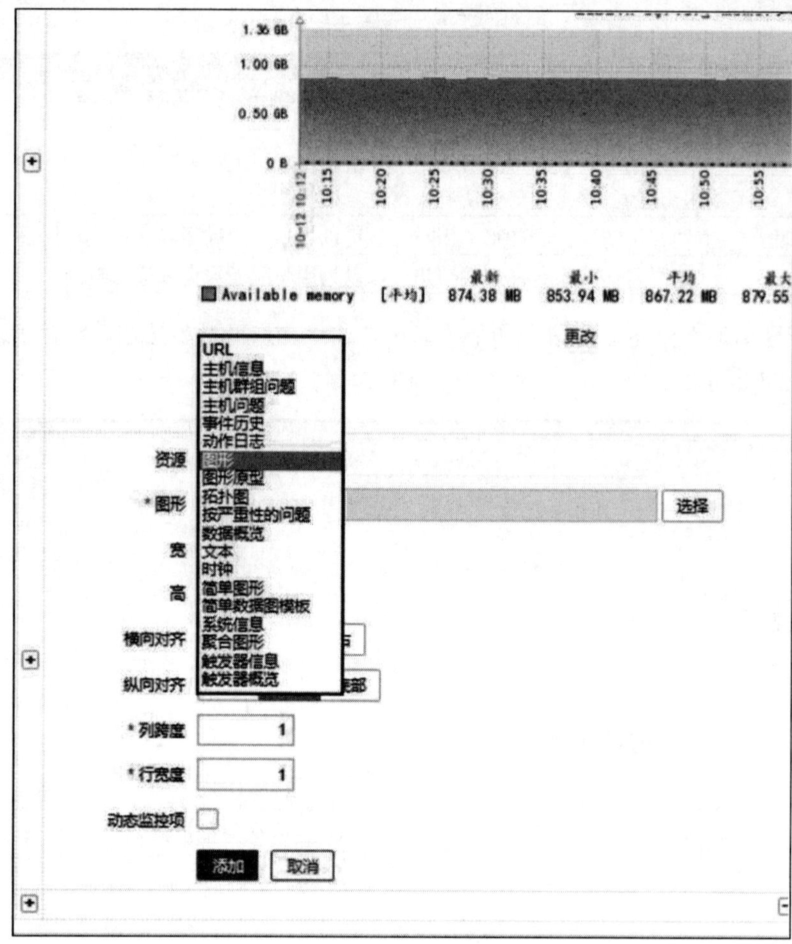

图 8.25　添加聚合图形中展示的元素

聚合图形编辑界面的参数及解释如表 8.7 所示。

表 8.7　聚合图形编辑界面的参数和解释

参　数	解　释
资源	在表格中显示的元素类型： URL：通过 URL 引用元素； 主机信息：主机组中主机可用性的相关信息； 主机群组问题：展示主机组中所有问题触发器； 主机问题：展示主机中所有问题触发器； 事件历史：展示最近产生的事件；

（续表）

参 数	解 释
资源	动作日志：展示最近产生的动作日志； 图形：单一的自定义图形； 图形原型：通过自动发现规则创建的自定义图形； 拓扑图：单一的拓扑图； 按严重性的问题：按严重性展示各主机组中问题触发器的数目； 数据概览：监控项最新数据； 文本：展示监控项的纯文本数据； 时钟：数字或模拟时钟，显示当前服务器或本地的时间； 简单图形：自动生成的简单图形； 简单数据图模板：自动发现规则监控项的简单图形； 系统信息：展示 Zabbix 监控系统的统计信息； 聚合图形：嵌入另一个聚合图形； 触发器信息：展示触发器的相关信息； 触发器概览：展示主机组各监控项的触发器状态
横向对齐	元素水平对齐：居中、左侧、右侧
纵向对齐	元素垂直对齐：居中、顶部、底部
列跨度	将表格扩展到多个列
行跨度	将表格扩展到多个行

有些元素可以勾选“动态监控项”，勾选“动态监控项”的元素可以在展示界面中选择其他类似主机或主机组。若有勾选了“动态监控项”的元素，则聚合图形界面中将会有群组和主机筛选器显示在右上方，如图 8.26 所示。

图 8.26 聚合图形群组和主机筛选器

8.3.2 幻灯片演示

幻灯片演示用于逐个显示多个聚合图形。

在“聚合图形”界面中，单击“创建聚合图形”按钮左侧的下拉菜单，选择“幻灯片演示”即可切换到“幻灯片演示”界面。

与创建聚合图形类似，单击“创建幻灯片”按钮，选择所有者，填写幻灯片演示名称，“默认延迟”参数表示默认情况下多少秒后切换下一个聚合图形，单击“幻灯片”中的“添加”按钮可以选择要展示的聚合图形，可以单独为聚合图形重设切换延迟时间；切换到“分享”选项卡，配置用户查看权限，如图 8.27 所示。

幻灯片演示

幻灯片　分享

* 所有者　Admin (Zabbix Administrator)　选择

* 名称　Slide shows

* 默认延迟　30s

* 幻灯片

	聚合图形	延迟	动作
1:	Zabbix Screen	默认的	移除
2:	Agents	默认的	移除

添加

添加　取消

图 8.27　创建幻灯片

返回“幻灯片演示”界面，单击查看刚刚创建的幻灯片，如图 8.28 所示，30s（设置的延迟时间）过后将切换显示下一个聚合图形。

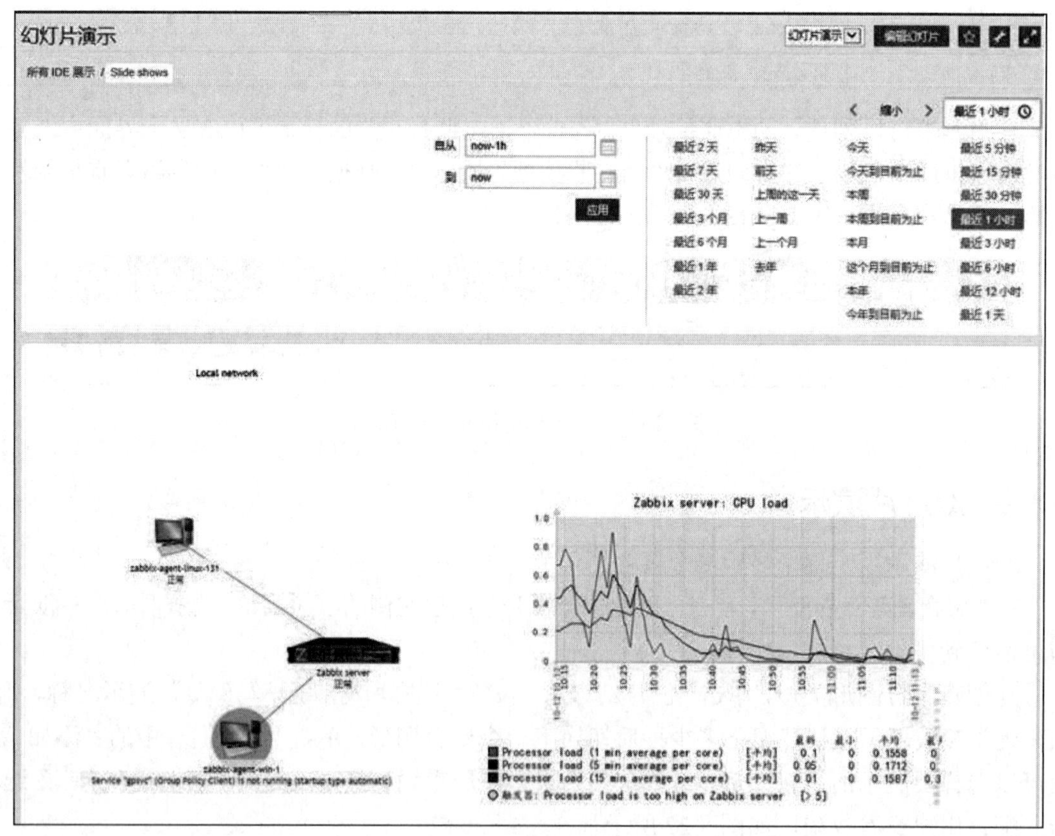

图 8.28　查看幻灯片

8.4 Web 监测

有时我们不但要监控 Nginx 或 HTTPD 等服务本身的运行情况，而且要监控 Web 网页的可用性。通过部署 Zabbix Web 监控可以及时掌控 Web 网页的可用性情况。

要使用 Web 监测，首先需要定义 Web 场景。Web 场景包括一个或多个 HTTP 请求步骤。Zabbix-Server 或 Zabbix-Proxy 按步骤执行这些 HTTP 请求。Web 场景和监控项、触发器一样，也是寄附于主机或模板上面的。Zabbix Web 场景收集以下数据：

- Web 场景中所有步骤的平均下载速度。
- 失败的步骤数量。
- 最近的错误信息。

对于 Web 场景中的所有步骤，都会收集以下数据：

- 平均下载速度。
- 响应时间。
- HTTP 状态码。

依次单击“配置”→“主机”→“Web 场景”菜单栏按钮，跳转到 Web 监测界面，如图 8.29 所示。

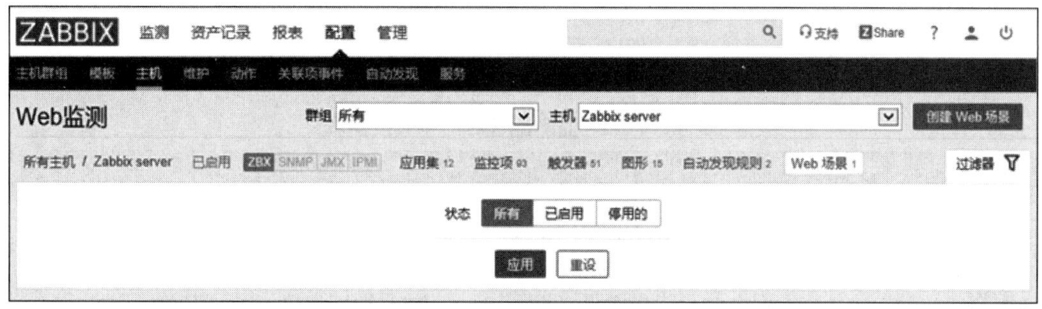

图 8.29　“Web 监测”界面

单击该界面右上方的“创建 Web 场景”按钮，跳转到 Web 监测配置界面，如图 8.30 所示。

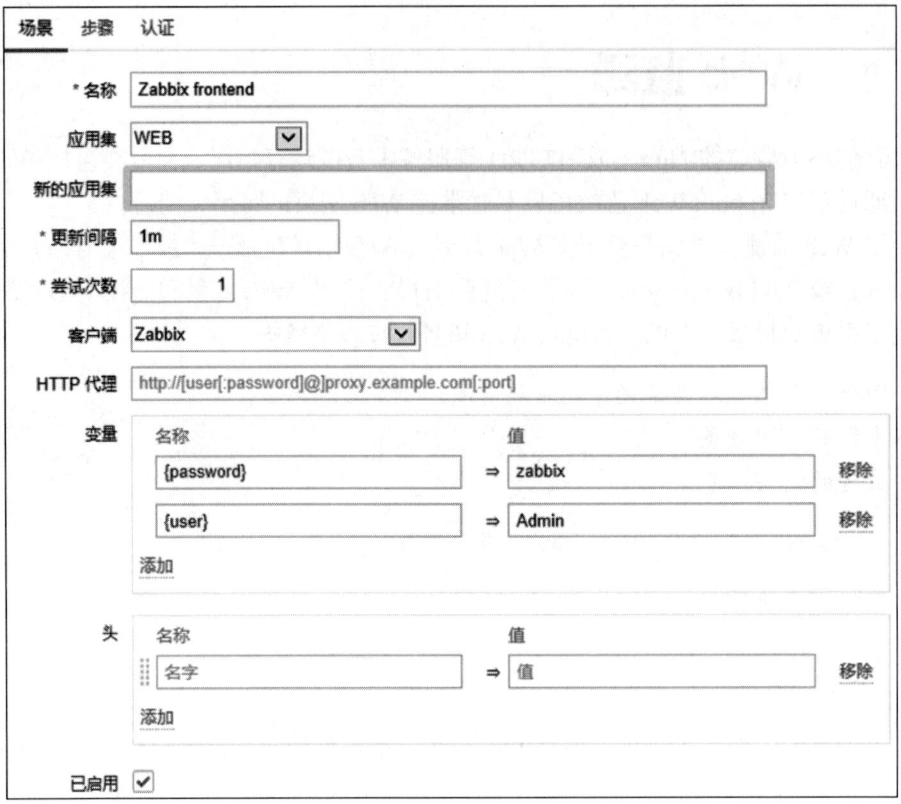

图 8.30　Web 监测配置界面

Web 监测配置界面参数及解释如表 8.8 所示。

表 8.8　Web 监测配置界面参数及解释

参　数	解　释
名称	唯一的 Web 场景名称
应用集	选择一个 Web 场景属于的应用集
新的应用集	为该 Web 场景创建新的应用集名称
更新间隔	Web 场景执行周期，单位为秒，也支持时间单位后缀，如 30s、1m、2h 等
尝试次数	执行 Web 场景中步骤的次数。对于超时、连接等问题可重复进行尝试
客户端	选择一个模拟的浏览器，当一个网站对不同浏览器返回不同内容时有用
HTTP 代理	指定使用 HTTP 代理
变量	可以在场景的步骤中使用变量，变量个数如下： {macro1}=value1 {macro2}=value2 {macro3}=regex:<正则表达式> 例如： {username}=zabbix {password}=Admin {hostid}=regex:([0-9]+)
头	执行请求时发送的自定义 HTTP 头
已启用	若勾选此复选框，则 Web 场景处于启用状态，否则禁用 Web 场景

切换到“步骤”选项卡，在此界面可以配置 Web 方案步骤。单击“添加”按钮，添加新

的 Web 方案步骤，如图 8.31 所示。

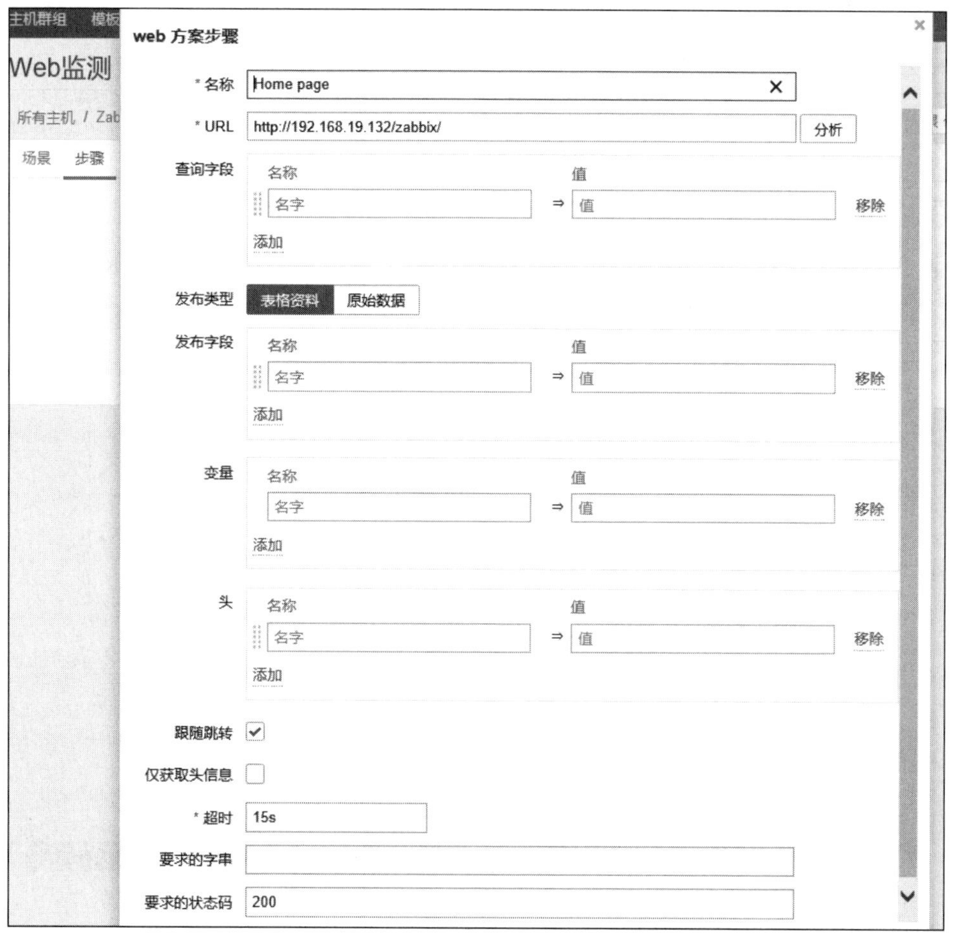

图 8.31　添加新的 Web 方案步骤

Web 方案步骤界面参数及解释如表 8.9 所示。

表 8.9　Web 方案步骤界面参数及解释

参　数	解　释
名称	唯一的步骤名称
URL	Web 页面 URL 链接，例如 https://www.zabbix.com/。 “分析”按钮可用于从 URL 中分离可选的查询字段，例如 name=zabbix&password=Admin
查询字段	指定 URL 的 HTTP GET 变量
发布类型	指定Post变量的填充方式，可选“表格资料”模式与“原始数据”模式。在“表格资料”模式下，通过键值对的方式指定URL的HTTP POST变量，只需要填写名称与对应的值字段；在“原始数据”模式下，以“名称1=值1&名称2=值2”的方式指定URL的HTTP POST变量
变量	可用于 GET 和 POST 方法的步骤变量，步骤变量格式与场景变量相同，步骤变量覆盖场景变量
头	执行请求时将发送自定义的 HTTP 头
跟随跳转	勾选启用跟踪 HTTP 重定向

（续表）

参　数	解　释
仅获取头信息	勾选后仅从 HTTP 响应中检索标题
超时	设置连接到 URL 和执行 HTTP 请求的最长超时时间，即 Zabbix 在该步骤上的总超时时间为 2×超时时间
要求的字串	除非检索到匹配的 HTML 字符串，否则步骤失败
要求的状态码	除非获取的 HTTP 返回状态码不在列表中，否则步骤失败

切换到“认证”选项卡，在该界面中可以配置场景身份验证选项，如图 8.32 所示。

场景　步骤　认证
HTTP认证　无
SSL验证对端
SSL验证主机
SSL证书文件
SSL秘钥文件
SSL秘钥密码

图 8.32　“认证”选项卡

单击“添加”按钮即可完成 Web 监测的配置。单击“监测”→“Web 监测”菜单栏按钮，然后单击 Web 监测名称，即可查看 Web 监测状态，如图 8.33 所示。

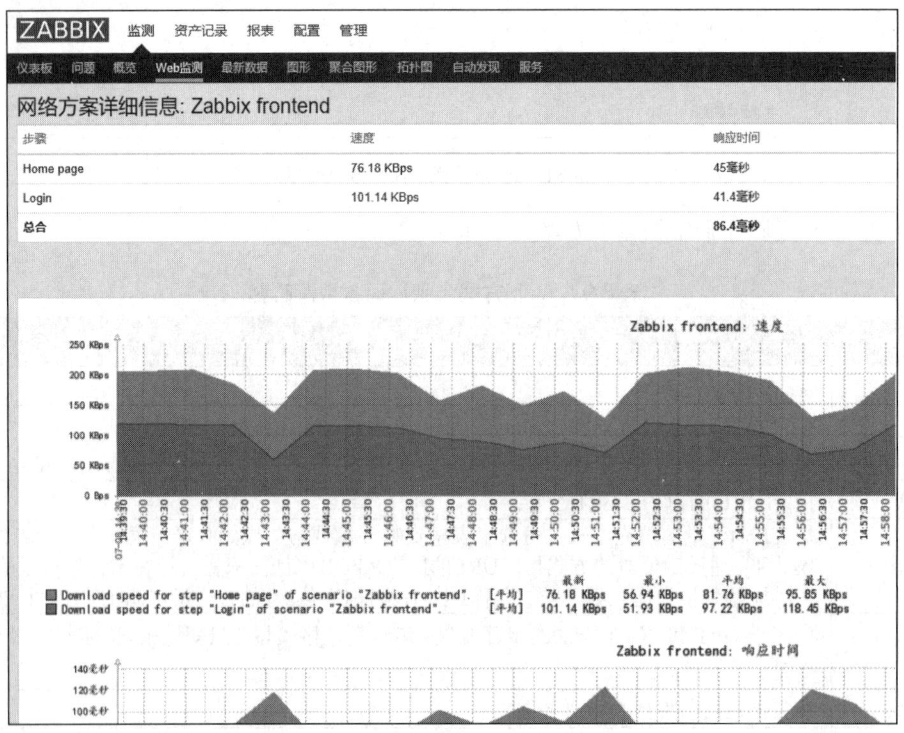

图 8.33　查看 Web 监测状态

8.5 正则表达式

前面已经多次通过正则表达式匹配所需的字符串。Zabbix 中有局部和全局两种正则表达式。

局部正则表达式可以通过在支持的位置手动输入正则表达式来完成；全局正则表达式需要在 Zabbix 前端配置全局统一使用的正则表达式，通过“@前缀+全局正则表达式名称”的方式来使用。

依次单击“管理”→“常规”，在“常规”界面右上方的下拉框中选择“正则表达式”，跳转到“正则表达式”界面，如图 8.34 所示。

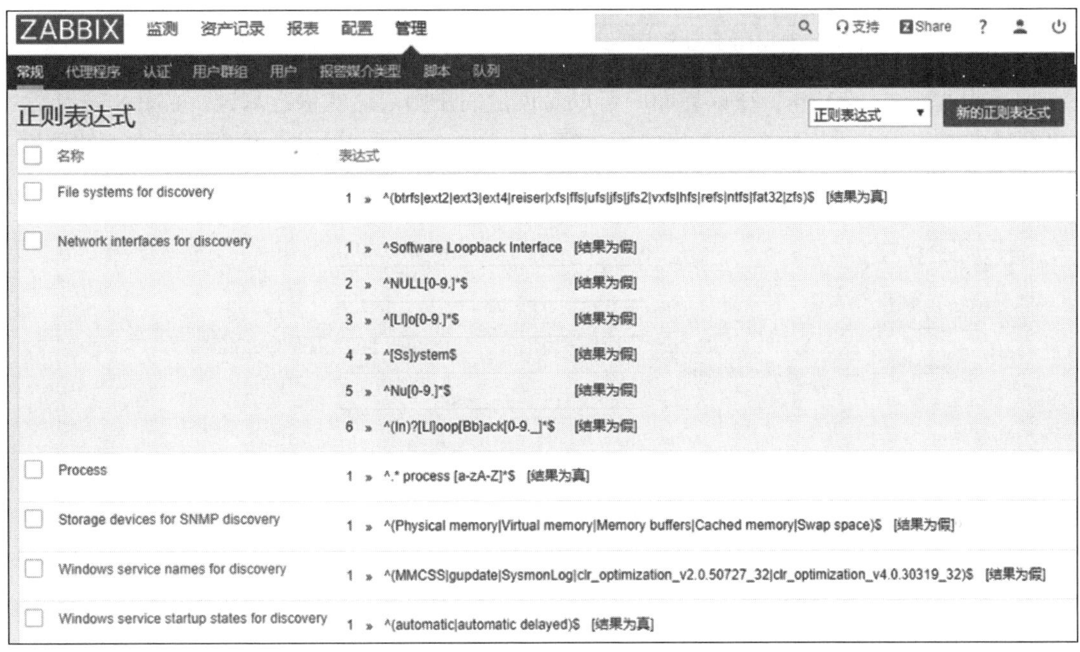

图 8.34 “正则表达式”界面

单击界面右上方的“新的正则表达式”按钮创建全局正则表达式，如图 8.35 所示。

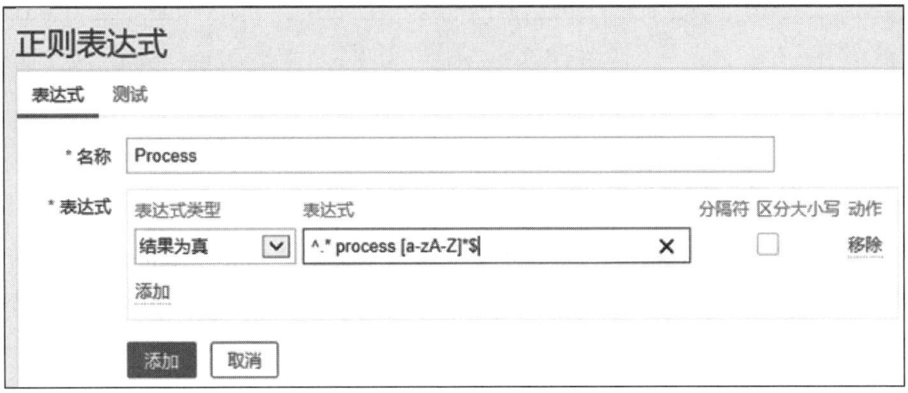

正则表达式

表达式　测试

* 名称　Process

* 表达式　表达式类型　表达式　分隔符　区分大小写　动作

结果为真　^.* process [a-zA-Z]*$　移除

添加

添加　取消

图 8.35 创建全局正则表达式

创建全局正则表达式的参数及解释如表 8.10 所示。

表 8.10 创建全局正则表达式的参数及解释

参 数	解 释
名称	唯一的正则表达式名称
表达式	添加新的子表达式
表达式类型	可选用以下表达式类型： 字符串包含：匹配子字符串； 包括任何字符串：匹配分隔列表中的任何子字符串，分隔列表包含“,”“.”和“/”； 字符串未包含：匹配除此以外的任何子字符串； 结果为真：匹配正则表达式； 结果为假：不匹配正则表达式
区分大小写	此复选框用于指定表达式匹配时是否区分字母大小写

切换到“测试”选项卡，在该界面中可以对创建的正则表达式进行测试，如图 8.36 所示。在“测试字符串”文本框中输入要测试的字符串，单击“测试表达式”按钮即可在“结果”中观察字符串是否满足表达式条件。

图 8.36 “测试”选项卡

8.6 权限管理

Zabbix 为每个用户都分配一对唯一的登录名和密码，用户需要在 Web 前端登录才能进行访问。用户的主机组访问范围由用户组的主机组访问范围控制，一个用户可以属于多个用户组。

8.6.1　用户组

依次单击“管理”→“用户群组”，在“用户群组”界面可以配置用户组。

单击“用户群组”界面右上方的“创建用户群组”按钮，跳转到创建用户群组界面，如图 8.37 所示。

图 8.37　创建用户群组界面

创建用户群组界面参数及解释如表 8.11 所示。

表 8.11　创建用户群组界面参数及解释

参　数	解　释
组名	唯一的用户组名称
用户	单击“选择”按钮添加用户到此用户组中
前端访问	该组内用户进行身份验证的方式
已启用	勾选启用用户组
调试模式	勾选激活用户调试模式，调试模式可用于诊断前端页面的性能问题

切换到“权限”选项卡，在该界面选择用户群组可以查看的主机组范围，如图 8.38 所示。单击“选择”按钮，选择用户组可以访问的主机组，在“选择”按钮右侧选择用户组对该主机组的访问权限，单击“添加”按钮，即可在权限列表中看到该主机组已经被添加。

图 8.38　“权限”选项卡

切换到“标签过滤器”选项卡，该界面允许通过过滤标签名和标签值来设置用户组查看问题的权限，如图 8.39 所示。若指定了标签名与值，则对应的用户组可以看到该标签下所选的主机组的所有问题；若只选择了主机组，标签名和值都未指定，则对应的用户组可以看到该主机组的所有问题。

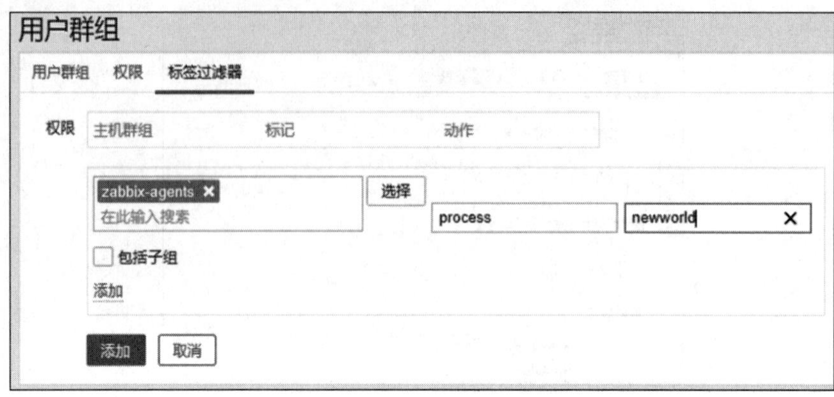

图 8.39 “标签过滤器”选项卡

8.6.2 用户

依次单击“管理”→“用户”，在“用户”界面可以配置用户。

单击用户界面右上方的“创建用户”按钮，跳转到创建用户界面，如图 8.40 所示。

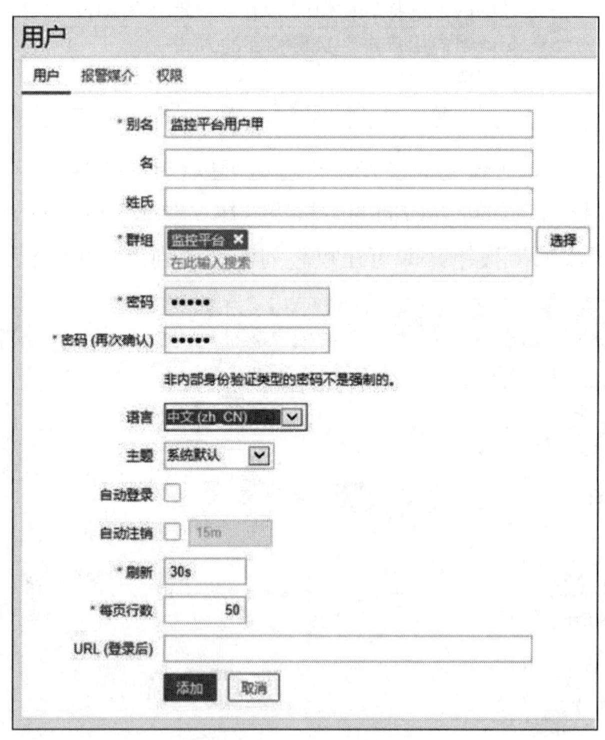

图 8.40 创建用户界面

创建用户界面参数及解释如表 8.12 所示。

表 8.12　创建用户界面参数及解释

参　数	解　释
别名	唯一的用户名称，用作 Web 界面登录名
名	用户的名，在确认信息和通知收件人信息中可见
姓氏	用户的姓，与名一起在确认信息和通知收件人信息中可见
群组	指定该用户所属的用户组，用户可访问主机组的权限由所属用户组的访问权限决定
密码	输入该用户的密码
密码（再次确认）	再次输入一遍该用户的密码用于确认
语言	Zabbix 前端展示的语言
主题	前端展示的主题
自动登录	在浏览器 Cookie 中记住该用户的登录信息，并在进入登录界面时自动登录
自动注销	当用户不活跃达到一段时间后自动退出登录
刷新	设置图形、聚合图形、采集数据等刷新频率，设置为 0 表示禁止刷新
每页行数	设置每个页面显示的数据行数
URL	登录 Zabbix 后自动跳转到该 URL 链接的界面

切换到“报警媒介”选项卡，在该界面可以配置触发器被触发后通知用户的媒介方式，如图 8.41 所示。

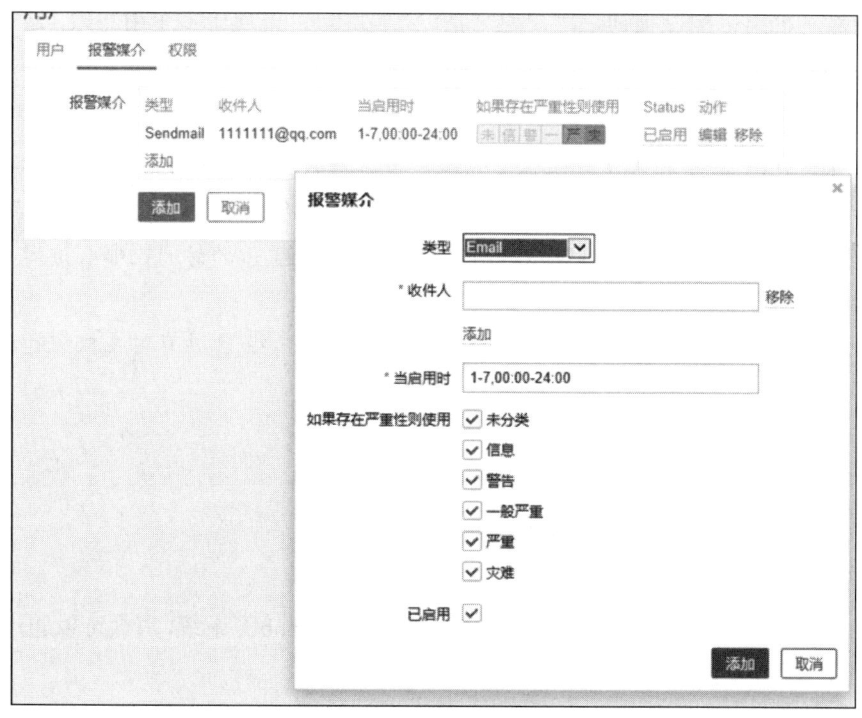

图 8.41　“报警媒介”选项卡

切换到“权限”选项卡，在该界面可以配置该用户查看主机组的用户类型，如图 8.42 所示。

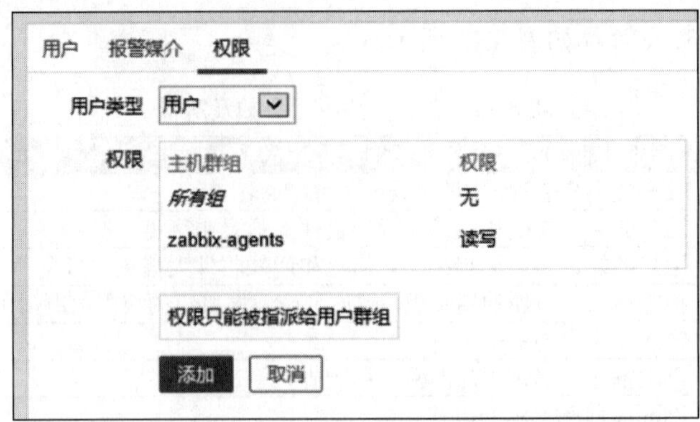

图 8.42 “权限”选项卡

在“用户类型”下拉框中可以指定用户对前端管理菜单及对主机组数据的访问权限。

- 用户：用户权限可以查看“监控”界面。
- 管理员：管理员权限可以查看“监控”和“配置”界面。
- 超级管理员：超级管理员权限可以访问 Zabbix 中所有内容，包括管理页面。超级管理员用户对所有主机组都具有读写访问权限。

用户查看主机组范围权限通过用户组来指定，但用户可以属于多个用户组，这些用户组可能对主机组具有不同的访问权限，例如用户组 A 与用户组 B 都对该用户赋予访问主机组的权限。

- 如果用户组 A 没有对主机组定义权限或仅具有只读的访问权限，同时用户组 B 具有对主机组的读写权限，那么用户将获得对主机组的“读写”访问权限。
- 如果主机组中的某主机同时拒绝用户组 A 和用户组 B 的访问，那么该用户对该主机的访问为“不可用”。
- 如果用户组 A 具有对主机组的拒绝权限，同时用户组 B 具有对主机组的读写权限，那么用户访问主机组将被“拒绝”。

8.7 配置导入/导出

如果需要将一个 Zabbix 系统中的配置转移到另一个 Zabbix 系统，那么可以通过导入/导出功能来快速完成配置的迁移。

可以通过 Zabbix 前端或 Zabbix API 来导出数据。在前端页面中，可通过单击“导出”按钮将配置导出为 XML 文件。XML 文件基本格式如下：

```
<?xml version="1.0" encoding="UTF-8"?>
<zabbix_export>
    <version>4.0</version>
```

```
    <date>2019-06-04T21:08:37Z</date>
</zabbix_export>
```

<?xml version="1.0" encoding="UTF-8"?>为默认的 XML 文件头格式；<zabbix_export>为 Zabbix 导出格式标签；<version>4.0</version>为导出的 Zabbix 版本，在配置迁移时要注意 Zabbix 版本的要求。

若通过前端导入配置，则可以单击“导入”按钮，选择要导入的 XML 配置文件即可，如图 8.43 所示。

图 8.43　导入配置文件

8.8 宏

宏是一种特殊的变量，相同的宏在不同情况下会被 Zabbix 解释为不同的值。前面的章节中已经使用过宏，宏使 Zabbix 的配置更加灵活，可以在全局、模板、主机级别定义宏，以引用主机、监控项以及自定义字符串。

宏语法为{$MACRO}，MACRO 为宏名称，宏名称中允许使用的字符范围为：A-Z、0-9、_。

依次单击“管理”→“常规”，在“常规”界面右上方的下拉菜单中选择“宏”，跳转到

“宏”配置界面查看和配置全局宏，如图 8.44 所示。

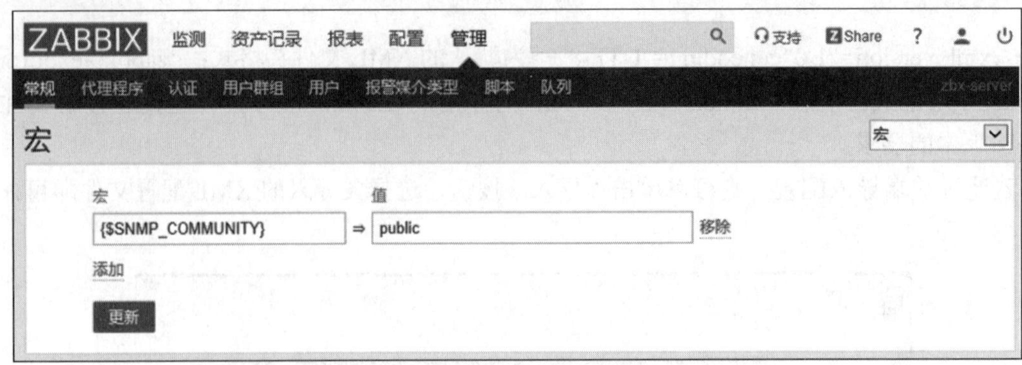

图 8.44　全局宏

该界面中有一个默认的{$SNMP_COMMUNITY}宏，若在配置中使用该宏，则 Zabbix 会将其解释为宏值 public。

可在主机配置界面添加主机级别的宏，如图 8.45 所示。

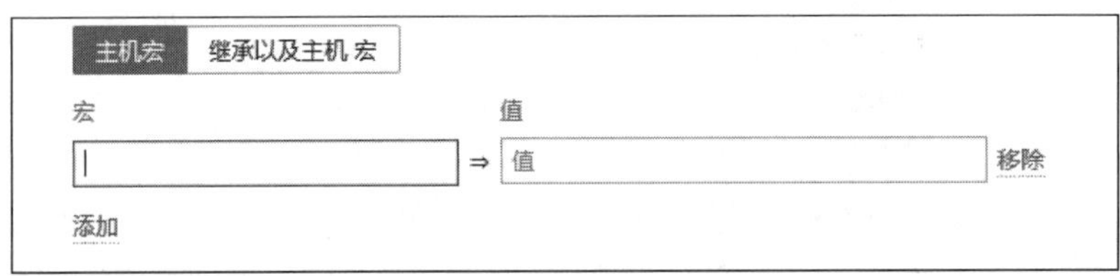

图 8.45　主机级别的宏

添加主机级别的宏{$SH_PORT}，如图 8.46 所示。

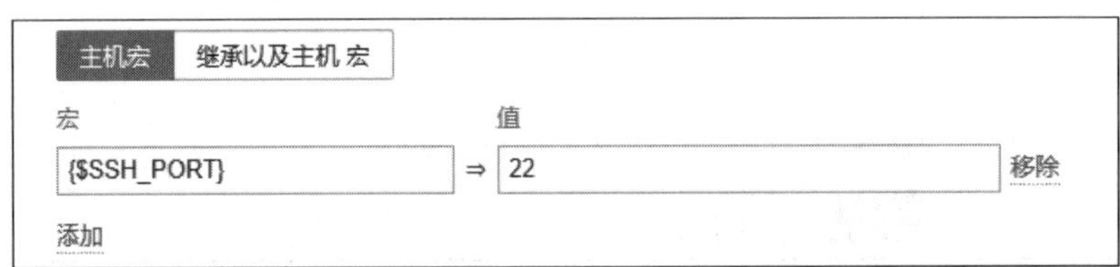

图 8.46　添加{$SSH_PORT}宏

添加检测 SSH 服务的监控项，如图 8.47 所示。

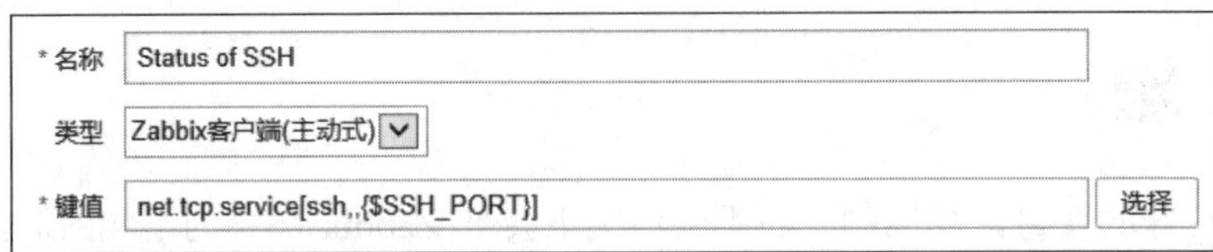

图 8.47　添加检测 SSH 服务的监控项

Zabbix 执行时会将{$SSH_PORT}，替换为 22。

说明：Zabbix 本身内置了一些其他的宏，详情可查看 Zabbix 官方文档：https://www.zabbix.com/documentation/4.0/zh/manual/appendix/macros/supported_by_location。

第 9 章 Zabbix多样的监控方式

Zabbix 为我们提供了多种多样的监控方式，如 Zabbix-Agent、SNMP、IPMI、JMX、计算监控项等，这些方式基本涵盖了常见机器的所有诉求，即便是复杂的多设备环境，也可以依靠 Zabbix 构建出完备的监控系统。本章将介绍一些常用的监控方式。

本章主要涉及的知识点有：

- Zabbix 支持的监控方式
- Agent、Trapper、SNMP、IPMI、JMX、计算监控项等监控方式介绍

9.1 查看 Zabbix 支持的监控方式

单击“配置”→“主机”菜单栏按钮，在“主机”界面可以看到 Zabbix-Agent、SNMP、JMX 与 IPMI 的可用性状态，如图 9.1 所示。绿色图标表示该监控方式可用，红色图标表示该监控方式不可用，灰色图标表示该监控方式可用性未知。若图标为红色，则将鼠标移动到该图标上会提示该监控方式的故障信息。

图 9.1 监控方式图标

单击“监控项”按钮，在“类型”列中可以查看监控项采用哪种方式进行数据采集，如图 9.2 所示。

间隔	历史记录	趋势	类型	应用集
3m	1w	0d	SNMPv2 客户端	Internal items
3m	30d	365d	可计算的	Memory
3m	30d	365d	可计算的	Memory
3m	1w	0d	SNMPv2 客户端	Internal items
3m	30d	365d	可计算的	Memory
3m	1w	0d	SNMPv2 客户端	Internal items
3m	30d	365d	SNMPv2 客户端	CPU
5m	1w	0d	SNMPv2 客户端	Internal items

图 9.2　监控项采用的监控类型

9.2 Zabbix-Agent

3.2 节已经介绍了 Zabbix-Agent 的主动和被动两种监控方式，对于可使用 Zabbix-Agent 且监控需求较多的场景，可优先采用这种方式。

9.3 Zabbix-Trapper（采集器）

3.1 节已经介绍了 Zabbix-Trapper 和 zabbix_sender 的使用方法。Zabbix-Trapper 监控方式不需要在被监控机器上面安装 Agent，只需要连通网络并且通过 zabbix_sender 主动向 Zabbix-Server/Zabbix_Proxy 发送数据，可以通过程序调用 zabbix_sender 或者遵循 Zabbix 协议编写一个发送器来完成数据发送工作。

9.4 SNMP

SNMP（Simple Network Management Protocol，简单网络管理协议）是一种基于 TCP/IP 协议簇的网络管理标准，用于监测和管理众多厂家生产的不同类型、不同型号的软硬件平台。

SNMP 主要由两部分构成：SNMP 管理端和 SNMP 代理端。SNMP 管理端负责收集各个 SNMP 资源的信息，并对这些信息进行处理和反馈；SNMP 代理端负责采集各个 SNMP 元素的信息并将这些信息数据传送给 SNMP 管理端。

SNMP 采用 UDP 协议在管理端和代理端间传输数据，默认通过 UDP 161 端口接收和发送数据，UDP 162 端口接收 trap 数据。

MIB（Management Information Base，管理信息库）定义了受管理设备必须保存的资源信息，包括资源名称、访问权限和资源数据类型等。每个被管理的资源都被称为一个被管理对象，即 MIB 是被管理对象的集合。MIB 给出了一个网络中所有可能的被管理对象的集合的数据结构，SNMP 管理信息库采用和域名系统 DNS 相似的树形结构。厂商可以在生产的设备中包含 SNMP 代理，并保证定义新的 MIB 项目后该 SNMP 代理仍遵守协议标准。用户可以使用同一网络管理客户端来管理具有不同版本的 MIB 的多个设备。

图 9.3 所示为 SNMP 管理信息库树形结构，树的节点表示被管理对象，从根到节点的唯一路径被称为 OID（Object Identifiers，对象标识符）。图 9.3 中可用{1.3.6.1.1}表示 directory 节点，{1.3.6.1.2.6}表示 tcp 节点。

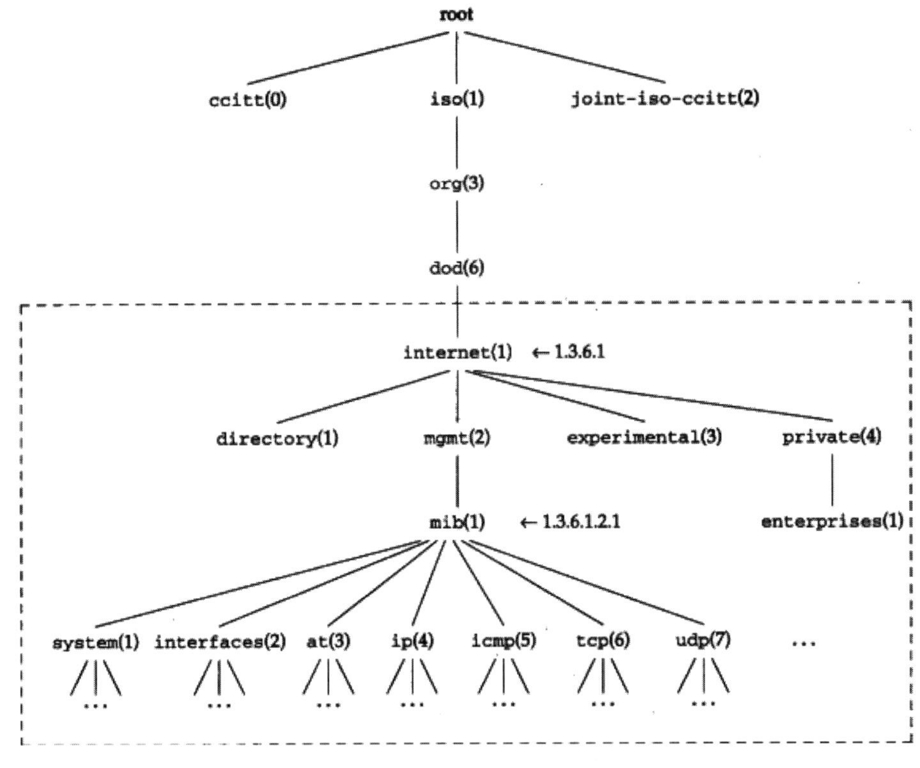

图 9.3 SNMP 管理信息库树形结构

9.4.1 Linux 系统配置 SNMP 监控

Linux 系统配置 SNMP 监控方式如下：

（1）被监控端安装 net-snmp，监控端安装 net-snmp-utils：

```
#yum install net-snmp -y
#yum install net-snmp net-snmp-utils -y
```

（2）编辑 SNMP 配置文件，如图 9.4 所示。

```
#vim /etc/snmp/snmpd.conf
```

```
####
# First, map the community name "public" into a "security name"

#       sec.name  source          community
com2sec notConfigUser  default       public

####
# Second, map the security name into a group name:

#       groupName      securityModel securityName
group   notConfigGroup v1           notConfigUser
group   notConfigGroup v2c           notConfigUser

####
# Third, create a view for us to let the group have rights to:

# Make at least  snmpwalk -v 1 localhost -c public system fast again.
#       name           incl/excl     subtree         mask(optional)
view    systemview    included   .1
view    systemview    included   .1.3.6.1.2.1.1
view    systemview    included   .1.3.6.1.2.1.25.1.1

####
# Finally, grant the group read-only access to the systemview view.

#       group          context sec.model sec.level prefix read   write  notif
access  notConfigGroup ""      any       noauth    exact  systemview none none
```

图 9.4　编辑 SNMP 配置文件

（3）设置开机启动：

```
chkconfig snmpd on
```

（4）启动 snmpd 服务：

```
service snmpd start
```

9.4.2　Windows 系统配置 SNMP 监控

Windows 系统配置 SNMP 监控方式如下（以 Windows 10 系统为例）：

（1）打开“控制面板”，进入“程序和功能”界面，单击“启用或关闭 Windows 功能”，如图 9.5 所示。

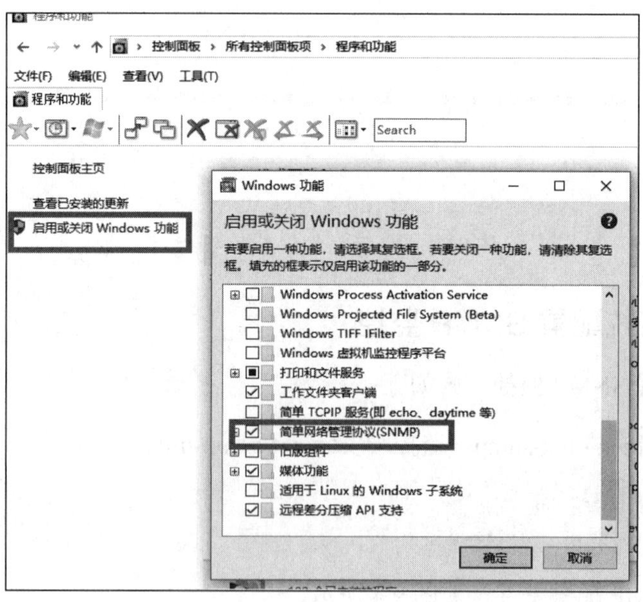

图 9.5　启用或关闭 Windows 功能

（2）勾选“简单网络管理协议（SNMP）”复选框，单击“确定”按钮启用 SNMP 功能。

（3）打开“服务”窗口，启动 SNMP 服务，如图 9.6 所示。

图 9.6　启动 SNMP 服务

（4）启动 SNMP 服务后，右击该服务，在弹出的快捷菜单中单击“属性”按钮，在“属性”界面中切换至“安全”选项卡，添加社区与访问权限，如图 9.7 所示。

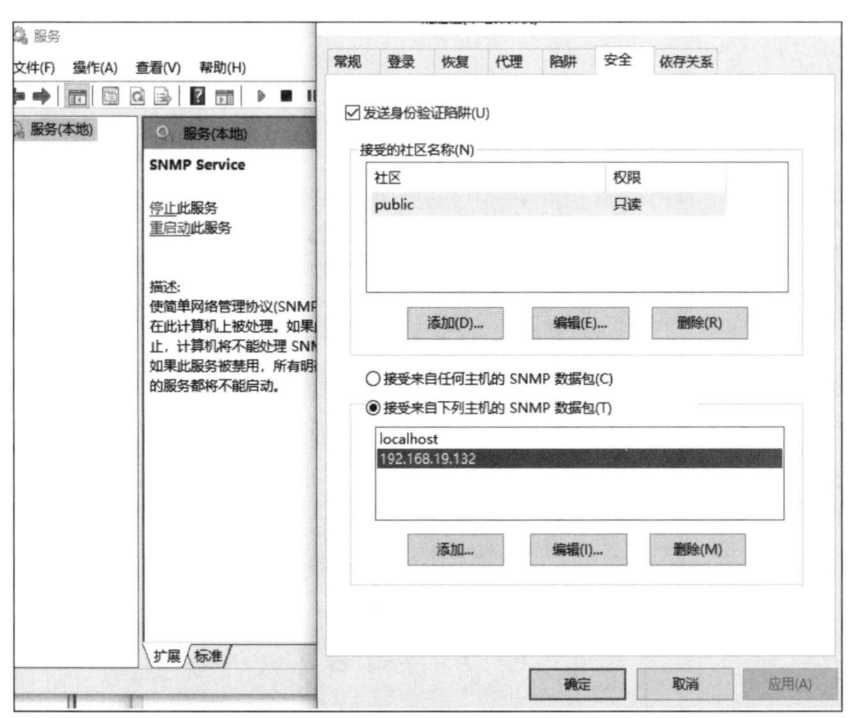

图 9.7　添加社区与访问权限

（5）单击“确定”按钮，关闭“属性”界面，Windows SNMP 配置完成。

（6）在 Zabbix-Server 中使用 snmpget 测试 SNMP 是否配置成功，如图 9.8 所示。

```
[root@zabbix ~]# snmpget -v 2c -c public 192.168.19.1 .1.3.6.1.2.1.25.2.2.0
HOST-RESOURCES-MIB::hrMemorySize.0 = INTEGER: 8260772 KBytes
[root@zabbix ~]#
```

图 9.8　测试 SNMP 是否配置成功

192.168.19.1 为刚刚配置的 Windows IP 地址，{.1.3.6.1.2.1.25.2.2.0}这个 OID 用于获取内存总量大小。

（7）切换 Zabbix Web 界面到监控项配置界面，以采集被监控端系统名称为例进行介绍，如图 9.9 所示。

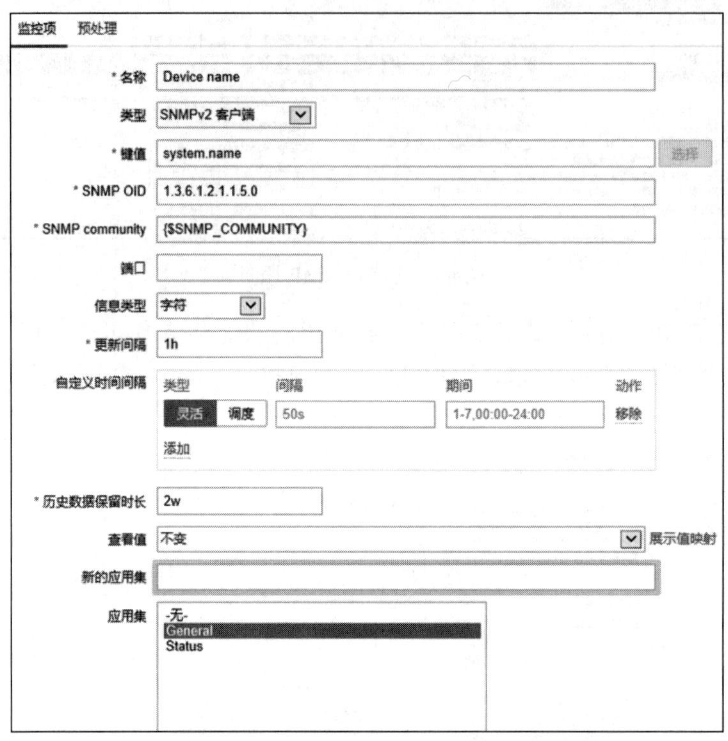

图 9.9　SNMP 配置界面

（8）“类型”参数选择 SNMP V2 客户端，填写要监控元素的 OID 及 SNMP 社区号。图 9.9 所示的 SNMP 社区号用宏表示，该宏已被定义为等同于 public，如图 9.10 所示。

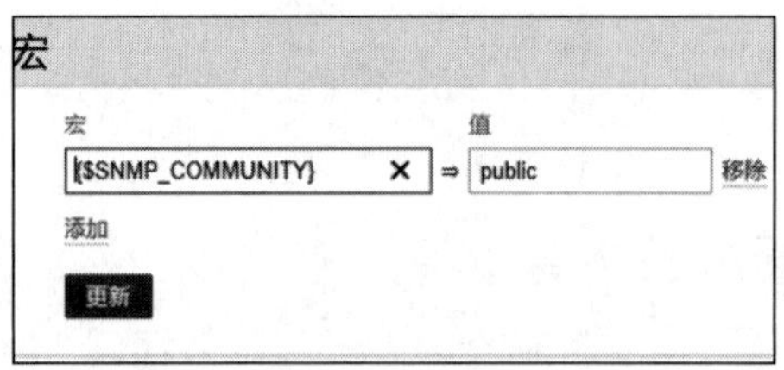

图 9.10　社区号的宏定义

（9）在“最新数据”界面可观察 SNMP 采集结果，如图 9.11 所示。

图 9.11　SNMP 采集结果

9.5 IPMI

IPMI（Intelligent Platform Management Interface，智能平台管理接口）是一种基于 Intel 架构的企业系统所使用的工业标准，用户可以利用 IPMI 监测服务器的物理健康特征，如温度、电压、风扇工作状态、电源状态等。

IPMI 适用于脱离操作系统、系统管理软件或受监控系统关机但有电源接通的情况下仍能远程管理服务器的硬件。IPMI 可通过本地和远程两种方式来获取服务器的监控信息，两种方式都需要相关硬件支持，不同环境下软件的安装与命令可能有所不同。常用的管理工具是 ipmitool，Linux 环境下需要先安装 OpenIPMI，启动 ipmi 和 ipmidvd 服务后才能运行 ipmitool 命令。

Zabbix 使用 IPMI 进行监控时，需要预先在 Zabbix-Server 配置参数文件中修改 StartIPMIPollers 值，该参数表示启动 IPMI 的进程个数，StartIPMIPollers 默认值为 0，需要修改为大于 0 才可以启用 IPMI 监控方式。

9.6 JMX

JMX（Java Management Extensions，Java 管理扩展）是 Java 平台上为应用程序、设备、系统等植入管理功能的框架。在 JMX 之前，Java 开发人员必须通过一些底层的 JVM API 来对 Java 程序进行检测，但这种方式开发效率低下，向来被人们所诟病。JMX 的提出大大提高了 Java 语言的自我管理监测功能，JMX 可以跨越不同的操作系统、CPU、网卡、网络传输协议、数据库等多样的 IT 资源来实现监控。

Zabbix JMX 监控方式配置步骤如下：

（1）安装 Zabbix-Java-Gateway。

（2）配置 zabbix_java_gateway.conf 参数，修改 LISTEN_IP、LISTEN_PORT、START_POLLERS 等。

（3）配置 zabbix_server.conf 参数，修改 StartJavaPollers 参数，StartJavaPollers 值不能大于 zabbix_java_gateway.conf 中的 START_POLLERS 值。

（4）Java 程序启用 JMX 协议。

（5）在 Zabbix Web 界面配置 JMX 监控。

9.7 计算监控项

Zabbix 除了可以直接接收监控项的采集数据外，也可以对采集到的数据进行计算整合并虚拟成一个新的监控项，所有的计算都在 Zabbix-Server 上执行，Zabbix-Agent 与 Zabbix-Proxy

依旧只处理数据传输工作。

计算监控项配置流程如下：

（1）从 Zabbix Web 界面跳转到新的监控项配置界面，如图 9.12 所示。

图 9.12　监控项配置界面

（2）选择“类型”参数为“可计算的”，填写监控项键值，并填写计算公式。计算公式格式如下：

```
func(<key>|<hostname:key>,<parameter1>,<parameter2>,...)
```

计算公式格式参数解释如表 9.1 所示。

表 9.1　计算公式格式参数解释

参　数	解　释
func	触发器表达式支持的函数，如 last、min、max、avg、count 等
key	计算公式要引用的监控项 key，将 key 包含于" "中，避免由 key 内的空格或逗号导致解析错误
parameters	函数需要的其他参数

（3）本例中填写计算公式为“last("vm.memory.size[total]")-last("vm.memory.size[available]")”，表示内存总量-内存可用量，即结果为已使用内存量。“信息类型”选择“数字（无正负）”，由于计算结果为内存量，“单位”可填“B”。保存后可在“最新数据”中观察计算得到的值，如图 9.13 所示。

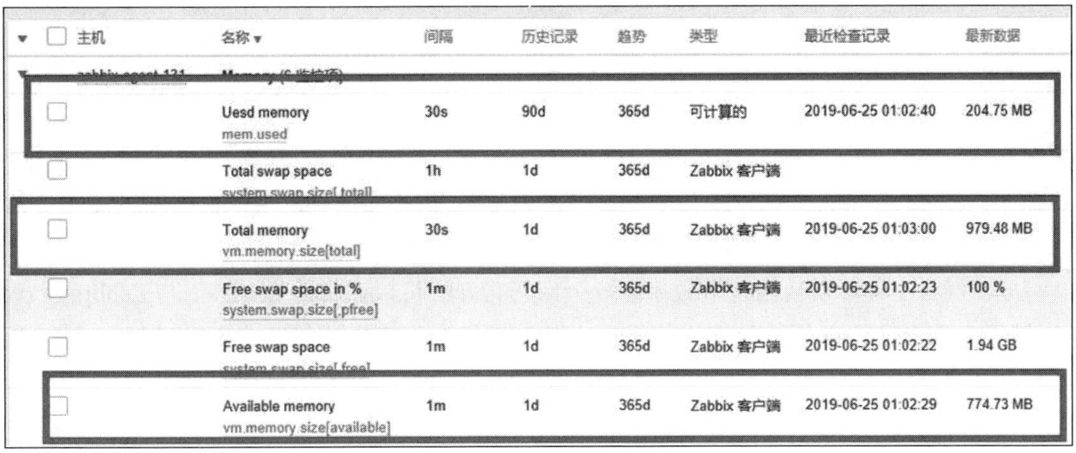

主机	名称	间隔	历史记录	趋势	类型	最近检查记录	最新数据
zabbix-agent-131	Memory (6 监控项)						
	Uesd memory mem.used	30s	90d	365d	可计算的	2019-06-25 01:02:40	204.75 MB
	Total swap space system.swap.size[,total]	1h	1d	365d	Zabbix 客户端		
	Total memory vm.memory.size[total]	30s	1d	365d	Zabbix 客户端	2019-06-25 01:03:00	979.48 MB
	Free swap space in % system.swap.size[,pfree]	1m	1d	365d	Zabbix 客户端	2019-06-25 01:02:23	100 %
	Free swap space system.swap.size[,free]	1m	1d	365d	Zabbix 客户端	2019-06-25 01:02:22	1.94 GB
	Available memory vm.memory.size[available]	1m	1d	365d	Zabbix 客户端	2019-06-25 01:02:29	774.73 MB

图 9.13　计算监控项结果（局部）

第 10 章 分布式监控

使用 Zabbix 构建大型、复杂的监控环境时，如果只采用 Server/Agent 架构，把所有 Zabbix-Agent 端的数据都推送到 Zabbix-Server 端，就会加重 Zabbix-Server 的负担；如果网络环境复杂，那么还会涉及数据传输效率和安全问题。为此，可以在 Zabbix-Agent 与 Zabbix-Server 之间搭建 Zabbix-Proxy 用于数据收集代理功能。前面的章节已经介绍了 Zabbix-Proxy 的安装配置方式，本章将对 Zabbix Server/Proxy/Agent 架构的分布式监控方式进行详细讲解。

本章主要涉及的知识点有：

- 分布式中 Zabbix-Proxy 的监控原理
- Web 端配置分布式监控

10.1 Zabbix-Proxy 监控原理

Zabbix-Proxy 可以代替 Zabbix-Server 收集监控数据，然后把数据汇总给 Zabbix-Server，由 Zabbix-Server 对数据进行统一处理，减轻 Zabbix-Server 的压力。面对跨机房、跨地域的复杂网络环境，可以在每个机房、地域节点分别部署一台 Zabbix-Proxy，每个节点中的 Zabbix-Proxy 代理收集该节点下的设备监控数据，从而构建一套高效率的 Zabbix 分布式监控系统。

Zabbix-Proxy 使用场景：

- 监控远程地域设备。
- 监控网络不稳定、数据接收容易阻塞的环境。
- 在采集设备过多、Zabbix-Server 性能较低时，用于减轻 Zabbix-Server 负载。
- 简化分布式监控的管理维护。

Zabbix-Server 收集监控数据，然后把数据汇总给 Zabbix-Server，由 Zabbix-Server 对数据进行统一处理，在一定程度上可以减轻 Zabbix-Server 的压力。面对跨机房、跨地域的复杂网络环境，可以在每个机房、地域节点分别部署一个 Zabbix-Proxy 代理缓存监控数据以提高网络容错性，网络连接之间可配置防火墙保证网络安全。

图 10.1 所示为 Zabbix 分布式监控系统流程图。

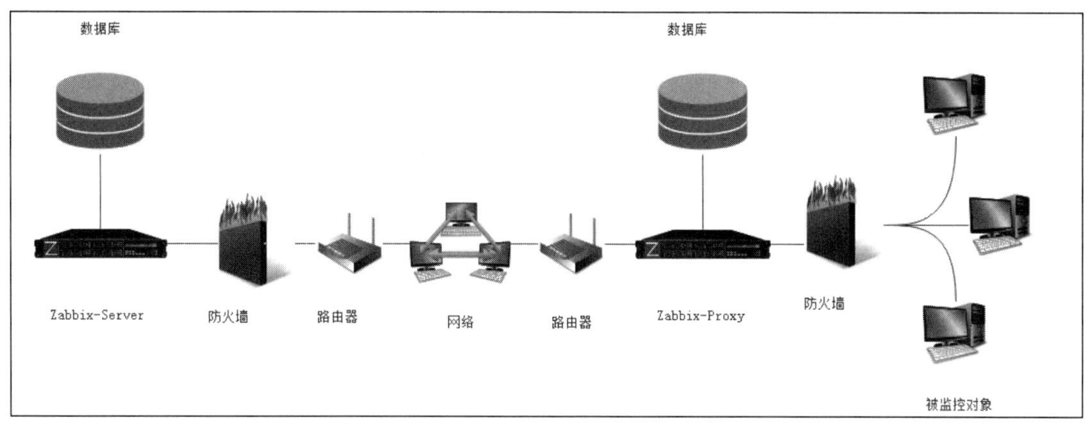

图 10.1　Zabbix 分布式监控系统流程图

Zabbix-Proxy 分别与 Zabbix-Server 和 Zabbix-Agent 建立数据通信连接，收集 Zabbix-Agent 采集的数据并临时保存在本地数据库中，短暂的网络波动不会导致数据丢失。修改配置文件中的 ProxyLocalBuffer 和 ProxyOfflineBuffer 参数影响数据在 Zabbix-Proxy 中保存的时间。Zabbix-Proxy 在整个架构中只扮演数据中转的作用，所以触发器、事件、报警等逻辑处理都与 Zabbix-Proxy 无关。

配置参数 ProxyMode 指定 Zabbix-Proxy 采用主动模式还是被动模式（见 3.2 节）。主动模式下，Zabbix-Proxy 每隔一段时间需向 Zabbix-Server 索取最新监控项配置信息，并在接收到 Zabbix-Agent 请求获取监控项配置信息后传递到 Zabbix-Agent，该间隔时间由配置参数 ConfigFrequency 指定；每隔一段时间，Zabbix-Proxy 发送收集的监控项数据到 Zabbix-Server，该间隔时间由配置参数 DataSenderFrequency 指定。

10.2 Zabbix Web 端配置

安装配置并启动 Zabbix-Proxy 后，就可以在 Zabbix Web 端配置监控了。

（1）在 Zabbix Web 界面中添加已经启动的 Zabbix-Proxy。

（2）依次单击“管理”→“代理程序”，跳转到“代理程序”界面，如图 10.2 所示。

图 10.2　“代理程序”界面

（3）单击界面右上方的“创建代理”按钮，跳转到代理配置界面，如图 10.3 所示。

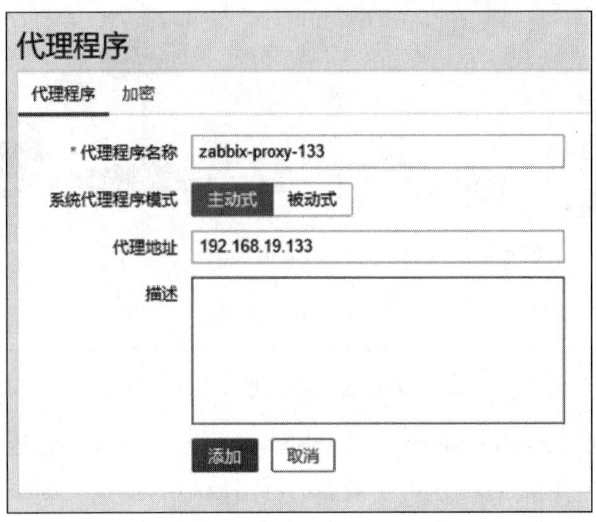

图 10.3　代理配置界面

代理配置界面参数及解释如表 10.1 所示。

表 10.1　代理配置界面参数及解释

参　数	解　释
代理程序名称	唯一的名称，标识该 Zabbix-Proxy
系统代理程序模式	选择代理模式，可选择主动模式或被动模式
代理地址	填写 Zabbix-Proxy IP 或 DNS 地址
描述	填写该代理描述信息

（4）切换至“加密”选项卡，在该界面可以配置连接加密方式，如图 10.4 所示。

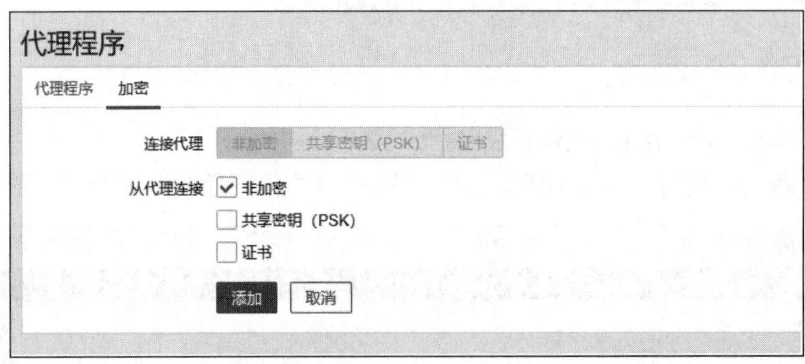

图 10.4　“加密”选项卡

（5）打开主机配置界面，如图 10.5 所示。

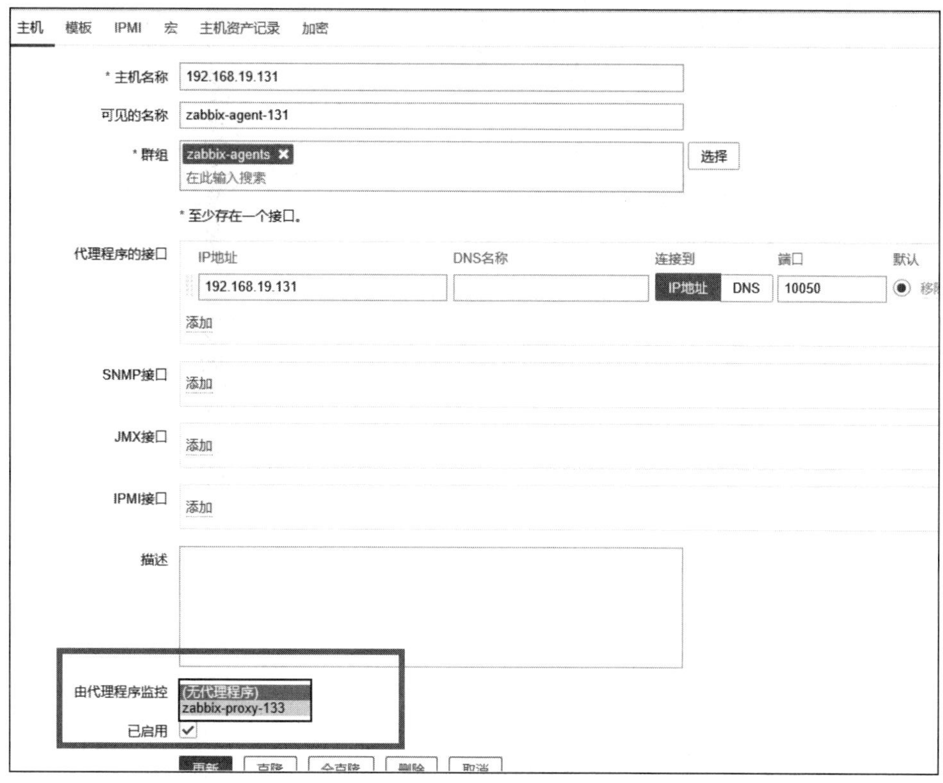

图 10.5　主机配置界面

（6）在此界面中为监控主机选择一个 Zabbix-Proxy，单击“更新”按钮，即可将该监控主机代理到 Zabbix-Proxy 中。

第 11 章

Zabbix自动化运维

Zabbix 提供网络自动发现、自动注册、低级别自动发现（Low-Level Discovery，LLD）等自动化功能，自动化功能可以加快 Zabbix 部署，省去很多重复的配置操作，配置自动化规则就可以适应变化的监控环境。

本章主要涉及的知识点有：

- 网络自动发现
- 自动注册
- 低级别自动发现

11.1 网络自动发现

Zabbix 基于以下检查类型进行网络自动发现：

- IP 地址范围。
- FTP、HTTP/HTTPS、ICMP、SSH、Telnet、SNMP、SMTP、TCP、zabbix_agentd 等服务。

（1）依次单击“配置”→“自动发现”菜单栏按钮，跳转到“自动发现规则”界面，如图 11.1 所示。

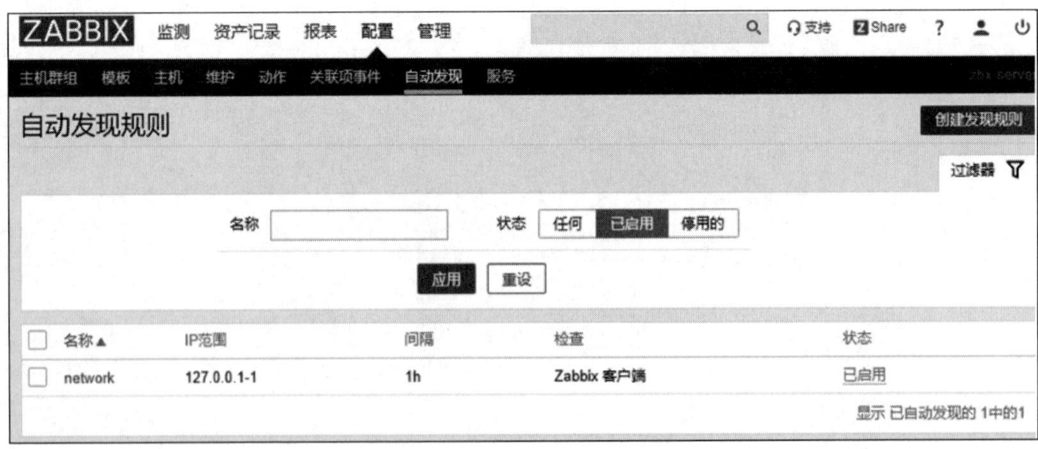

图 11.1 “自动发现规则”界面

（2）单击界面右上方的“创建发现规则”按钮，跳转到自动发现规则配置界面，如图 11.2 所示。

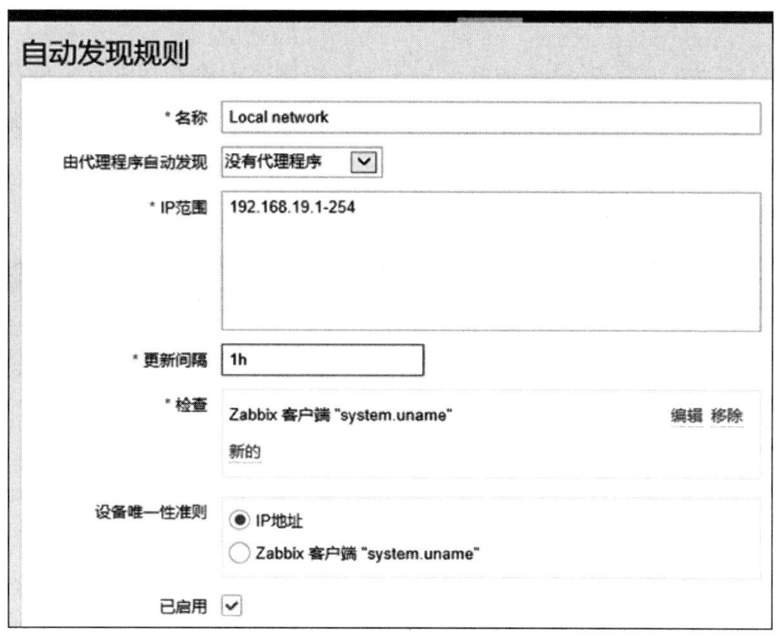

图 11.2　自动发现规则配置界面

自动发现规则界面中各参数及解释如表 11.1 所示。

表 11.1　自动发现规则界面中各参数及解释

参　数	解　释
名称	唯一的规则名称
由代理程序自动发现	选择当前发现规则的执行者： 没有代理程序：Zabbix-Server 执行自动发现； <代理名称>：指定的 Zabbix-Proxy 执行自动发现
IP 范围	自动发现检测的 IP 地址范围，格式如下： 单个 IP：192.168.19.131； IP 地址段：192.168.19.1-255； 子网掩码：192.168.19/24； IP 列表：192.168.1.1-255,192.168.19.1-255
更新间隔	Zabbix 执行自动发现规则的频率
检查	Zabbix 使用这个检查列表进行网络发现 支持的检查项：SSH、LDAP、SMTP、FTP、HTTP、HTTPS、POP、NNTP、IMAP、TCP、Telnet、Zabbix 客户端、SNMP 客户端、ICMP Ping
设备唯一性准则	唯一性准则如下： IP 地址：使用 IP 地址作为设备唯一性标识，如果有相同 IP 的设备已经存在，就认为已经发现该设备，不会添加新的主机； Zabbix 客户端“system.uname”：检查参数指定为 Zabbix 客户端时，以 Zabbix 客户端作为设备唯一性检查标识
已启用	是否启用当前规则

上面的自动发现规则检查 IP 地址范围 192.168.19.1~192.168.19.254 的主机，检查项为 Zabbix 客户端的 system.uname 键值；设备唯一性准则选择“IP 地址”，即若检测到 IP 地址对应的主机已经存在，则 Zabbix 不会添加新的主机。

（3）添加完自动规则后，Zabbix 便开始按设定的规则轮询检查是否有主机符合检查条件。依次单击“监控”→“自动发现”菜单栏按钮，可查看当前通过自动发现规则添加的设备状况，如图 11.3 所示。

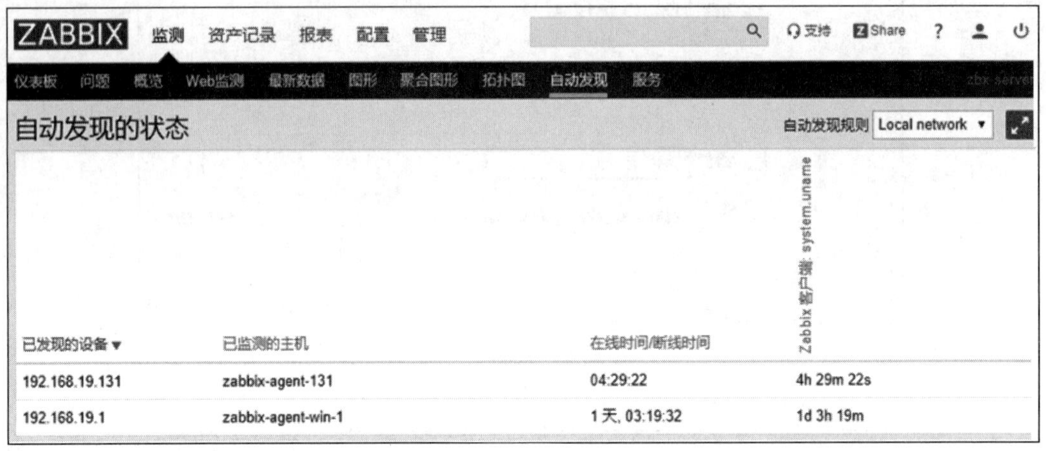

图 11.3　自动发现设备

（4）可以将自动发现规则应用到动作中，以便在发现新主机后采取下一步措施。下面的例子用于添加 192.168.19.1~192.168.19.254 网段中的 Linux 类型主机，为该主机链接 Template OS Linux 模板并将该主机加入 zabbix-agents 主机群组中。

（5）依次单击“配置”→“动作”菜单栏按钮，跳转到“动作”界面，在界面右上方的“事件源”下拉菜单中选择“自动发现”，如图 11.4 所示。

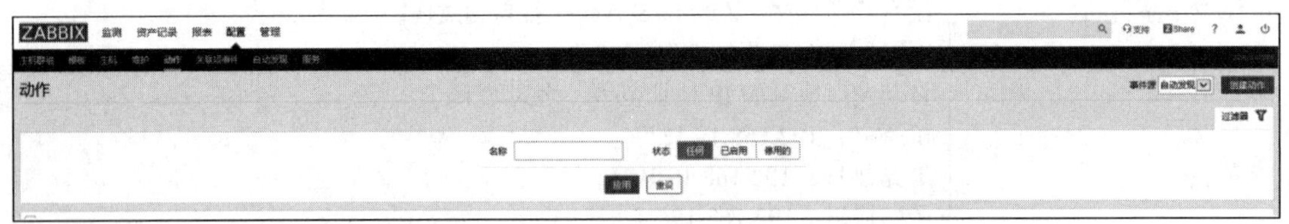

图 11.4　选择事件源

（6）单击“创建动作”按钮，跳转到动作配置界面，添加“自动发现规则”“接收到的值”“服务类型”等触发条件，如图 11.5 所示。

动作
动作 操作
* 名称 Auto discovery. Linux servers.
计算方式 与/或（默认） A and B and C and D
条件 标签 名称 动作
A 自动发现规则 等于 Local network 移除
B 接收到的值 包含 Linux 移除
C 自动发现状态 等于 上 移除
D 服务类型 等于 Zabbix 客户端 移除
新的触发条件 主机IP地址 等于
添加
已启用
* 必须至少设置一个执行内容。
更新 克隆 删除 取消

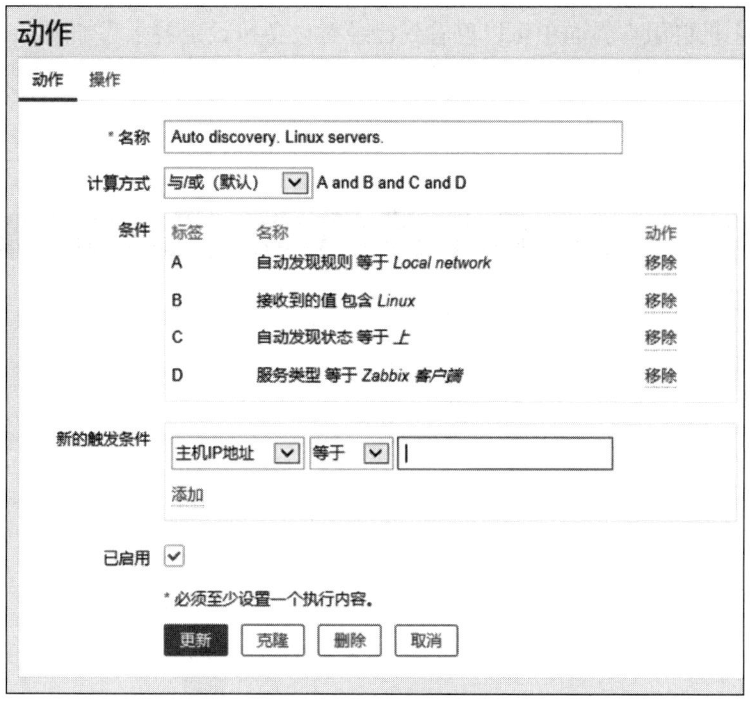

图 11.5　动作配置界面

（7）切换到“操作”选项卡，进行“添加主机”“启用主机”“链接到模板”“添加到主机群组”等操作，如图 11.6 所示。

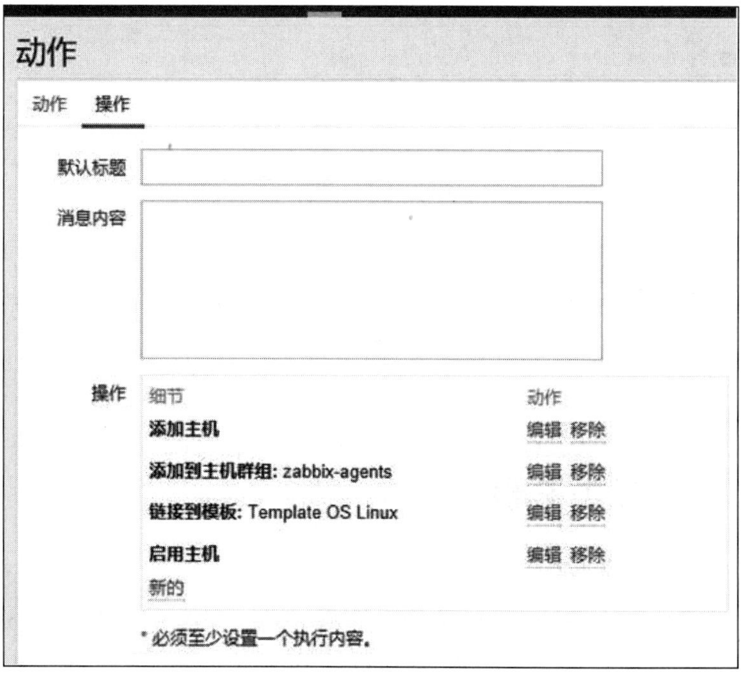

动作
动作 操作
默认标题
消息内容
操作 细节 动作
添加主机 编辑 移除
添加到主机群组: zabbix-agents 编辑 移除
链接到模板: Template OS Linux 编辑 移除
启用主机 编辑 移除
新的
* 必须至少设置一个执行内容。

图 11.6　“操作”选项卡

（8）在“主机群组”界面中可以查看到已经有设备按设定要求添加到 zabbix-agents 群组中，如图 11.7 所示。而同样被自动发现规则检测到的 192.168.19.1 设备因不符合动作中的触发条件而不会被添加到该群组中。

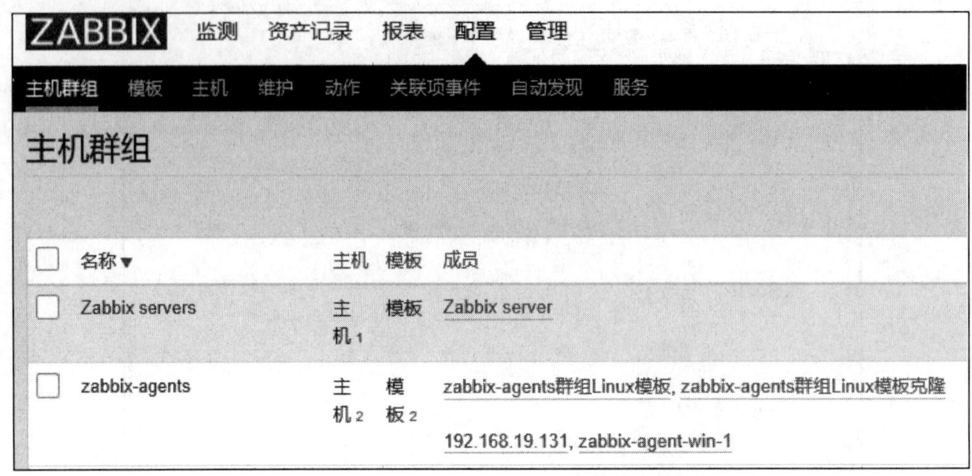

图 11.7　通过自动发现规则添加设备到 zabbix-agents

（9）可以看到添加的主机链接了设定的模板，如图 11.8 所示。

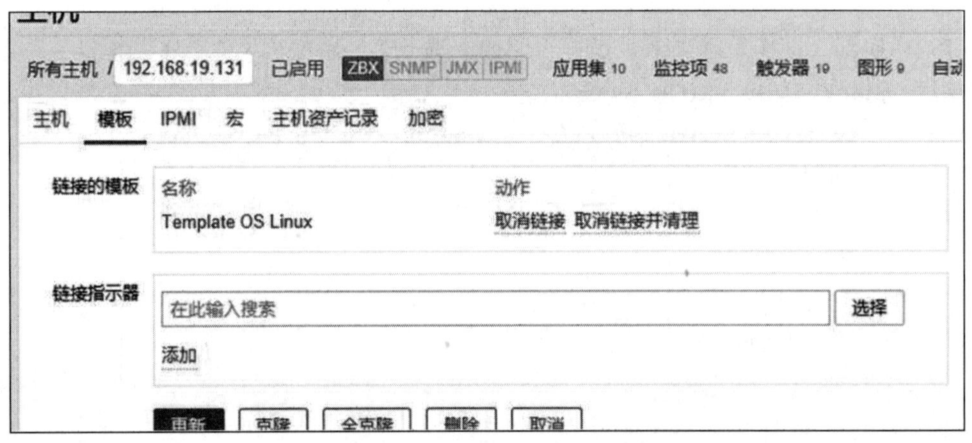

图 11.8　添加的主机链接了设定的模板

11.2 自动注册

自动注册功能与网络自动发现功能相似，都可以通过预定义方式自动添加新设备，不同之处在于网络自动发现功能是 Zabbix-Server 自动探测 IP 段，而自动注册则为 Zabbix-Agent 主动向 Zabbix-Server 发起注册要求。当 Zabbix-Agent 的 IP 地址未知或经常变动时，使用自动注册显然更有优势。

配置自动注册首先需要修改 Zabbix-Agent 配置文件（见图 11.9），设置为主动模式（见附录：Zabbix 配置文件参数说明第 2 节）；另外需要设置 Hostname 参数（也可以配置 HostMetadata 或 HostMetadataItem），如果没有设置 Hostname 参数，该参数就会使用默认的主机名，即通过 system.hostname 监控项键值获取到的值。修改配置文件后重启 zabbix_agentd 服务。

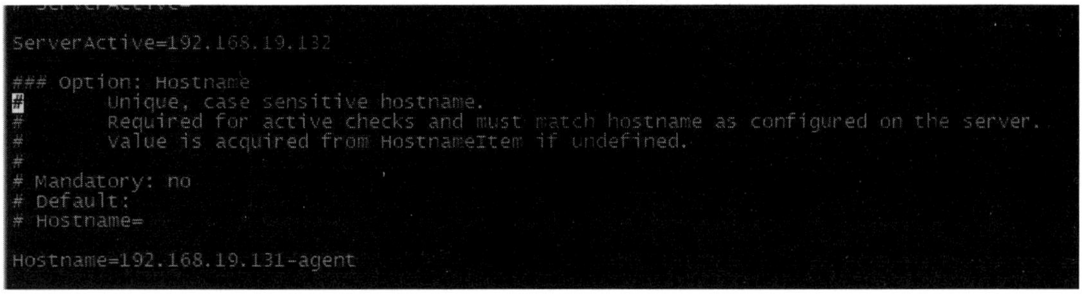

```
ServerActive=192.168.19.132

### Option: Hostname
#       Unique, case sensitive hostname.
#       Required for active checks and must match hostname as configured on the server.
#       Value is acquired from HostnameItem if undefined.
#
# Mandatory: no
# Default:
# Hostname=

Hostname=192.168.19.131-agent
```

图 11.9　修改配置文件

在 Zabbix Web 中进入“动作”界面，在界面右上方单击“自动注册”按钮，然后单击“创建动作”按钮跳转到动作配置界面，添加“主机名称”为触发条件，如图 11.10 所示。

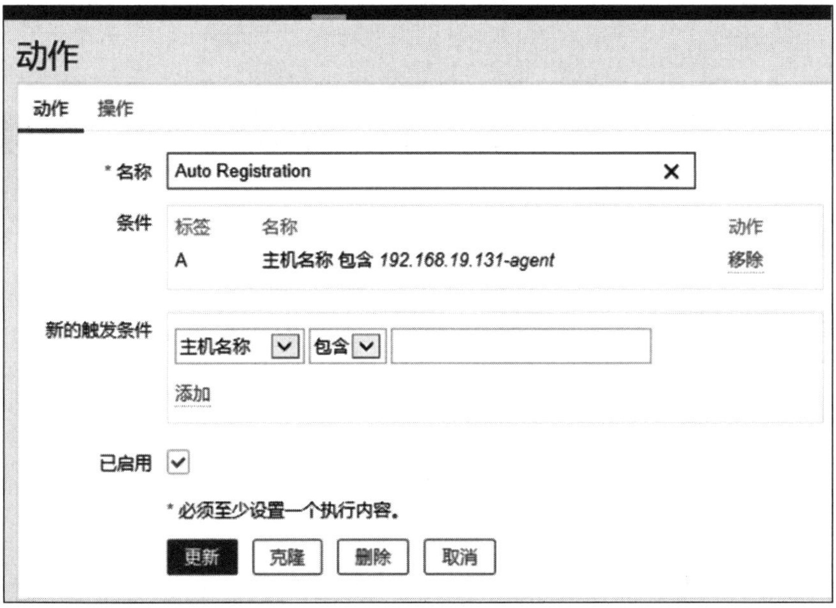

图 11.10　动作配置界面

切换到“操作”选项卡，进行“添加主机”“启用主机”“添加到主机群组”“链接到模板”等操作，如图 11.11 所示。

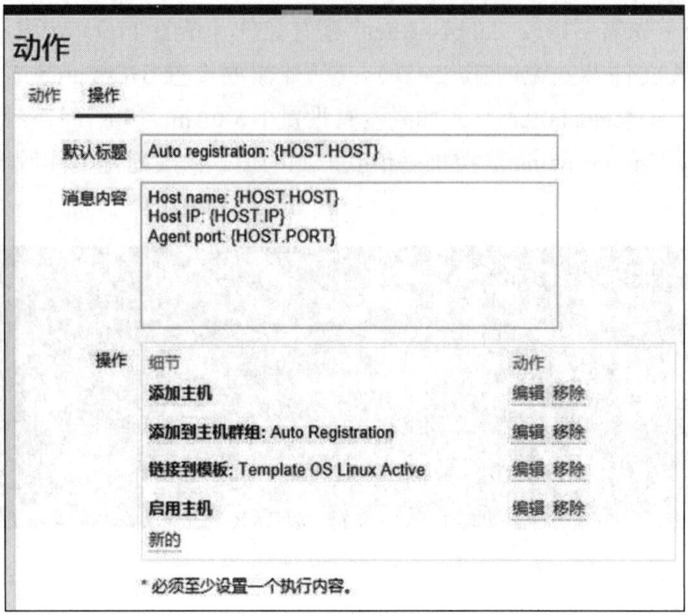

动作
动作 操作
默认标题 Auto registration: {HOST.HOST}
消息内容 Host name: {HOST.HOST}
Host IP: {HOST.IP}
Agent port: {HOST.PORT}
操作 细节 动作
添加主机 编辑 移除
添加到主机群组: Auto Registration 编辑 移除
链接到模板: Template OS Linux Active 编辑 移除
启用主机 编辑 移除
新的
* 必须至少设置一个执行内容。

图 11.11 “操作”选项卡

在“主机”界面中可以观察到 192.168.19.131-agent 主机已经添加到 Auto Registration 主机组中，如图 11.12 所示。

主机群组 模板 主机 维护 动作 关联项事件 自动发现 服务
主机
名称▲ 应用集 监控项 触发器 图形 自动发现 Web监测 接口
192.168.19.131-agent 应用集 10 监控项 34 触发器 15 图形 5 自动发现 2 Web监测 192.168.19.131: 10050

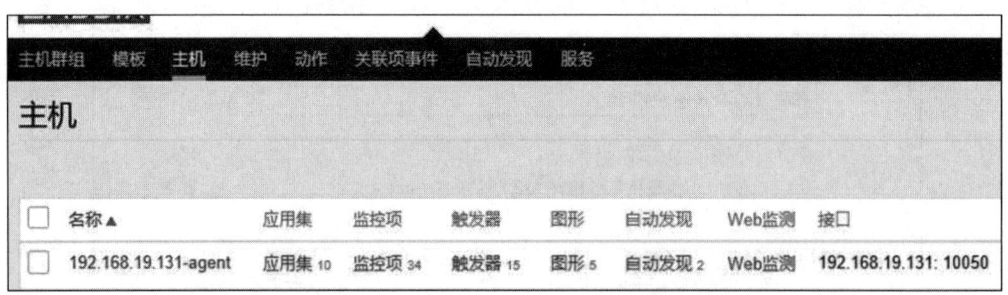

图 11.12 主机已经添加到 Auto Registration 主机组中（局部）

并且 192.168.19.131-agent 主机链接了预定的 Template OS Linux Active 模板，如图 11.13 所示。

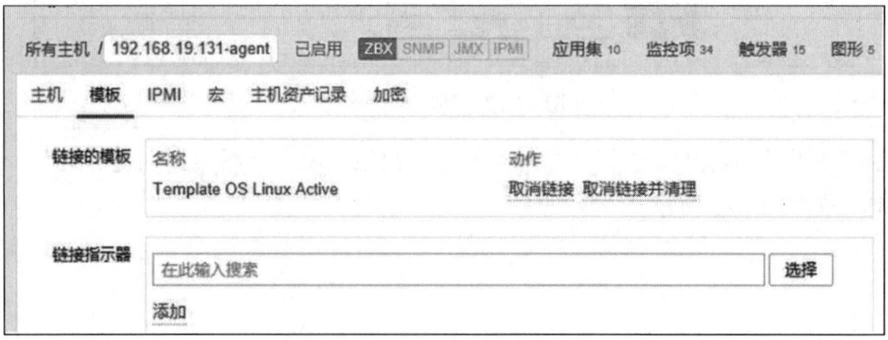

所有主机 / 192.168.19.131-agent 已启用 ZBX SNMP JMX IPMI 应用集 10 监控项 34 触发器 15 图形 5
主机 模板 IPMI 宏 主机资产记录 加密
链接的模板 名称 动作
Template OS Linux Active 取消链接 取消链接并清理
链接指示器 在此输入搜索 选择
添加

图 11.13 主机链接了预定的 Template OS Linux Active 模板

11.3 低级别自动发现

前两节介绍的是基于监控设备的自动化功能，本节介绍 Zabbix 低级别自动发现功能，低级别自动发现提供的是基于监控项的自动化功能。有些监控项有相似属性，例如同一主机上多个网卡、同一主机上的不同磁盘分区。网卡与磁盘分区可能会随时调整，根据网卡名称和磁盘分区名称配置的监控项容易在调整后失效。通过低级别自动发现的配置，Zabbix 可以跟踪发现监控项动态变化名称，达到以不变应万变的功效。

Zabbix 除了支持系统文件、网络接口、CPU 与 CPU 内核、SNMP OID、Windows 服务的发现外，还支持用户自定义低级别自动发现。

低级别自动发现监控原理如下：

- Zabbix-Server 向 Zabbix-Agent 发送低级别自动发现监控项数据采集请求。
- Zabbix-Agent 向 Zabbix-Server 反馈低级别自动发现监控项数据结果，数据结果为包含特定 JSON 格式的实际要被监控的项目的键值对列表。例如，项目 net.if.discovery 可能会返回两对键值："{#IFNAME}" → "lo" 和 "{#IFNAME}" → "pan0"，通过 zabbix_agentd -t 参数可查看返回 JSON 数据的结果，如图 11.14 所示。

```
[root@zbx ~]# zabbix_agentd -t net.if.discovery
net.if.discovery                                  [s|{"data":[{"{#IFNAME}":"lo"},{"{#IFNAME}":"eth2"},{"{#IFNAME}":"pan0"}]}]
[root@zbx ~]# 
```

图 11.14　返回 JSON 数据

在"主机"界面单击"自动发现规则"按钮，跳转到 LLD 自动发现规则主界面，如图 11.15 所示。

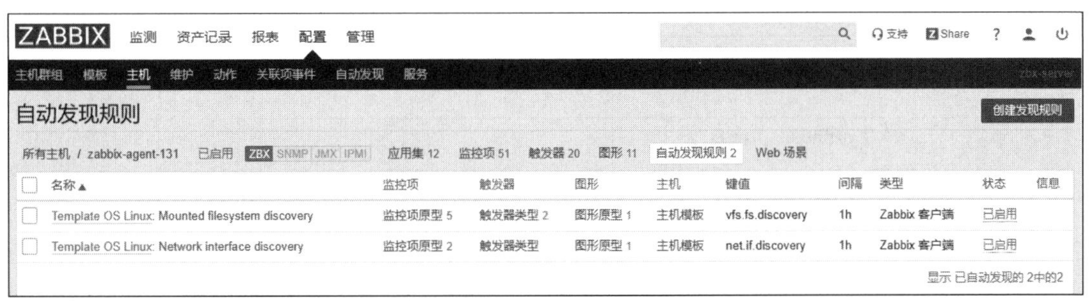

图 11.15　自动发现规则主界面

下面的例子展示磁盘创建低级别自动发现的流程（Template OS Linux 自带）。

（1）单击自动发现规则主界面右上方的"创建发现规则"按钮，跳转到自动发现规则配置界面，如图 11.16 所示。

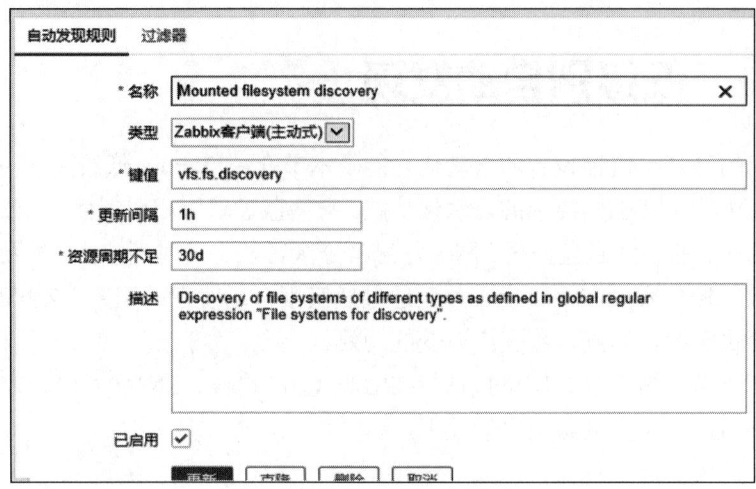

图 11.16　自动发现规则配置界面

自动发现规则配置界面参数及解释如表 11.2 所示。

表 11.2　自动发现规则配置界面参数及解释

参　数	解　释
名称	唯一的发现规则名称
类型	执行自动发现的监控项类型
键值	Zabbix 自带的含有 discovery 字符串的键值或自定义键值，如 vfs.fs.discovery
更新间隔	Zabbix 执行自动发现的频率，如果被监控的项目不易变动，就可将该时间间隔设久一点
资源周期不足	设置该参数后，当监控原型发现状态变为“不再支持”后保留的时长。如果设为“0”，就会立即删除监控项
描述	输入描述文字
已启用	选中以启用该规则

（2）切换到“过滤器”选项卡，如图 11.17 所示。

图 11.17　“过滤器”选项卡

（3）该界面用于配置过滤器返回的监控原型，仅为特定的监控原型生成实际监控项、触发器和图形，支持正则表达式。例如在配置 Windows 文件系统低级别自动发现时，将宏“{#FSNAME}”与“^ext|^reiserfs”添加到过滤器中，实际生成的监控项中只包含 ext 和 reiserfs 两个分区。图 11.17 中使用全局正则表达式“@File systems for discovery”，在全局正则表达式界面中查看正则表达式实际引用的是“^(btrfs|ext2|ext3|ext4|reiser|xfs|ffs|ufs|jfs|jfs2|vxfs|hfs|

refs|ntfs|fat32|zfs)$”，如图 11.18 所示。

正则表达式

表达式　测试

* 名称　File systems for discovery

* 表达式　表达式类型　表达式　分隔符　区分大小写　动作

结果为真　^(btrfs|ext2|ext3|ext4|reiser|xfs|ffs|ufs|jfs|jfs2|　移除

添加

更新　克隆　删除　取消

图 11.18　全局正则表达式界面

（4）创建自动发现规则之后，单击自动发现规则主界面的“监控项原型”按钮，跳转到“监控项原型”界面，如图 11.19 所示。

监控项原型　创建监控项原型

所有主机 / zabbix-agent-131　已启用　ZBX SNMP JMX IPMI　自动发现清单 / Mounted filesystem discovery　监控项原型 5　触发器类型 2　图形原型 1　主机模板

Wizard	名称▲	键值	间隔	历史记录	趋势	类型	应用集	启用新的
•••	Template OS Linux: Free disk space on {#FSNAME}	vfs.fs.size[{#FSNAME},free]	1m	1w	365d	Zabbix 客户端	Filesystems	是
•••	Template OS Linux: Free disk space on {#FSNAME} (percentage)	vfs.fs.size[{#FSNAME},pfree]	1m	1w	365d	Zabbix 客户端	Filesystems	是
•••	Template OS Linux: Free inodes on {#FSNAME} (percentage)	vfs.fs.inode[{#FSNAME},pfree]	1m	1w	365d	Zabbix 客户端	Filesystems	是
•••	Template OS Linux: Total disk space on {#FSNAME}	vfs.fs.size[{#FSNAME},total]	1h	1w	365d	Zabbix 客户端	Filesystems	是
•••	Template OS Linux: Used disk space on {#FSNAME}	vfs.fs.size[{#FSNAME},used]	1m	1w	365d	Zabbix 客户端	Filesystems	是

图 11.19　“监控项原型”界面

（5）单击“创建监控项原型”按钮，跳转到监控项原型配置界面，如图 11.20 所示。

图 11.20　监控项原型配置界面

（6）该界面用于采集磁盘分区的已经使用量占总磁盘空间的百分比。之后，以相似方式创建触发器类型，如图 11.21 所示。

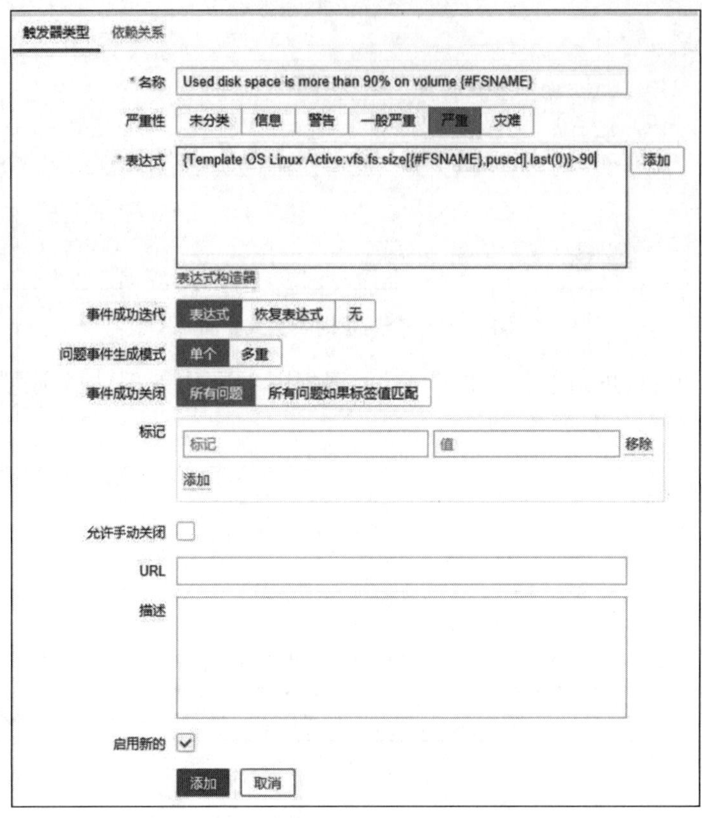

图 11.21　创建触发器类型

（7）同样也可以创建图形原型，如图 11.22 所示。

图 11.22　创建图形原型

第 12 章 数据可视化

第 8 章中介绍了 Zabbix 自带的图形展示方式，Zabbix 将采集后的数据渲染为可视化的图形并展示在 Web 界面中。但有些用户可能更偏向于使用第三方可视化工具，因此本章将以 Grafana 为例介绍如何通过第三方工具可视化 Zabbix 数据。

本章主要涉及的知识点有：

- 常见的第三方 Zabbix 数据图形工具介绍
- Grafana 及其使用方法

12.1 常用的 Zabbix 数据图形工具

前面已经介绍了 Zabbix 自带的数据可视化方式，当然也可以使用其他图形工具展示 Zabbix 数据，如 Zatree、Graphtree、Grafana。Zatree、Graphtree 的主要功能是提供树形结构展示，如图 12.1 所示。

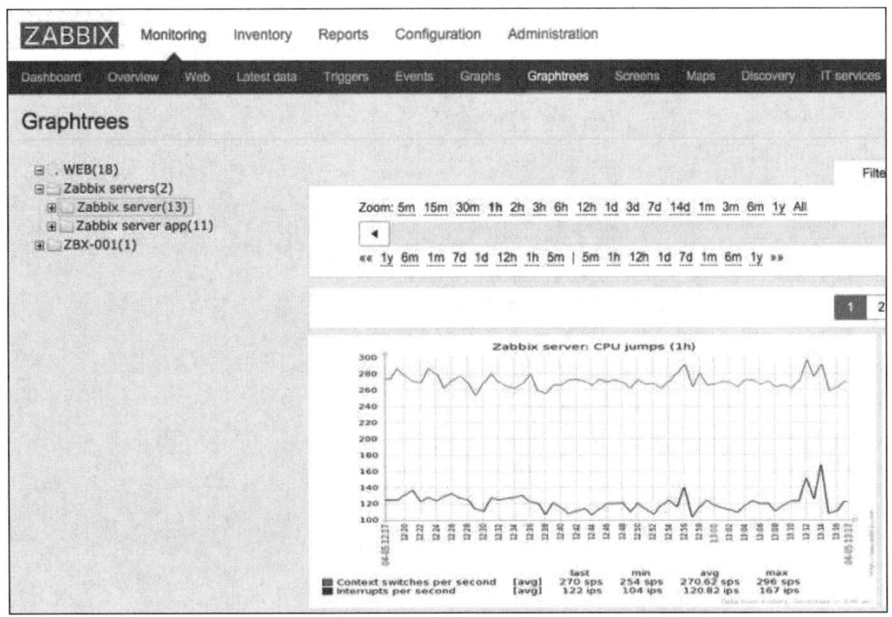

图 12.1　Graphtree-Zabbix 树形结构（局部）

Grafana 是一个开源的度量分析和可视化套件，常用于可视化时间序列数据。图 12.2~图 12.4 所示为 Grafana 官网展示的图形界面示例。

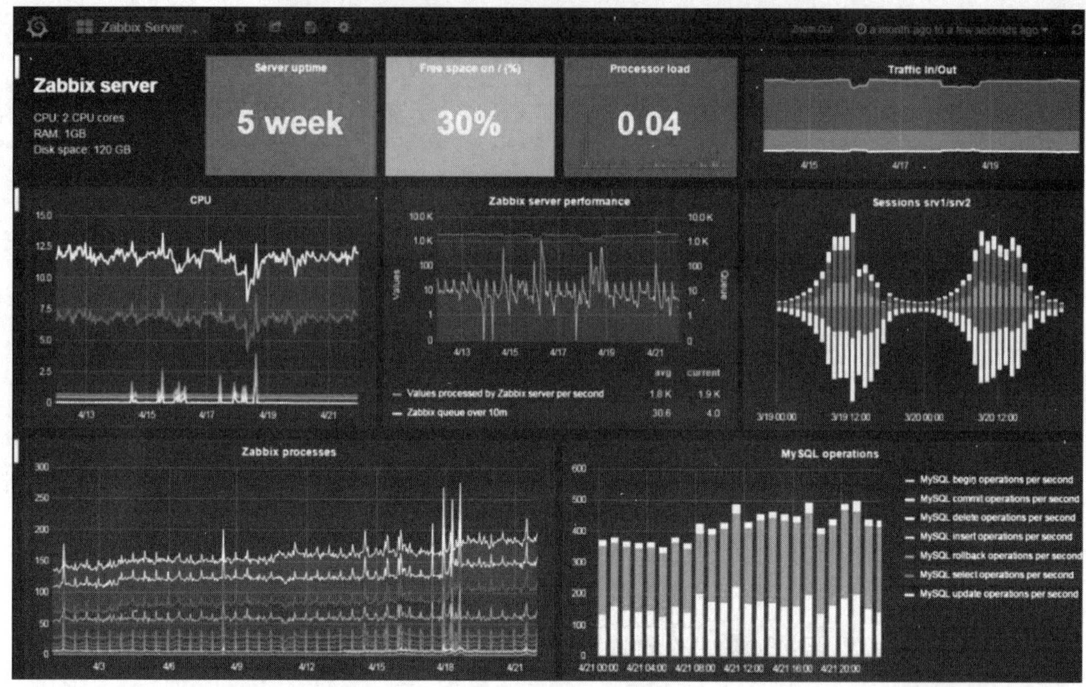

图 12.2　Grafana 官网示例 1

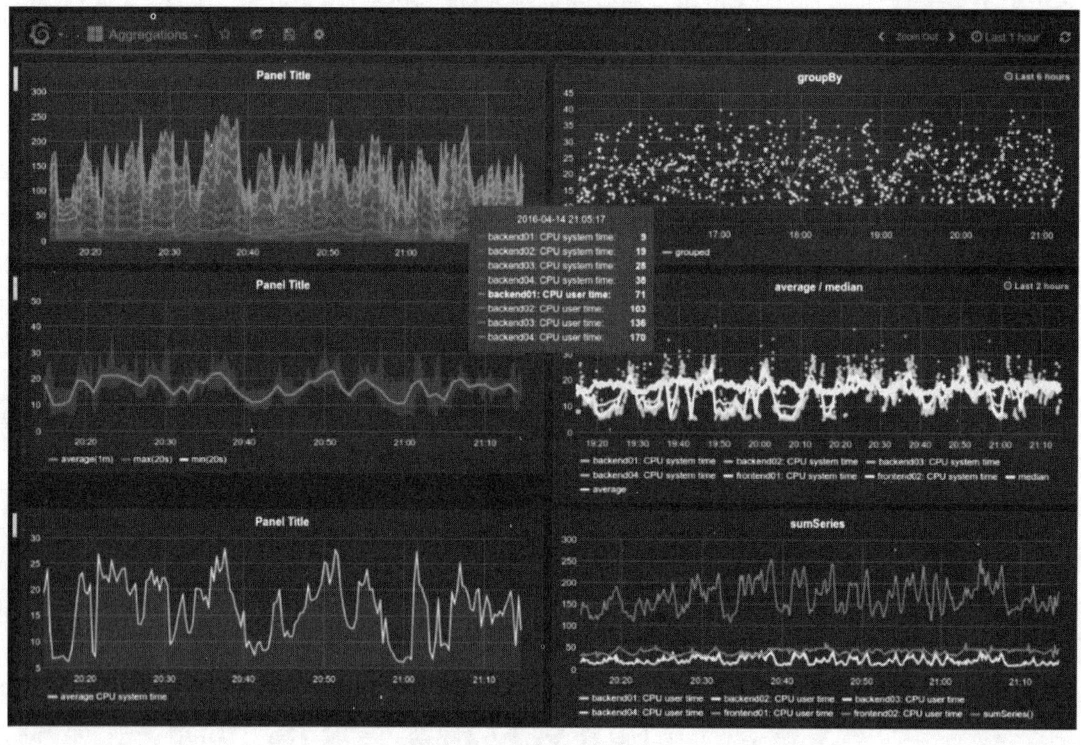

图 12.3　Grafana 官网示例 2

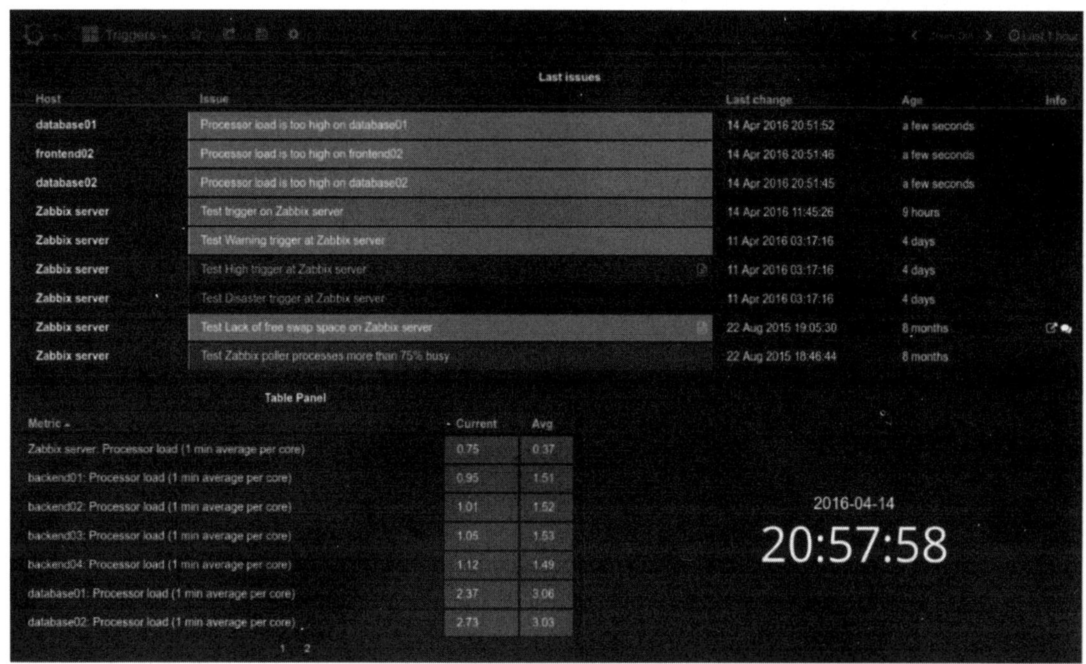

图 12.4　Grafana 官网示例 3

12.2 玩转 Grafana

Grafana 因其丰富的图形展示模式及控制选项、配置方式灵活、可扩展性强、支持大量数据源的特点而广为流行。本节主要介绍 Grafana 的基本配置与使用方法。关于其更详细的使用方法，可参考官方文档（https://grafana.com/docs）。

12.2.1 安装 Grafana

进入 Grafana 官方网站（https://grafana.com/grafana/download?platform=linux），查看操作系统类型对应的 Grafana 下载方式，如图 12.5 所示。

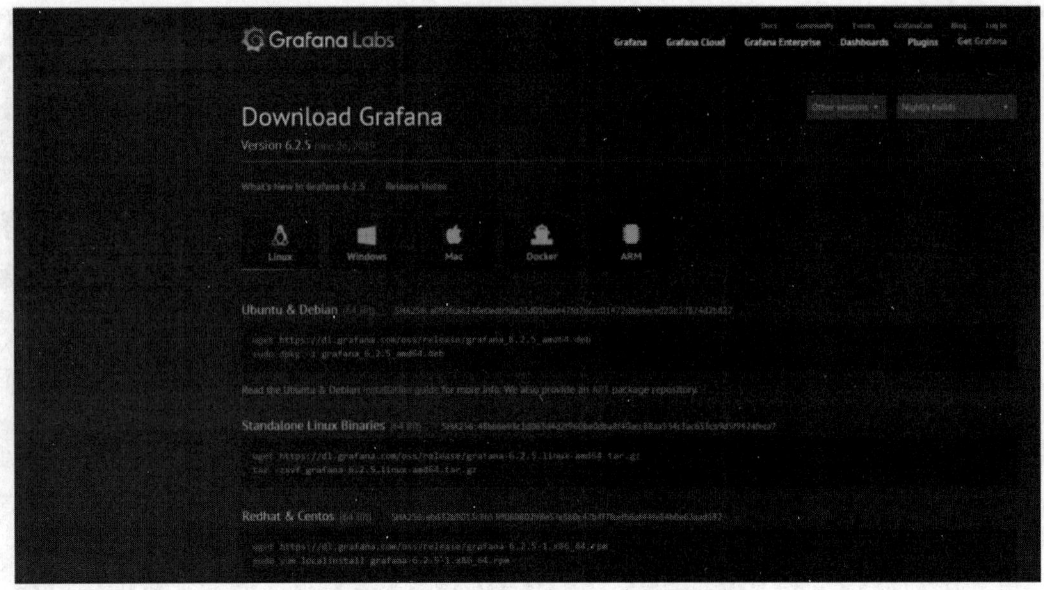

图 12.5　查看 Grafana 下载方式

对于 CentOS 64 位操作系统，使用以下命令下载并安装 grafana-6.2.5：

```
# wget https://dl.grafana.com/oss/release/grafana-6.2.5-1.x86_64.rpm
# sudo yum localinstall grafana-6.2.5-1.x86_64.rpm
```

安装完成后，通过以下命令添加开机自启动并启动 grafana-server 服务：

```
# chkconfig grafana-server on
# service grafana-server start
```

使用 netstat 命令查看 grafana-server 是否已经启动，如图 12.6 所示。

```
[root@zabbix sbin]# netstat -anpt | grep "grafana*"
tcp        0      0 :::3000                     :::*                        LISTEN      68428/grafana-serve
[root@zabbix sbin]#
```

图 12.6　查看 grafana-server 是否已启动

从图 12.6 中可以看出，grafana-server 默认 HTTP 监听端口为 3000，可以在/etc/grafana/grafana.ini 配置文件中修改 HTTP 监听端口等配置信息，如图 12.7 所示。

```
#################################### Server ####################################
[server]
# Protocol (http, https, socket)
;protocol = http

# The ip address to bind to, empty will bind to all interfaces
;http_addr =

# The http port  to use
;http_port = 3000

# The public facing domain name used to access grafana from a browser
;domain = localhost
```

图 12.7　grafana-server 配置文件

在浏览器中输入 URL 进入 Grafana 登录界面，如图 12.8 所示。URL 中的 IP 地址或域名在 grafana.ini 配置文件中配置。

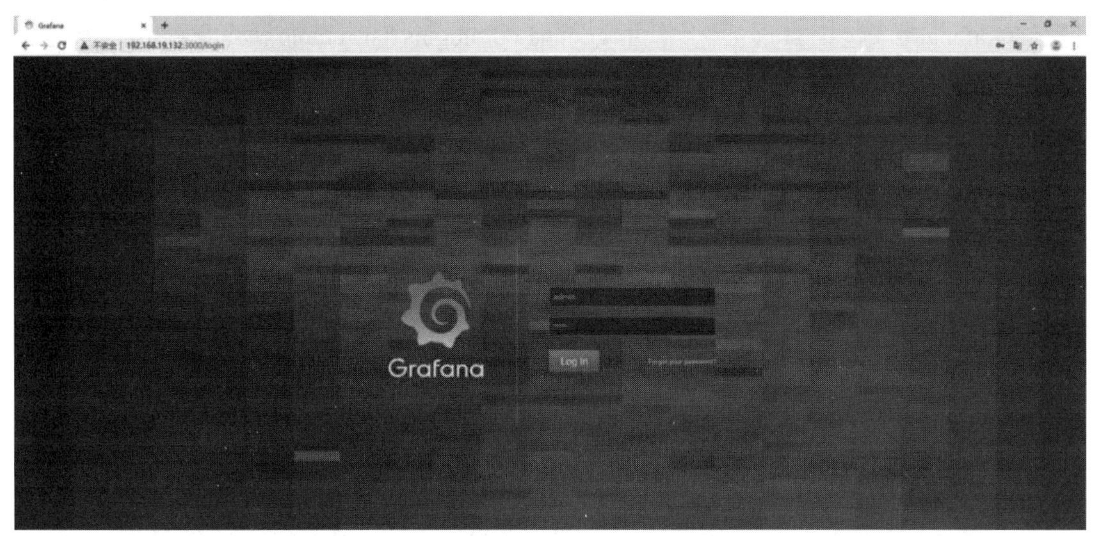

图 12.8　Grafana 登录界面

默认登录账号及密码均为 admin，登录后可以重设密码，登录后跳转到 Grafana 主界面，如图 12.9 所示。

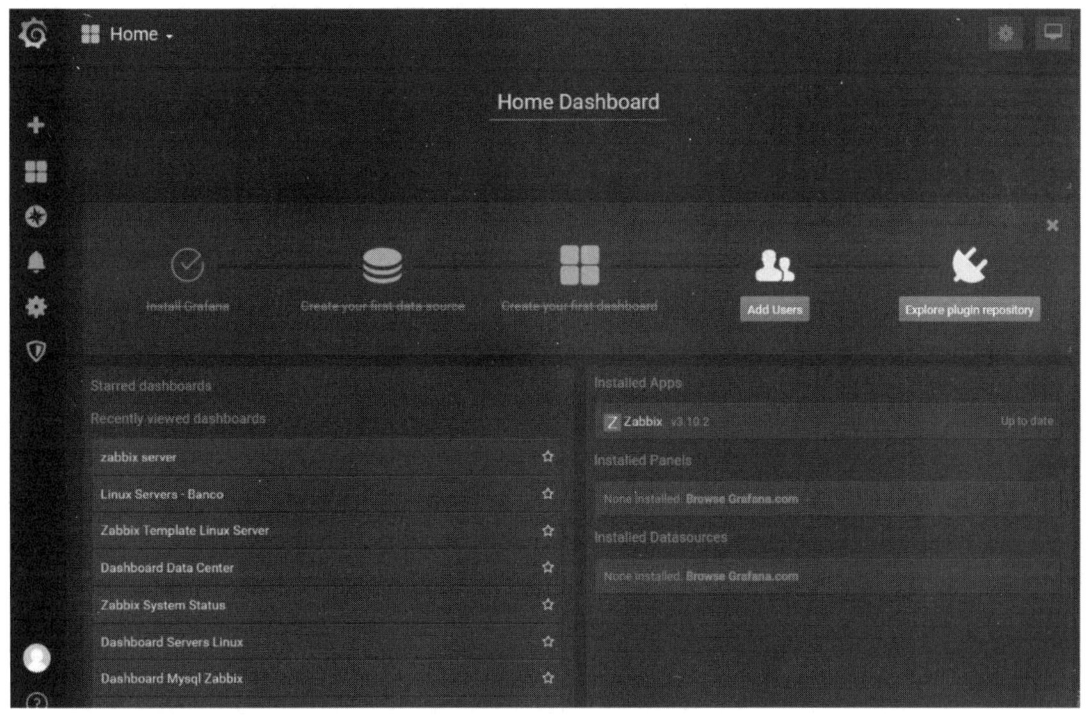

图 12.9　Grafana 主界面

12.2.2 Grafana-Zabbix 插件

安装 Grafana 后暂时还不能查看 Zabbix 相关数据，想要将 Grafana 和 Zabbix 关联起来还需要在 Grafana 中安装 Zabbix 插件。使用 grafana-cli plugins list-remote 命令查看当前可以安装的 Grafana 插件，如图 12.10 所示。

```
[root@zabbix grafana]# grafana-cli plugins list-remote
id: abhisant-druid-datasource version: 0.0.5
id: agenty-flowcharting-panel version: 0.3.0
id: akumuli-datasource version: 1.2.8
id: alexanderzobnin-zabbix-app version: 3.10.2
id: andig-darksky-datasource version: 1.0.0
id: ayoungprogrammer-finance-datasource version: 1.0.0
id: belugacdn-app version: 1.2.0
id: bessler-pictureit-panel version: 1.0.0
id: blackmirror1-singlestat-math-panel version: 1.1.7
id: blackmirror1-statusbygroup-panel version: 1.1.1
id: bosun-app version: 0.0.28
id: briangann-datatable-panel version: 0.0.6
id: briangann-gauge-panel version: 0.0.6
```

图 12.10　查看 Grafana 可用插件

通过 grep 命令筛选出可用于 Zabbix 的插件，如图 12.11 所示。

```
[root@zabbix grafana]# grafana-cli plugins list-remote | grep zabbix
id: alexanderzobnin-zabbix-app version: 3.10.2
[root@zabbix grafana]#
```

图 12.11　筛选查看插件

使用 grafana-cli plugins install 命令安装 Zabbix 插件，安装完成后需重启 Grafana 服务，如图 12.12 所示。

```
[root@zabbix ~]# grafana-cli plugins install alexanderzobnin-zabbix-app
installing alexanderzobnin-zabbix-app @ 3.10.2
from url: https://grafana.com/api/plugins/alexanderzobnin-zabbix-app/versions/3.10.2/download
into: /var/lib/grafana/plugins

 Installed alexanderzobnin-zabbix-app successfully

Restart grafana after installing plugins . <service grafana-server restart>

[root@zabbix ~]# service grafana-server restart
Stopping Grafana Server: ...\                              [  OK  ]
^HStarting Grafana Server: ...                             [  OK  ]
```

图 12.12　安装 Zabbix 插件

进入 Grafana Web 界面，单击界面左侧配置图标，在弹出的快捷菜单中单击 Plugins 选项，在插件列表中可以找到 Zabbix 图标，如图 12.13 所示。

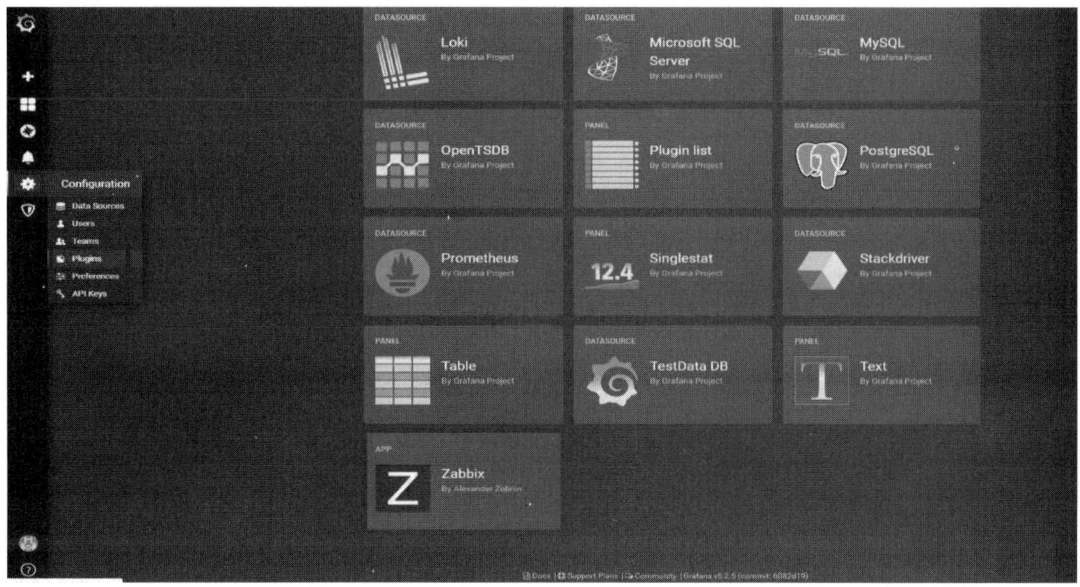

图 12.13　查看 Zabbix 插件

单击 Zabbix 图标，进入 Zabbix 插件配置界面，在该界面单击 Enable 按钮启用 Zabbix 插件，如图 12.14 所示。

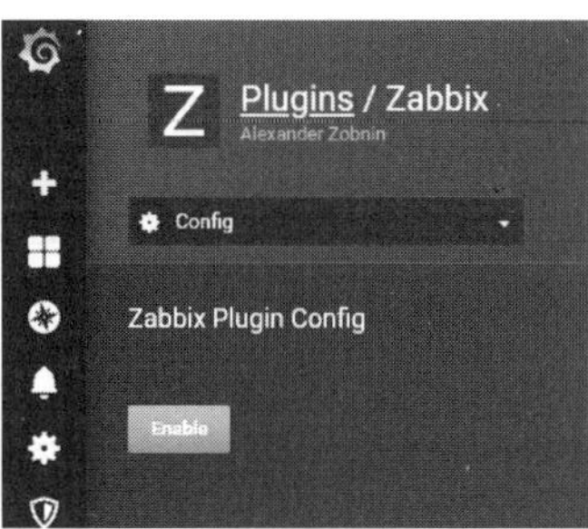

图 12.14　启用 Zabbix 插件

12.2.3　Grafana 数据源

接下来需要为 Grafana 添加 Zabbix 的数据源，可以通过 Zabbix 的数据库或 Zabbix API 为 Grafana 提供数据。单击配置图标，在弹出的快捷菜单中选择 Data Sources，选择 MySQL 数据库（或其他 Zabbix 存放数据的数据库类型）为数据源，如图 12.15 所示。

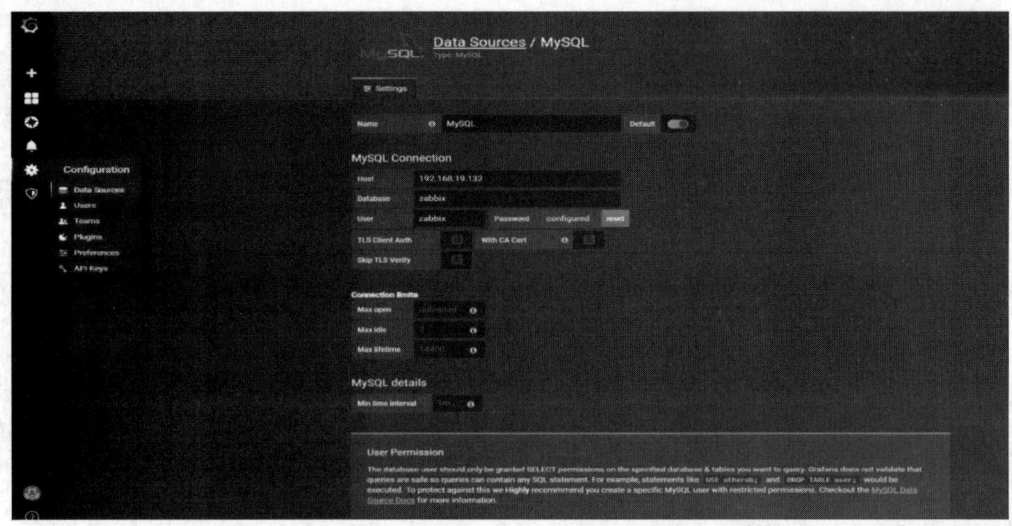

图 12.15　创建 MySQL 数据源界面

若选择 Zabbix，则将以 Zabbix API 为数据源。以数据库为数据源时，Grafana 直接与数据库建立连接，获取数据更快，由于 Grafana 执行 SQL 语句时不会校验其安全性，故需为 Grafana 单独建立一个只允许查询的用户；而以 Zabbix API 为数据源时，Grafana 通过 Zabbix API 与 Zabbix-Server 建立通信，数据由 Zabbix-Server 在数据库中查询并通过 API 传递给 Grafana。

图 12.16 所示为创建 Zabbix 数据源界面。HTTP URL 格式为：http://xxx/zabbix/api_jsonrpc.php，其中 xxx 处填写 Zabbix-Server IP 地址或域名；Zabbix API details Username/Password 填写 Zabbix 的用户名和密码，同样建议单独为 Grafana 创建 Zabbix 用户，由于当前 Zabbix 版本为 4.0，故 Zabbix version 选择 4.x；若要直连数据库，则 Direct DB Connection 参数中可以选择之前配置的 MySQL 数据源。

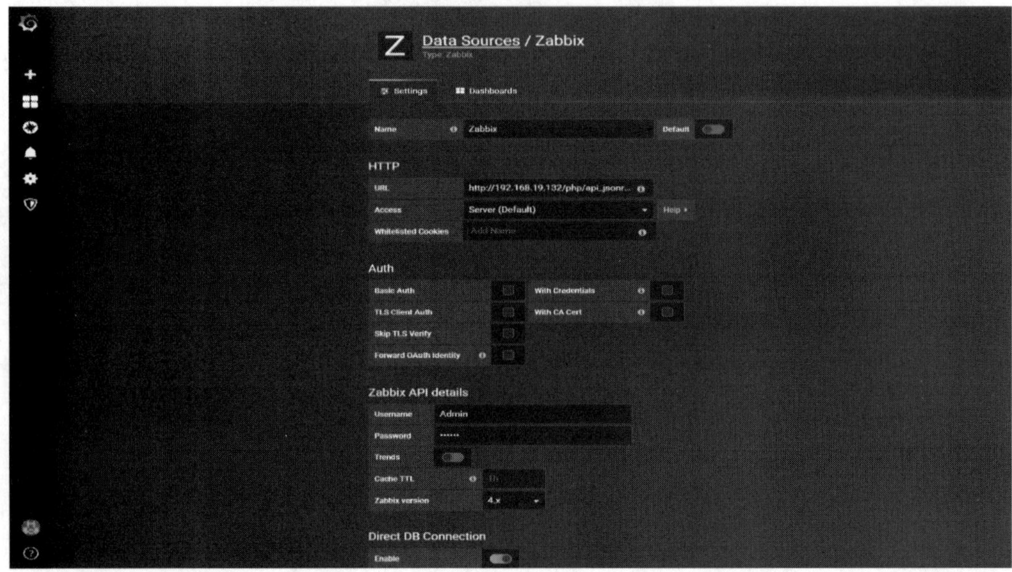

图 12.16　创建 Zabbix 数据源

创建成功后如图 12.17 所示。

图 12.17 创建 Zabbix 数据源成功

12.2.4 Grafana Dashboard

创建完数据源之后，需要创建仪表盘（Dashboard）来展示数据。与 Zabbix 的仪表盘类似，Grafana 的仪表盘也是一个容纳各种图形组件的集合，在仪表盘中可以自由构建布局，展示炫酷的图形组合界面，如图 12.18 所示。

（1）单击新建图标，在弹出的快捷菜单中选择 Dashboard 选项，或者单击主页图标→Home 菜单，单击 Home Dashboard 界面中央的 Create your first dashboard 按钮，进入仪表盘编辑界面，如图 12.19 所示。

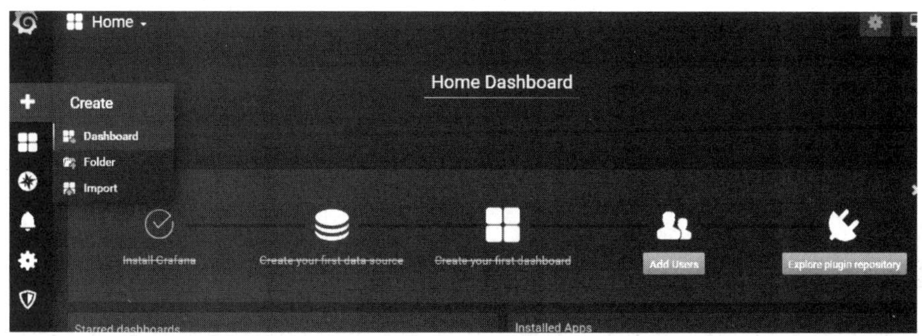

图 12.18 创建仪表盘

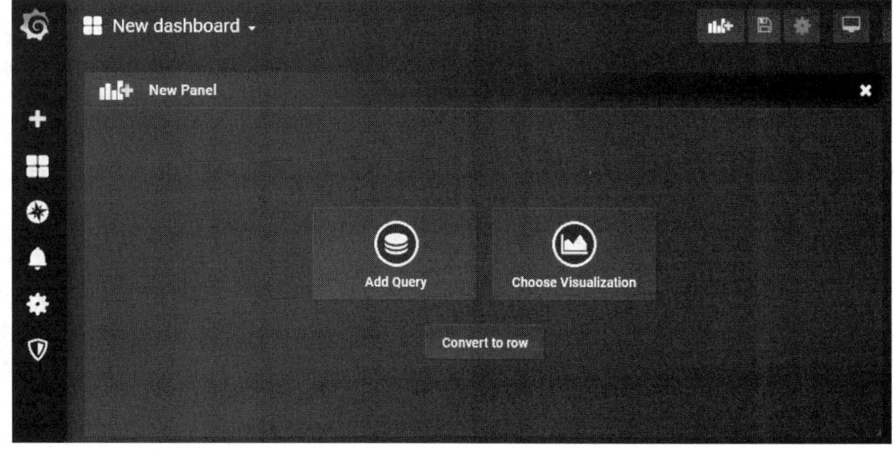

图 12.19 仪表盘编辑界面

（2）单击 Add Query 按钮，为当前面板添加数据查询指标，如图 12.20 所示。

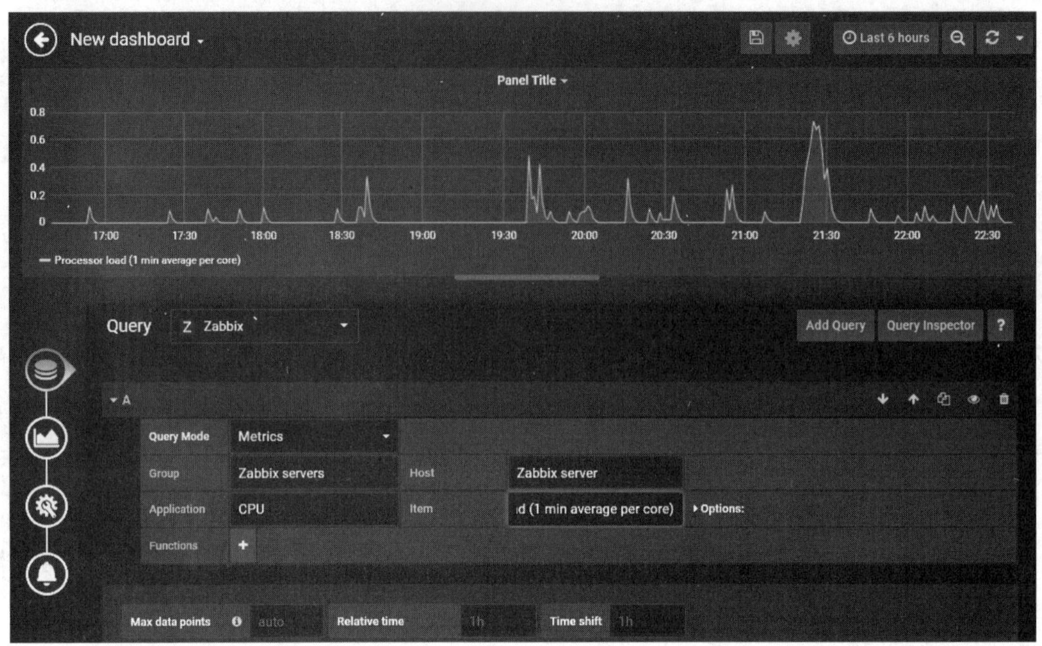

图 12.20　添加数据查询

（3）单击 Query 下拉框，在下拉菜单中可以选择数据源。在 Query Mode 下拉菜单中可以选择查询模式，在下方的文本框中填写查询条件后，即可在上方显示出数据图形。单击图形右下方的 Add Query 按钮可添加多个查询指标。

（4）单击 Visualization 图标，跳转到可视化界面，在该界面可以调整图形展示方式，如图 12.21 所示。

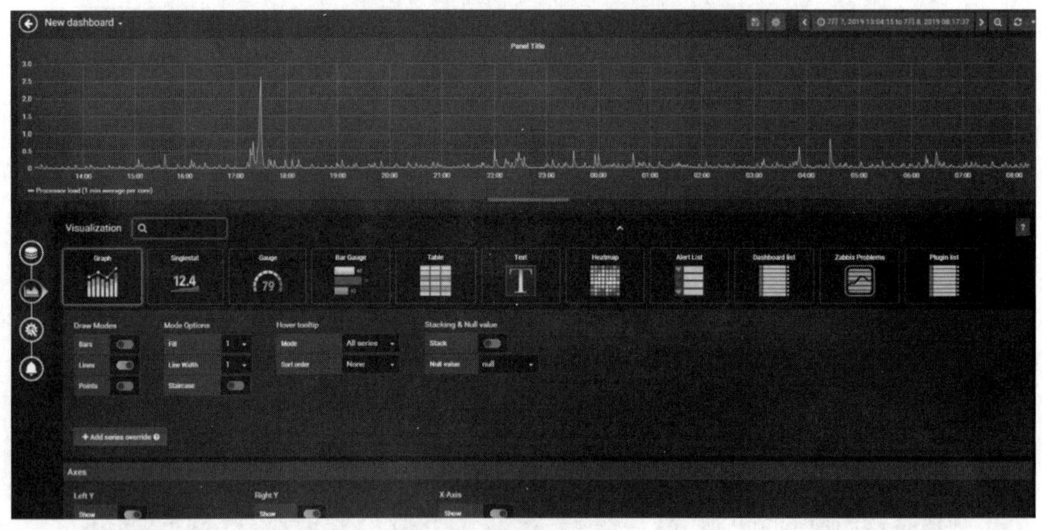

图 12.21　调整图形展示方式

（5）单击 General 图标添加其他通用配置，单击 Alert 图标添加 Grafana 报警（Zabbix 数据源不支持 Grafana 报警，MySQL、InfluxDB、ElasticSearch 等数据源支持 Grafana 报警）。

（6）单击 Save dashboard 保存配置。Zabbix 插件已经包含几个默认的 Dashboards，在 Zabbix 数据源界面切换至 Dashboards 选项卡，单击 import 按钮导入要启用的 Dashboard，如图 12.22 所示。

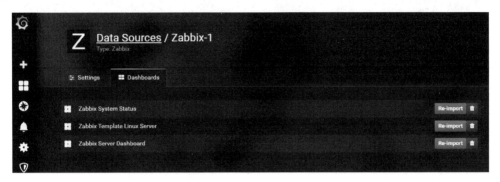

图 12.22　启用 Zabbix 插件自带 Dashboard

也可以在 Grafana 官网（https://grafana.com/grafana/dashboards）中查找并导入官方分享的其他 Dashboard，如图 12.23 所示。

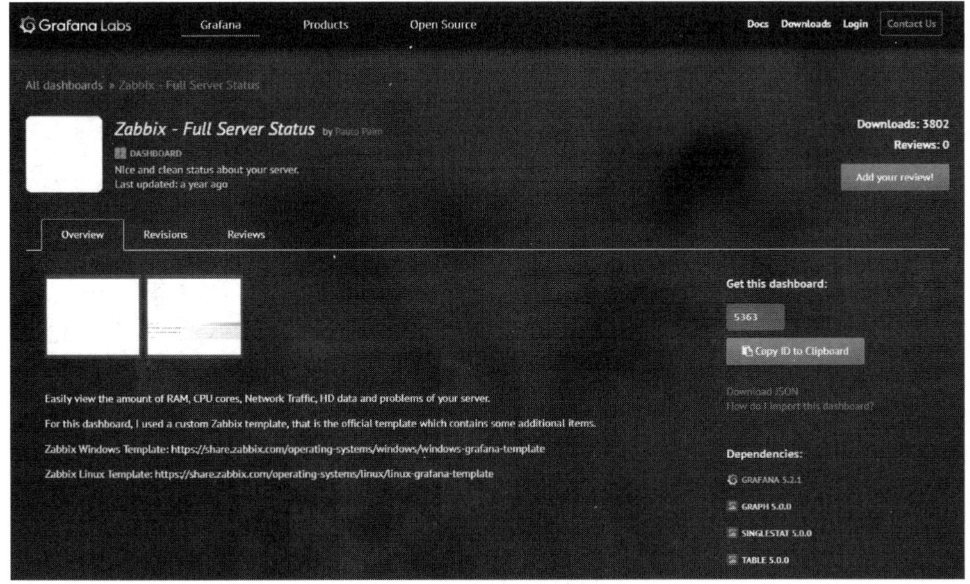

图 12.23　查找其他 Grafana Dashboard

依次单击新建图标■→Import 导入菜单，填入图 12.23 所示的 Dashboard ID，如图 12.24 所示。

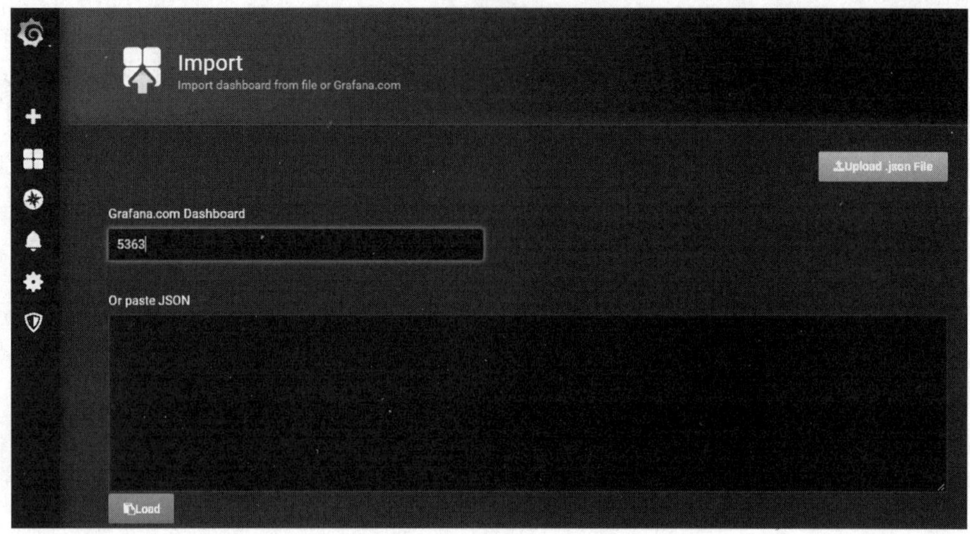

图 12.24　导入 Dashboard 界面

填入后在跳转界面中选择 Zabbix 数据源，单击 Import 按钮导入 Dashboard，如图 12.25 所示。

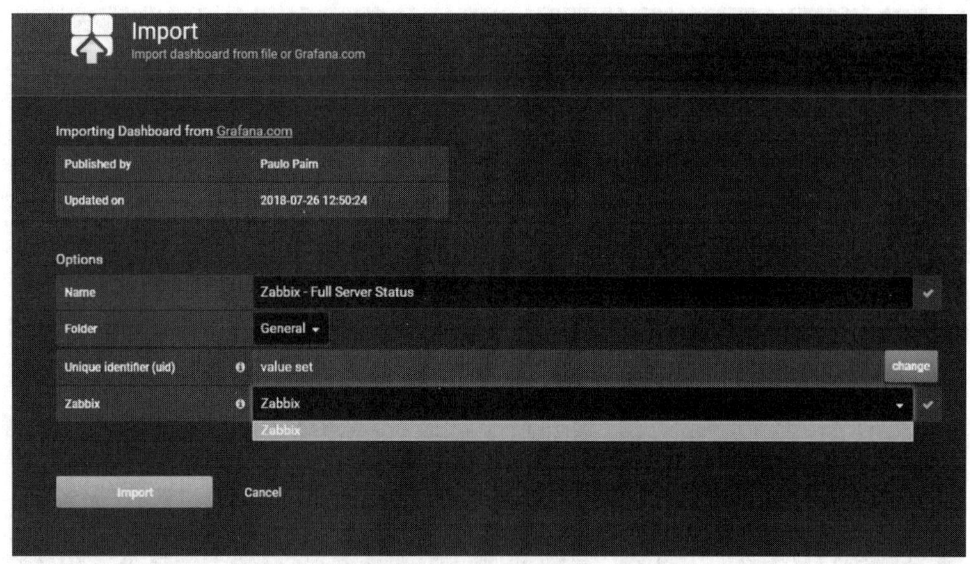

图 12.25　导入 Dashboard

对导入的 Dashboard 做一些调整与配置，就可以定制为自己专属的 Dashboard 了，如图 12.26 所示。

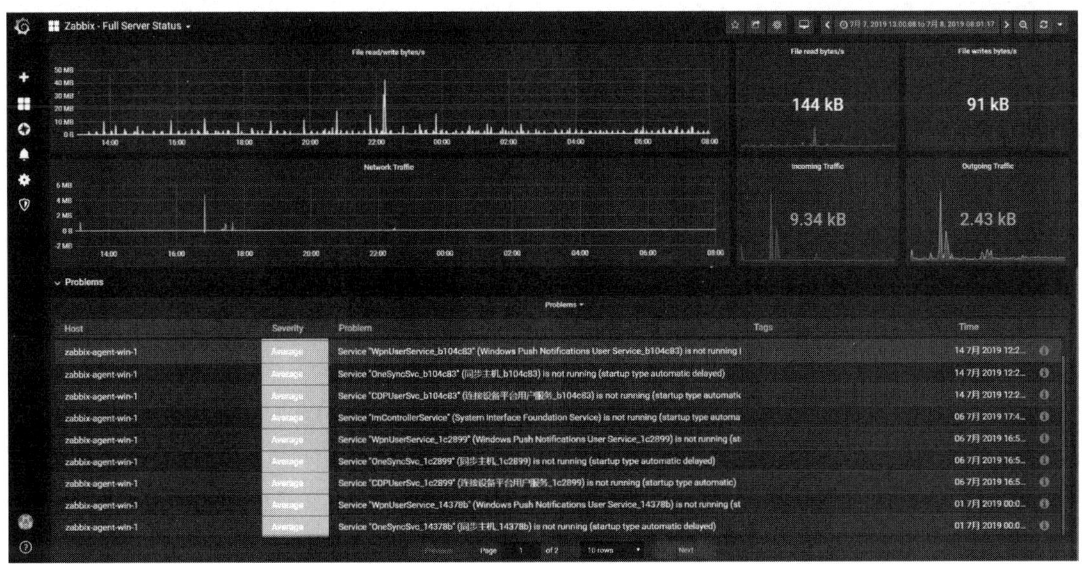

图 12.26　调整后的 Dashboard

第 13 章

◂Zabbix丰富的API▸

除了通过 Web 界面和直连数据库访问数据外，Zabbix 还提供了一套丰富的 API，可用于调用外部应用程序，从而定制更加灵活的Zabbix拓展工具（Zabbix Web也依赖于Zabbix API）。本章介绍 Zabbix API 的使用方法，并通过实例展示其调用过程。通过本章的学习，读者可以掌握更高级的 Zabbix 自定义方式，以应对更复杂的监控需求。

本章主要涉及的知识点有：

- Zabbix API 介绍
- Zabbix API 应用流程
- Zabbix API 方法与请求参数
- HTTP 调试工具介绍
- 编写代码（以 Python 为例）调用 Zabbix API

13.1 Zabbix API 介绍

在实际监控生产过程中，Zabbix 监控系统只是整套运维系统的一部分，仅仅依托 Zabbix 现有工具可能不能满足整套运维管理系统的需求。为了将监控系统与运维系统集成为一体，或者扩展更丰富的 Zabbix 周边功能，可在第三方程序中调用 Zabbix API，灵活操纵监控历史数据或配置。

Zabbix API 遵循 HTTP 协议，可通过 HTTP 请求进行数据通信，其数据采用 JSON 格式编码，所以数据的发送和接收都需要按照 JSON 格式来封装和解析。

Zabbix API 由许多相同类型的方法组成，如 host.create 和 item.create 都采用 create 方法创建主机或监控项。大多数 API 都包含 4 种方法：get、create、update 和 delete，分别用于查询、创建、更新和删除数据。

Zabbix API 访问入口在 api_jsonrpc.php 文件中，即若 Zabbix 前端访问 URL 为 http://company.com/zabbix，则调用 API时的URL为http://company.com/zabbix/api_jsonrpc.php。请求的 Content-Type 头部必须设置为以下值之一：application/json-rpc、application/json 或 application/jsonrequest，否则返回 412 错误码。用 HTTP 请求调用 apiinfo.version 方法如图 13.1 所示。

```
POST http://company.com/zabbix/api_jsonrpc.php HTTP/1.1

Content-Type: application/json-rpc

{"jsonrpc":"2.0","method":"apiinfo.version","id":1,"auth":null,"params"
:{}}
```

图 13.1　调用 apiinfo.version 方法的 HTTP 请求

13.2 Zabbix API 应用流程

通过 API 访问 Zabbix 的数据之前，首先需要通过 user.login 方法获取身份验证令牌。以 Admin 为用户名、zabbix 为密码的 JSON 登录请求对象如图 13.2 所示。

```
{
    "jsonrpc": "2.0",
    "method": "user.login",
    "params": {
        "user": "Admin",
        "password": "zabbix"
    },
    "id": 1,
    "auth": null
}
```

图 13.2　JSON 登录请求

在图 13.2 中，JSON 请求对象中包含以下属性：

- jsonrpc：API 使用的 JSON-RPC 协议的版本，Zabbix API 使用的 JSON-RPC 版本是 2.0。
- method：调用的 API 方法名。
- params：传递给 API 方法的参数。
- id：这个请求的标识符。
- auth：用户认证令牌，登录后由 Zabbix 分配的一条字符串，后续 API 请求都需要传入该字符串作为登录标识。发送登录请求时传入 auth 为 null。

返回的 JSON 响应对象如图 13.3 所示，响应对象中包含以下属性：

- jsonrpc：JSON-RPC 协议版本。
- result：响应返回的数据。
- id：响应对应于请求的标识符。

```
{
    "jsonrpc": "2.0",
    "result": "fc225628874c75967256041963c0dd6c",
    "id": 1
}
```

图 13.3　JSON 响应对象

图 13.3 中的 result 属性值“fc225628874c75967256041963c0dd6c”即为用户认证令牌，后续的 API 请求中需要传入该用户认证令牌。使用该令牌请求获取 Zabbix Server 主机信息的 JSON 请求对象如图 13.4 所示。

```
{
    "jsonrpc": "2.0",
    "method": "host.get",
    "params": {
        "filter": {
            "host": [
                "Zabbix server"
            ]
        }
    },
    "auth": "fc225628874c75967256041963c0dd6c",
    "id": 1
}
```

图 13.4　获取主机信息 JSON 请求对象

返回的结果如图 13.5 所示，result 属性返回主机信息，id 属性值为请求数据对象中的 id 值。

```
{
    "jsonrpc": "2.0",
    "result": [
        {
            "hostid": "10084",
            "proxy_hostid": "0",
            "host": "Zabbix server",
            "status": "0",
            "disable_until": "0",
            "error": "",
            "available": "1",
            "errors_from": "0",
            "lastaccess": "0",
            "ipmi_authtype": "-1",
            "ipmi_privilege": "2",
            "ipmi_username": "",
            "ipmi_password": "",
            "ipmi_disable_until": "0",
            "ipmi_available": "0",
            "snmp_disable_until": "0",
            "snmp_available": "0",
            "maintenanceid": "0",
            "maintenance_status": "0",
            "maintenance_type": "0",
            "maintenance_from": "0",
            "ipmi_errors_from": "0",
            "snmp_errors_from": "0",
            "ipmi_error": "",
            "snmp_error": "",
            "jmx_disable_until": "0",
            "jmx_available": "0",
            "jmx_errors_from": "0",
            "jmx_error": "",
            "name": "Zabbix server",
            "flags": "0",
            "templateid": "0",
            "description": "",
            "tls_connect": "1",
            "tls_accept": "1",
            "tls_issuer": "",
            "tls_subject": "",
            "tls_psk_identity": "",
            "tls_psk": "",
            "proxy_address": "",
            "auto_compress": "1"
        }
    ],
    "id": 6
}
```

图 13.5　Zabbix Server 主机信息返回结果

13.3 Zabbix API 方法与请求参数

Zabbix 提供的 API 接口相当丰富，常见的方法是 get、create、update、delete。Zabbix 操作对象名与这些基本方法拼接起来形成操作该对象的方法，如 host.get 表示获取主机的方法，item.create 表示创建新监控项的方法，这些方法名在 JSON 对象中将用作 method 的属性值。每个方法都需要传入该方法的请求参数，方法请求参数用作 JSON 对象中 params 的属性值，可在 Zabbix 官方文档（https://www.zabbix.com/documentation/4.0/manual/api）中查看方法接收哪些参数。

参数的数据类型决定参数属性值的格式，Zabbix API 支持的参数数据类型，如表 13.1 所示。

表 13.1　Zabbix API 支持的参数数据类型

数据类型	描　述
boolean	布尔类型，值只为 true 或 false
flag	如果值不为 null 和 false，就认为该值为 true
integer	整数
float	浮点数
string	字符串
text	长文本字符串
timestamp	UNIX 时间戳
array	数组
object	关联数组
query	定义返回的数据内容，可定义为返回指定属性的属性名称数组或 Extend/Count： Extend：返回所有对象属性； Count：返回查询到的记录数量，仅支持某些子查询

下面以 host.get、host.create 为例介绍 Zabbix API 参数的传入规则。

1. host.get

打开 Zabbix API 文档，查看 host.get 支持的参数，如图 13.6 所示（图中只显示表格的一部分，完整表格参考 Zabbix 官方文档。所有的 get 方法具有一些通用参数，通用参数可参考附录）。

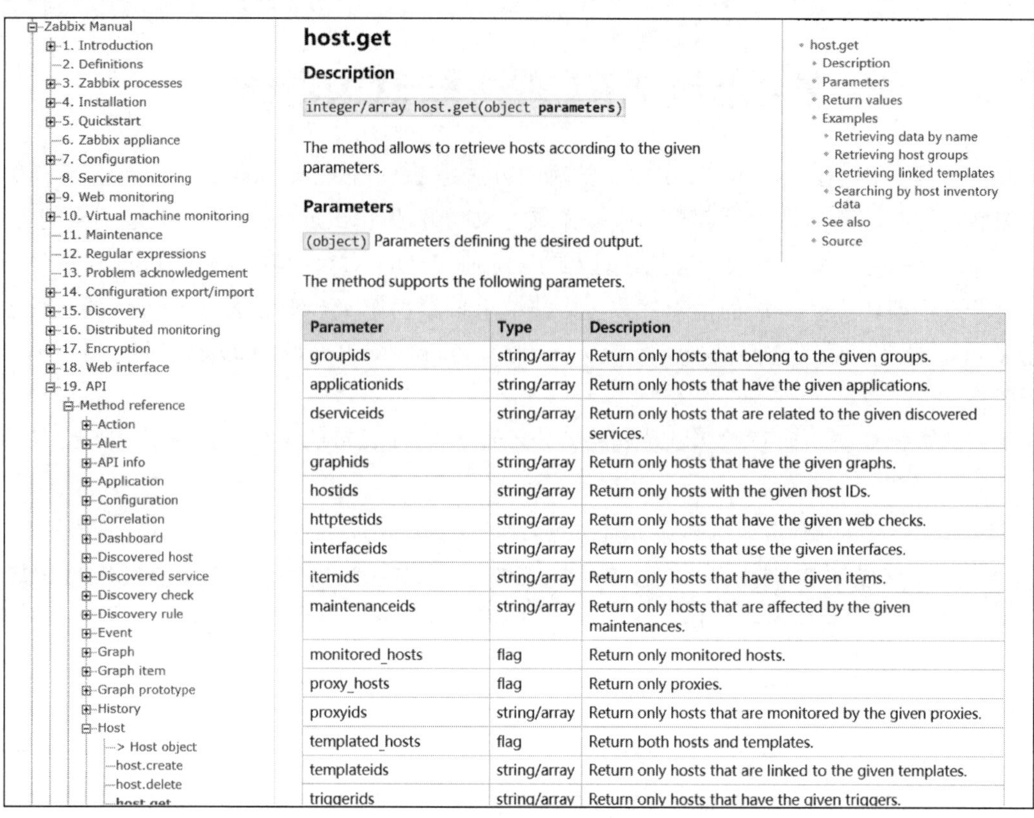

- Zabbix Manual
  - 1. Introduction
  - 2. Definitions
  - 3. Zabbix processes
  - 4. Installation
  - 5. Quickstart
  - 6. Zabbix appliance
  - 7. Configuration
  - 8. Service monitoring
  - 9. Web monitoring
  - 10. Virtual machine monitoring
  - 11. Maintenance
  - 12. Regular expressions
  - 13. Problem acknowledgement
  - 14. Configuration export/import
  - 15. Discovery
  - 16. Distributed monitoring
  - 17. Encryption
  - 18. Web interface
  - 19. API
    - Method reference
      - Action
      - Alert
      - API info
      - Application
      - Configuration
      - Correlation
      - Dashboard
      - Discovered host
      - Discovered service
      - Discovery check
      - Discovery rule
      - Event
      - Graph
      - Graph item
      - Graph prototype
      - History
      - Host
        - > Host object
        - host.create
        - host.delete
        - host.get

host.get

Description

`integer/array host.get(object parameters)`

The method allows to retrieve hosts according to the given parameters.

Parameters

`(object)` Parameters defining the desired output.

The method supports the following parameters.

Parameter	Type	Description
groupids	string/array	Return only hosts that belong to the given groups.
applicationids	string/array	Return only hosts that have the given applications.
dserviceids	string/array	Return only hosts that are related to the given discovered services.
graphids	string/array	Return only hosts that have the given graphs.
hostids	string/array	Return only hosts with the given host IDs.
httptestids	string/array	Return only hosts that have the given web checks.
interfaceids	string/array	Return only hosts that use the given interfaces.
itemids	string/array	Return only hosts that have the given items.
maintenanceids	string/array	Return only hosts that are affected by the given maintenances.
monitored_hosts	flag	Return only monitored hosts.
proxy_hosts	flag	Return only proxies.
proxyids	string/array	Return only hosts that are monitored by the given proxies.
templated_hosts	flag	Return both hosts and templates.
templateids	string/array	Return only hosts that are linked to the given templates.
triggerids	string/array	Return only hosts that have the given triggers.

- host.get
  - Description
  - Parameters
  - Return values
  - Examples
    - Retrieving data by name
    - Retrieving host groups
    - Retrieving linked templates
    - Searching by host inventory data
  - See also
  - Source

图 13.6 查看 host.get 文档

Host API 还包含一些 host 方法通用的参数，即 Host object 界面列出的参数，如图 13.7 所示。

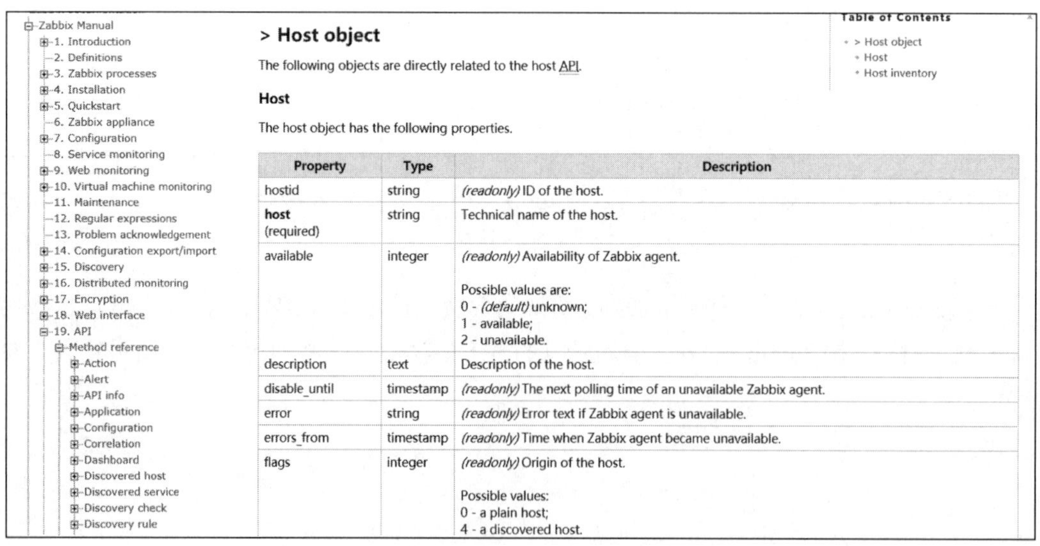

- Zabbix Manual
  - 1. Introduction
  - 2. Definitions
  - 3. Zabbix processes
  - 4. Installation
  - 5. Quickstart
  - 6. Zabbix appliance
  - 7. Configuration
  - 8. Service monitoring
  - 9. Web monitoring
  - 10. Virtual machine monitoring
  - 11. Maintenance
  - 12. Regular expressions
  - 13. Problem acknowledgement
  - 14. Configuration export/import
  - 15. Discovery
  - 16. Distributed monitoring
  - 17. Encryption
  - 18. Web interface
  - 19. API
    - Method reference
      - Action
      - Alert
      - API info
      - Application
      - Configuration
      - Correlation
      - Dashboard
      - Discovered host
      - Discovered service
      - Discovery check
      - Discovery rule

> Host object

The following objects are directly related to the host API.

Host

The host object has the following properties.

Property	Type	Description
hostid	string	*(readonly)* ID of the host.
host (required)	string	Technical name of the host.
available	integer	*(readonly)* Availability of Zabbix agent. Possible values are: 0 - *(default)* unknown; 1 - available; 2 - unavailable.
description	text	Description of the host.
disable_until	timestamp	*(readonly)* The next polling time of an unavailable Zabbix agent.
error	string	*(readonly)* Error text if Zabbix agent is unavailable.
errors_from	timestamp	*(readonly)* Time when Zabbix agent became unavailable.
flags	integer	*(readonly)* Origin of the host. Possible values: 0 - a plain host; 4 - a discovered host.

Table of Contents

- > Host object
  - Host
  - Host inventory

图 13.7 在 Host object 界面查看主机通用属性

根据文档介绍，为了查找主机名为 Zabbix server 的监控项信息，返回数据包含该主机的主机 ID、主机名，以及该主机所有监控项的监控项 ID、监控项名称和监控项键值。需要发送的 JSON 请求数据如图 13.8 所示。

```
{
    "jsonrpc": "2.0",
    "method": "host.get",
    "params": {
        "filter":{
            "host":"Zabbix server"
        },
        "output":["hostid", "host"],
        "selectItems":["itemid", "name", "key_"]
    },
    "auth": "a0e1304c3a9b5ccf92f31ce52d6b4488",
    "id": 1
}
```

图 13.8　JSON 请求数据

在图 13.8 中，JSON 对象中的 method 属性值为 host.get，调用 host.get 方法；params 属性值为一个嵌套的 JSON 对象；filter 属性值用于检索主机名为 Zabbix server 的主机信息，output 指定主机信息输入格式，只输出主机 ID 和主机名，selectItems 属性数据类型为 query，指定只输出该主机所有监控项的监控项 ID、监控项名称和监控项键值。返回的 JSON 响应数据如图 13.9 所示。

```
{
    "jsonrpc": "2.0",
    "result": [
        {
            "hostid": "10084",
            "host": "Zabbix server",
            "items": [
                {
                    "itemid": "23327",
                    "name": "Host name of zabbix_agentd running",
                    "key_": "agent.hostname"
                },
                {
                    "itemid": "23287",
                    "name": "Agent ping",
                    "key_": "agent.ping"
                },
                {
                    "itemid": "23288",
                    "name": "Version of zabbix_agent(d) running",
                    "key_": "agent.version"
                },
                {
                    "itemid": "23289",
                    "name": "Maximum number of opened files",
                    "key_": "kernel.maxfiles"
                },
                {
```

图 13.9　返回的 JSON 响应数据

2. host.create

打开 Zabbix API 文档，查看 host.create 支持的参数，如图 13.10 所示。

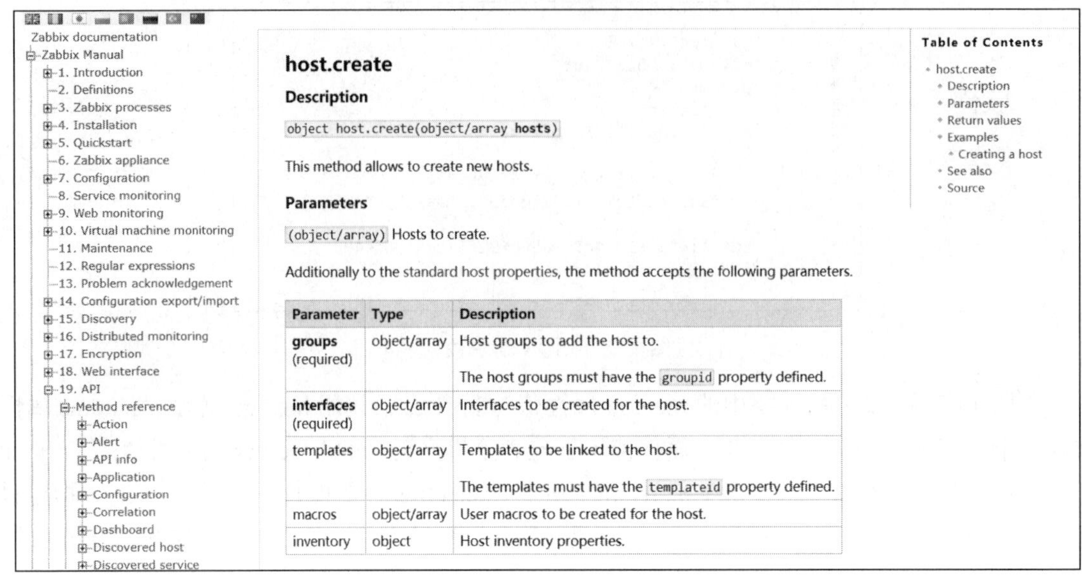

Zabbix documentation
Zabbix Manual
1. Introduction
2. Definitions
3. Zabbix processes
4. Installation
5. Quickstart
6. Zabbix appliance
7. Configuration
8. Service monitoring
9. Web monitoring
10. Virtual machine monitoring
11. Maintenance
12. Regular expressions
13. Problem acknowledgement
14. Configuration export/import
15. Discovery
16. Distributed monitoring
17. Encryption
18. Web interface
19. API
Method reference
Action
Alert
API info
Application
Configuration
Correlation
Dashboard
Discovered host
Discovered service

host.create

Description

`object host.create(object/array hosts)`

This method allows to create new hosts.

Parameters

`(object/array)` Hosts to create.

Additionally to the standard host properties, the method accepts the following parameters.

Parameter	Type	Description
groups (required)	object/array	Host groups to add the host to. The host groups must have the `groupid` property defined.
interfaces (required)	object/array	Interfaces to be created for the host.
templates	object/array	Templates to be linked to the host. The templates must have the `templateid` property defined.
macros	object/array	User macros to be created for the host.
inventory	object	Host inventory properties.

Table of Contents
- host.create
  - Description
  - Parameters
  - Return values
  - Examples
    - Creating a host
  - See also
  - Source

图 13.10　查看 host.create 文档

除了该界面显示的参数外，host.create 还接收 Host object 界面列出的通用主机参数，参数名下方标识 required 表示请求参数中必须发送该参数值。根据文档介绍，创建主机的 JSON 请求数据如图 13.11 所示。

```
{
    "jsonrpc": "2.0",
    "method": "host.create",
    "params": {
        "host": "Linux Zabbix Agent",
        "interfaces": [
            {
                "type": 1,
                "main": 1,
                "useip": 1,
                "ip": "192.168.19.134",
                "dns": "",
                "port": "10050"
            }
        ],
        "groups": [
            {
                "groupid": "15"
            }
        ],
        "templates": [
            {
                "templateid": "10001"
            }
        ]
    },
    "auth": "a0e1304c3a9b5ccf92f31ce52d6b4488",
    "id": 2
}

```

图 13.11　调用 host.create 创建 host

在 params 属性值中，host 指定主机名为 Linux Zabbix Agent，interfaces 指定该主机接口，主机接口中参数的含义需要参考 Host interface 相关文档（见图 13.12），groups 指定该主机隶属的主机组，templates 指定该主机要链接的模板。

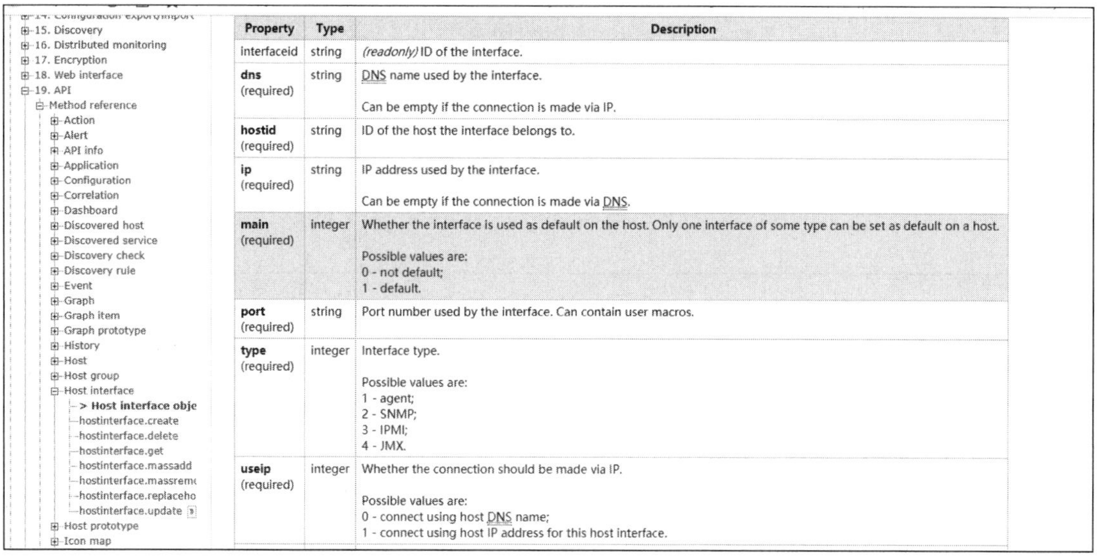

Property	Type	Description
interfaceid	string	*(readonly)* ID of the interface.
dns (required)	string	DNS name used by the interface. Can be empty if the connection is made via IP.
hostid (required)	string	ID of the host the interface belongs to.
ip (required)	string	IP address used by the interface. Can be empty if the connection is made via DNS.
main (required)	integer	Whether the interface is used as default on the host. Only one interface of some type can be set as default on a host. Possible values are: 0 - not default; 1 - default.
port (required)	string	Port number used by the interface. Can contain user macros.
type (required)	integer	Interface type. Possible values are: 1 - agent; 2 - SNMP; 3 - IPMI; 4 - JMX.
useip (required)	integer	Whether the connection should be made via IP. Possible values are: 0 - connect using host DNS name; 1 - connect using host IP address for this host interface.

图 13.12 Host interface 文档

返回的 JSON 响应数据如图 13.13 所示。

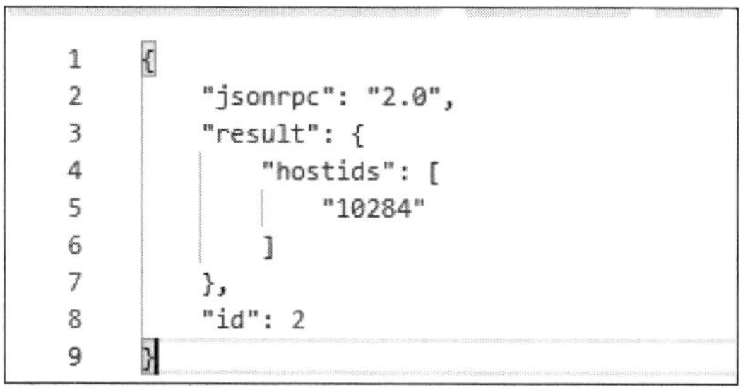

```
{
    "jsonrpc": "2.0",
    "result": {
        "hostids": [
            "10284"
        ]
    },
    "id": 2
}
```

图 13.13 返回的 JSON 响应数据

返回的 hostids 属性值表示主机创建成功，主机 id 为 10284。

13.4 HTTP 调试工具介绍

为了测试 Zabbix API，需要使用 HTTP 调试工具模拟发送和接收数据，常见的调试工具有 Postman、curl。

模拟 HTTP 请求是 Postman 基础的使用方式，Postman 主界面如图 13.14 所示。

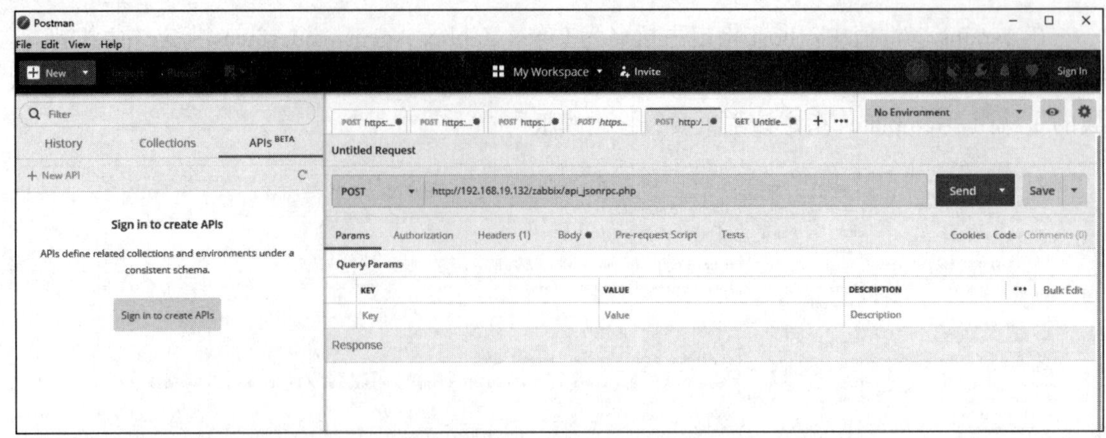

图 13.14　Postman 主界面

在标签页中将 HTTP 请求方法替换为 POST，在 URL 输入框中输入 Zabbix API 的 URL：http://company.com/zabbix/api_jsonrpc.php；切换至 Body 选项卡，选择 raw 单选按钮；单击右侧的下拉菜单，选择 HTTP 请求首部 Content-Type 为 JSON(application/json)；在下方的文本框中输入查询主机信息 JSON 数据，单击 Send 按钮即可得到响应数据，如图 13.15 所示。

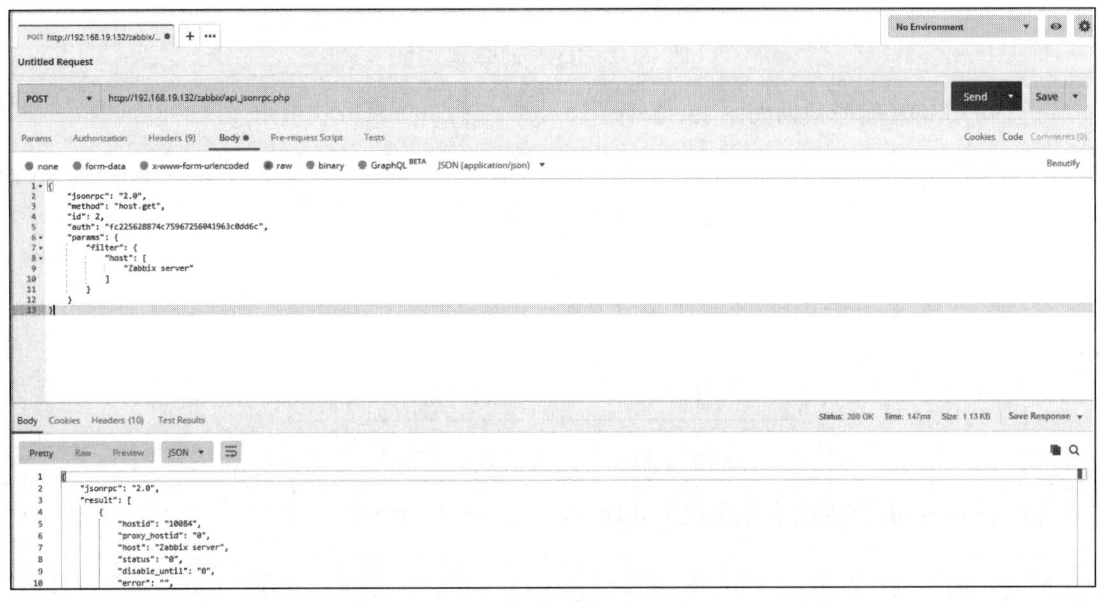

图 13.15　Postman 模拟请求 Zabbix API

Zabbix 爱好者在 GitHub 上分享了在 Web 界面中在线测试 Zabbix API 的工具 ZAPIX，ZAPIX 页面链接为 http://monitoringartist.github.io/zapix/。在浏览器中填写这个 URL 并跳转到 ZAPIX 主界面，如图 13.16 所示。

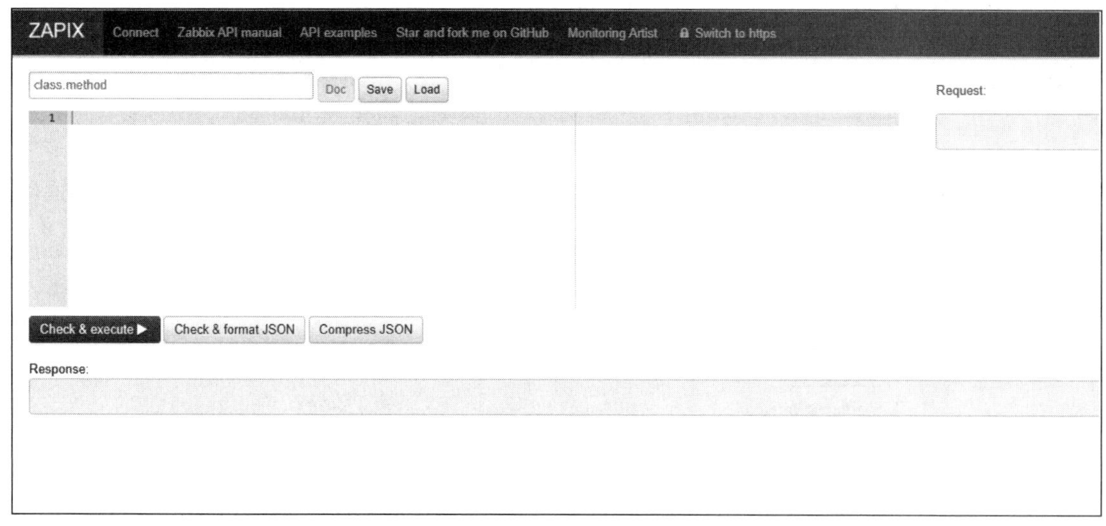

图 13.16　ZAPIX 主界面

单击 Connect 菜单栏按钮，弹出连接窗口，如图 13.17 所示。

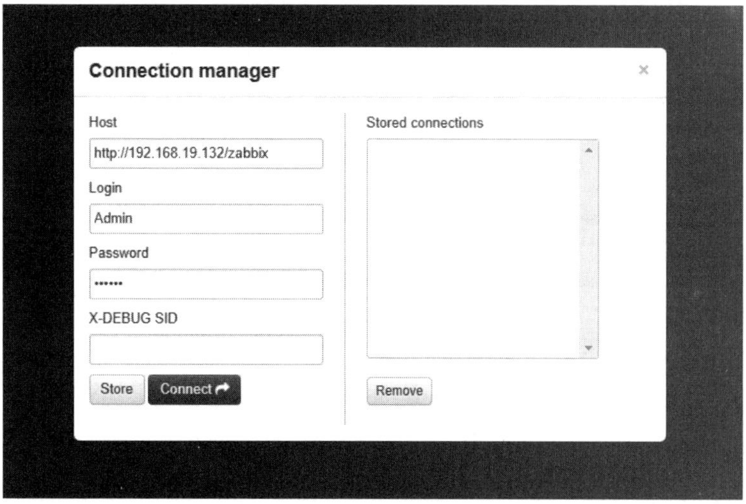

图 13.17　连接窗口

输入 Zabbix 地址、登录名及密码，单击 Store 按钮，保存登录信息；单击 Connect 按钮，若窗口消失且在 Response 文本框中显示如图 13.18 所示的内容，则表示登录成功。

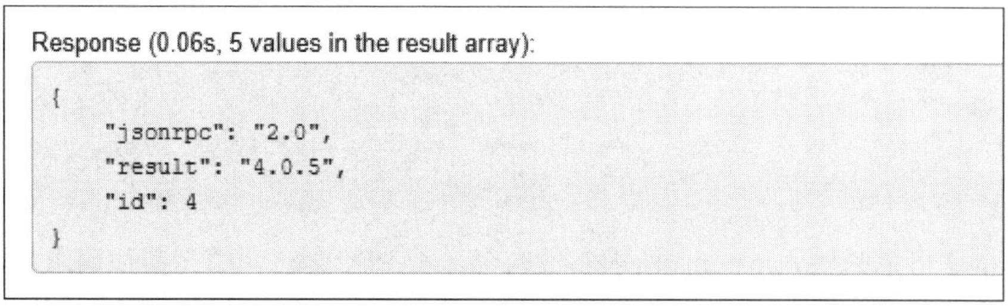

Response (0.06s, 5 values in the result array):

```
{
    "jsonrpc": "2.0",
    "result": "4.0.5",
    "id": 4
}
```

图 13.18　ZAPIX 连接 API 成功

在 class.method 文本框中输入 API 方法名，如图 13.19 所示，ZAPIX 会自动检索方法名并填入。

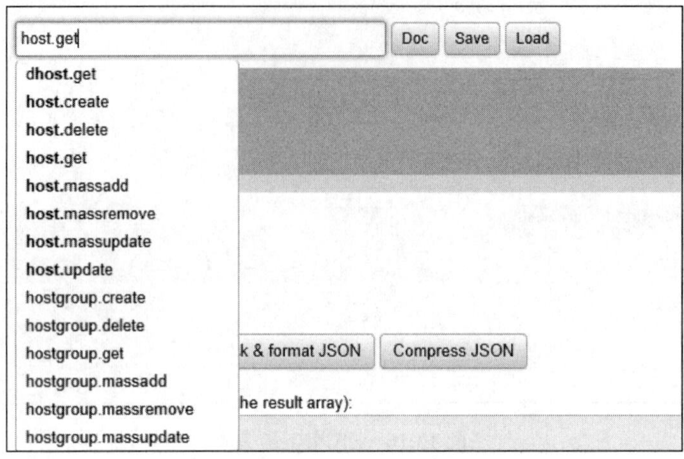

图 13.19　ZAPIX 自动检索方法名

单击 Doc 按钮可以查看该 API 方法的调用方式，如图 13.20 所示。

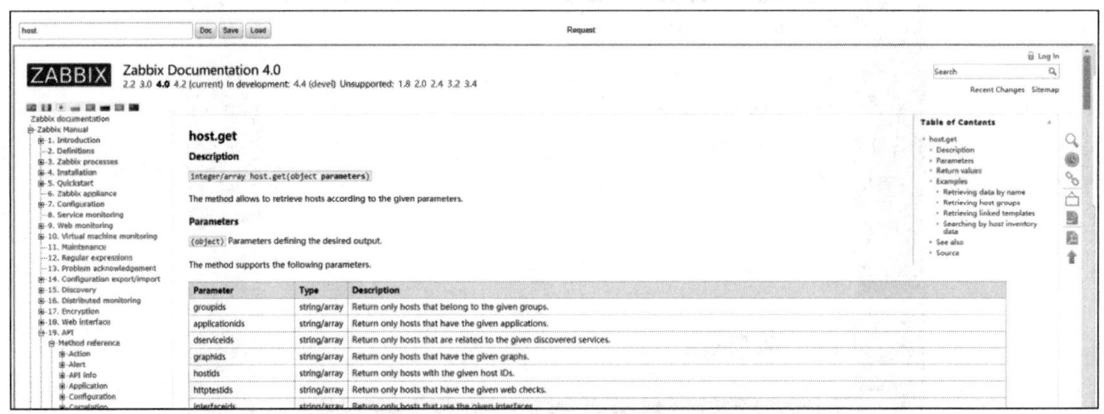

图 13.20　在 ZAPIX 中查找 API 方法调用方式

再次单击 Doc 按钮返回主界面，在文本框中输入以下内容，用于获取所有主机的主机 ID 和主机名：

```
{
    "output": [
        "hostid",
        "host"
    ]
}
```

在文本框中可以只输入 params 请求参数内容，ZAPIX 会自动填充其他请求参数，并将完整的 JSON 请求数据显示在 Request 文本框中，如图 13.21 所示。

Request:

```
{"jsonrpc":"2.0","method":"host.get","id":6,"auth":"ad8cc566671bb3debe7c7b9789db7154","params":{"output":["hostid","host"]}}
```

图 13.21 Request 文本框

单击 Check & format JSON 按钮，ZAPIX 会检查文本框中的 JSON 格式，显示错误信息或重排数据格式。单击 Check & execute 按钮发送 API 调用请求，在 Response 文本框中显示返回的数据，如图 13.22 所示。

Response (0.075s, 4 values in the result array):

```
{
    "jsonrpc": "2.0",
    "result": [
        {
            "hostid": "10084",
            "host": "Zabbix server"
        },
        {
            "hostid": "10266",
            "host": "192.168.19.1"
        },
        {
            "hostid": "10279",
            "host": "192.168.19.131"
        },
        {
            "hostid": "10283",
            "host": "192.168.19.131-agent"
        }
    ],
    "id": 7
}
```

图 13.22 Response 文本框

13.5 利用 Python 调用 Zabbix API

掌握了 Zabbix API 的调用方法，就可以在 HTTP 调试工具的辅助下编写自定义程序了。本节以 Python 为例，调用 Zabbix API 在主机 192.168.19.1 中创建监控项，用以监控该主机中的进程数目。

导入 Python 模块，urllib 是 Python 进行 HTTP 请求的内置模块，代码如下：

```
# 导入模块
import urllib.request
import urllib.response
```

```
import urllib.parse
import json
```

编写 ZabbixReqData 类，用于整合 Zabbix 请求数据，代码如下。ZabbixReqData 初始化后将 Zabbix 请求数据封装在 data 字典中；request_id 记录请求 ID，并在每次请求后累加 1；add_param 用于在 data 中添加新的请求参数。

```
class ZabbixReqData:
    request_id = 1
    def __init__(self, method, params={}, auth=None, jsonrpc="2.0"):
        self.data = dict(jsonrpc=jsonrpc, method=method, params=params,
id=ZabbixReqData.request_id, auth=auth)
        ZabbixReqData.request_id += 1

    def get_id(self):
        return int(self.data["id"])

    def add_param(self, param_key, param_value):
        self.data["params"][param_key] = param_value

    def json_dump(self):
        return json.dumps(self.data).encode()
```

编写 ZabbixRspError 类，在 Zabbix 返回数据有误时抛出异常：

```
class ZabbixRspError(Exception):
    def __str__(self):
        return "code:%d, message:%s, data:%s" % (self.code, self.message,
self.data)

    def __init__(self, code, message, data):
        self.code = code
        self.message = message
        self.data = data
```

编写 ZabbixApi 类，该类实现对 Zabbix API 的直接调用。ZabbixApi 接收 URL、用户名、用户密码 3 个参数（URL 只需传入类似 http://192.168.19.132/zabbix 的字符串）并调用 login 登录 Zabbix，结束后调用 logout 登出 Zabbix；request_data 发送请求数据并返回响应结果；query_host 为 API 请求中添加相应的参数（参数 host 应传入该主机的实际名称而不是可见的名称），调用 request_data 发送请求数据并返回响应结果，query_application、query_host_interface、add_item 与 query_host 类似。

```
class ZabbixApi:
    def __init__(self, url="", username="", password=""):
        if url != "":
```

```
        self.url = url + "/api_jsonrpc.php"
        self.header = {"Content-Type": "application/json"}
        self.user = username
        self.passwd = password
        self.auth = ""
        self.login()

    def __del__(self):
        self.logout()

    def request_data(self, data):
        assert isinstance(data, ZabbixReqData)
        req = urllib.request.Request(url=self.url, data=data.json_dump(),
headers=self.header)
        response = urllib.request.urlopen(url=req)
        jsonobj = json.loads(response.read())
        response_data = dict(jsonobj)
        if response_data.__contains__("error"):
            error = response_data["error"]
            raise ZabbixRspError(code=error["code"], message=error["message"],
data=error["data"])

        assert data.get_id() == response_data["id"]
        assert data.data["jsonrpc"] == response_data["jsonrpc"]
        assert response_data.__contains__("result")
        return response_data["result"]

    def login(self):
        request_data = ZabbixReqData(method="user.login")
        request_data.add_param("user", self.user)
        request_data.add_param("password", self.passwd)

        self.auth = self.request_data(request_data)

    def logout(self):
        request_data = ZabbixReqData(method="user.logout", params={},
auth=self.auth)
        self.request_data(request_data)

    def query_host(self, host_name):
        request_data = ZabbixReqData(method="host.get", params={},
auth=self.auth)
        qryfilter = dict(host=[host_name])
```

```
        request_data.add_param("filter", qryfilter)
        res = self.request_data(request_data)

        if len(res) == 0:
            raise ZabbixRspError(code=0, message="Can't find host",
data=host_name)
        return res

    def query_application(self, host_id, application_name):
        params = dict(output="extend", hostids=host_id,
filter=dict(name=[application_name]))
        request_data = ZabbixReqData(method="application.get", params=params,
auth=self.auth)
        res = self.request_data(request_data)
        if len(res) == 0:
            raise ZabbixRspError(code=1, message="Can\'t find application",
data=application_name)
        return res

    def query_host_interface(self, host_id):
        params = dict(output="extend", hostids=host_id)
        request_data = ZabbixReqData(method="hostinterface.get", params=params,
auth=self.auth)
        res = self.request_data(request_data)
        if len(res) == 0:
            raise ZabbixRspError(code=2, message="Can\'t find host interface",
data="hostid:%s" % host_id)
        return res

    def add_item(self, hostname, item_name, item_key_):
        host_res = self.query_host(hostname)[0]
        app_res = self.query_application(host_res["hostid"], "Processes")[0]
        interface_res = self.query_host_interface(host_res["hostid"])[0]

        request_data = ZabbixReqData(method="item.create", auth=self.auth)
        request_data.add_param("name", item_name)
        request_data.add_param("key_", item_key_)
        request_data.add_param("hostid", host_res["hostid"])
        request_data.add_param("type", 7)
        request_data.add_param("value_type", 3)
        request_data.add_param("interfaceid", interface_res["interfaceid"])
        request_data.add_param("applications", [app_res["applicationid"]])
        request_data.add_param("delay", 30)
```

```
        return self.request_data(request_data)
```

main 函数如下：

```
    if __name__ == "__main__":
        zabbix_url = "http://192.168.19.132/zabbix"
        zabbix_user = "Admin"
        zabbix_password = "zabbix"
        zabbix_api = ZabbixApi(zabbix_url, zabbix_user, zabbix_password)
        item_create_rsp = zabbix_api.add_item("192.168.19.1", "Number of cmd.exe",
"proc.num[cmd.exe,]")
        print("item_created:%s" % item_create_rsp["itemids"])
```

运行 Python 程序，输出内容如图 13.23 所示，表示监控项已经创建成功，该监控项 ID 为 29620。

item_create:['29620']
PS G:\work\code\python\zabbix_doc>

图 13.23　输出结果

在 Web 界面中查看监控项添加结果，如图 13.24 所示。

Wizard	名称	触发器	键值	间隔	历史记录	趋势	类型▼	应用集	状态
...	Number of cmd.exe		proc.num[cmd.exe,]	30	90d	365d	Zabbix客户端(主动式)	Processes	已启用

图 13.24　Web 界面中查看结果

第 14 章

◀ 性能优化 ▶

在实际生产环境中，Zabbix 可能会监控数千台设备，如果监控设备数量和监控指标过多，就会为 Zabbix 带来性能上的问题。本章将分析影响 Zabbix 性能的原因，并提供优化性能的解决方案与建议。

本章主要涉及的知识点有：

- Zabbix 性能指标
- Zabbix 配置参数优化

14.1 Zabbix 性能指标

Zabbix 性能下降时可能会有以下状况出现：

- 前端 Web 页面响应缓慢，经常卡顿。
- 使用 API 访问 Zabbix 延迟较大。
- Zabbix 队列中滞留过多的监控项，单击“管理”→“队列”可以查看 Zabbix 队列，如图 14.1 所示。
- 网络良好的情况下，图形容易断图，部分监控数据丢失，数据获取时间不规律。
- Zabbix 服务器频繁报警。

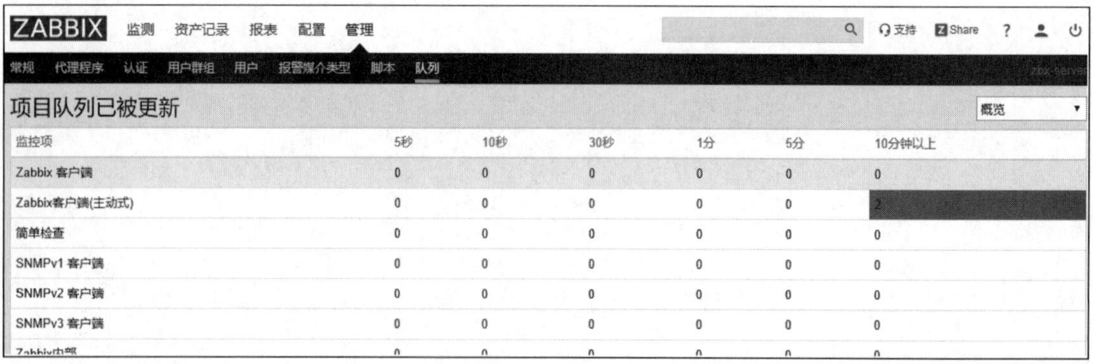

ZABBIX 监测 资产记录 报表 配置 管理 支持 Share

常规 代理程序 认证 用户群组 用户 报警媒介类型 脚本 队列

项目队列已被更新 概览

监控项	5秒	10秒	30秒	1分	5分	10分钟以上
Zabbix 客户端	0	0	0	0	0	0
Zabbix客户端(主动式)	0	0	0	0	0	2
简单检查	0	0	0	0	0	0
SNMPv1 客户端	0	0	0	0	0	0
SNMPv2 客户端	0	0	0	0	0	0
SNMPv3 客户端	0	0	0	0	0	0
Zabbix内部	0	0	0	0	0	0

图 14.1　查看队列

Zabbix 自带一套 Template App Zabbix Server 模板，用于对 Zabbix-Server 的性能进行监控。

Template App Zabbix Server 模板监控项如图 14.2 所示。

监控项　　创建监控项

所有模板 / Template App Zabbix Server　应用集 1　监控项 42　触发器 31　图形 6　聚合图形 1　自动发现规则　Web 场景　　过滤器

	Wizard	名称▼	触发器	键值	间隔	历史记录	趋势	类型	应用集	状态
	•••	Zabbix vmware cache, % used	触发器 1	zabbix[vmware,buffer,pused]	1m	1w	365d	Zabbix内部	Zabbix server	已启用
	•••	Zabbix value cache operating mode	触发器 1	zabbix[vcache,cache,mode]	1m	1w	365d	Zabbix内部	Zabbix server	已启用
	•••	Zabbix value cache misses		zabbix[vcache,cache,misses]	1m	1w	365d	Zabbix内部	Zabbix server	已启用
	•••	Zabbix value cache hits		zabbix[vcache,cache,hits]	1m	1w	365d	Zabbix内部	Zabbix server	已启用
	•••	Zabbix value cache, % used	触发器 1	zabbix[vcache,buffer,pused]	1m	1w	365d	Zabbix内部	Zabbix server	已启用
	•••	Zabbix trend write cache, % used	触发器 1	zabbix[wcache,trend,pused]	1m	1w	365d	Zabbix内部	Zabbix server	已启用
	•••	Zabbix queue over 10 minutes	触发器 1	zabbix[queue,10m]	10m	1w	365d	Zabbix内部	Zabbix server	已启用
	•••	Zabbix queue		zabbix[queue]	1m	1w	365d	Zabbix内部	Zabbix server	已启用
	•••	Zabbix preprocessing queue		zabbix[preprocessing_queue]	1m	1w	365d	Zabbix内部	Zabbix server	已启用
	•••	Zabbix history write cache, % used	触发器 1	zabbix[wcache,history,pused]	1m	1w	365d	Zabbix内部	Zabbix server	已启用

图 14.2　Template App Zabbix Server 模板监控项

Template App Zabbix Server 模板中大部分监控项用来监控 zabbix_server 相关进程及缓存状况。若这些监控项的触发器被触发，则可以通过修改 zabbix_server.conf 配置文件中的参数来取消报警。

Zabbix 自身性能还可以通过每秒处理的监控项数据和等待队列的相关指标来判断，高性能的 Zabbix 每秒处理的监控项数据多，而等待队列数量少。图 14.3 所示为 Zabbix 每秒处理监控项数据的数量图形。

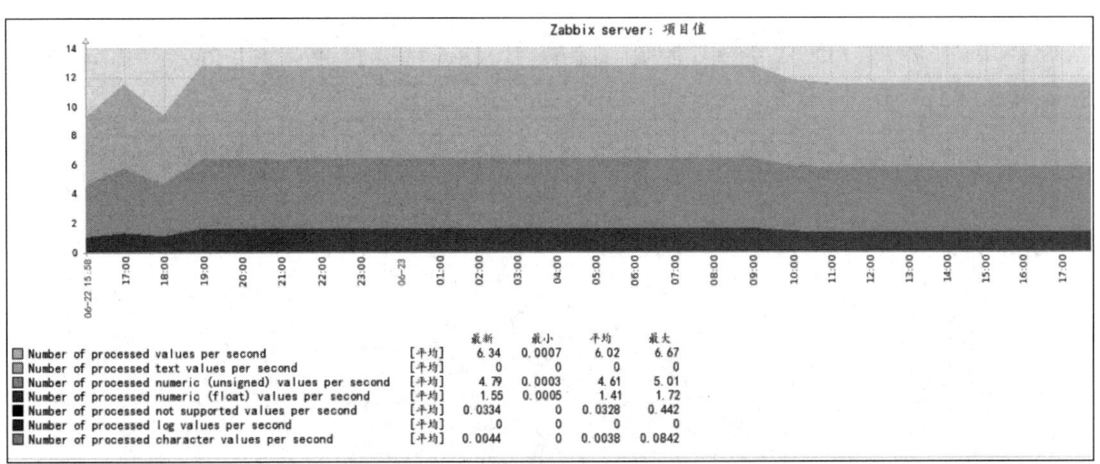

图 14.3　Zabbix 每秒处理监控项数据的数量图形

图 14.4 所示为 Zabbix 监控项数据等待队列图形，数值越高表示暂存的监控项越多，Zabbix-Server 压力越大。

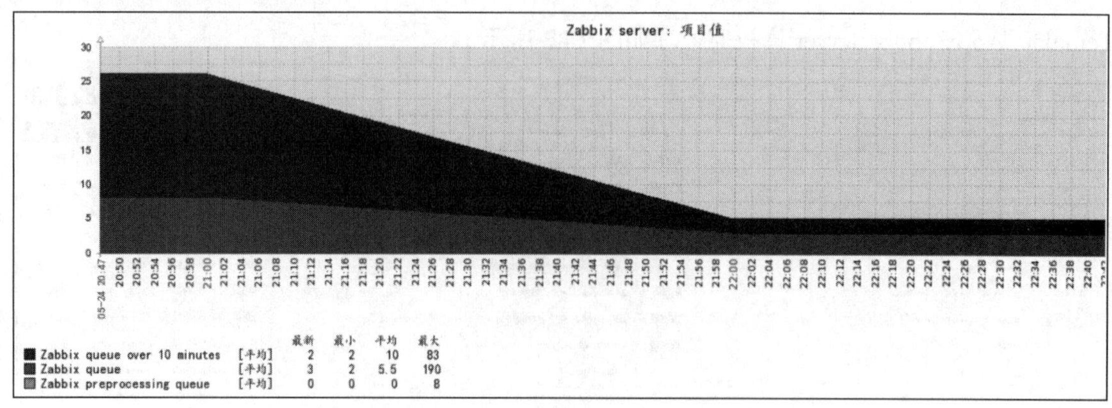

图 14.4 Zabbix 监控项等待队列图形

14.2 Zabbix 配置参数优化

我们可以适当修改 Zabbix 参数来获得更佳的性能。

在 Zabbix 配置文件中可以查看 Zabbix 启动进程数量，每个进程都会增加系统开销。在 zabbix_server.conf 中可以配置 zabbix_server 启动的进程数，如图 14.5 所示。

```
############ ADVANCED PARAMETERS ################

### Option: StartPollers
#       Number of pre-forked instances of pollers.
#
# Mandatory: no
# Range: 0-1000
# Default:
# StartPollers=5

### Option: StartIPMIPollers
#       Number of pre-forked instances of IPMI pollers.
#       The IPMI manager process is automatically started when at least one IPMI poller is started.
#
# Mandatory: no
# Range: 0-1000
# Default:
# StartIPMIPollers=0

### Option: StartPreprocessors
#       Number of pre-forked instances of preprocessing workers.
#       The preprocessing manager process is automatically started when preprocessor worker is started.
#
# Mandatory: no
# Range: 1-1000
# Default:
# StartPreprocessors=3

### Option: StartPollersUnreachable
#       Number of pre-forked instances of pollers for unreachable hosts (including IPMI and Java).
#       At least one poller for unreachable hosts must be running if regular, IPMI or Java pollers
#       are started.
#
# Mandatory: no
# Range: 0-1000
# Default:
# StartPollersUnreachable=1

### Option: StartTrappers
#       Number of pre-forked instances of trappers.
#       Trappers accept incoming connections from Zabbix sender, active agents and active proxies.
#       At least one trapper process must be running to display server availability and view queue
#       in the frontend.
#
# Mandatory: no
# Range: 0-1000
# Default:
```

图 14.5 配置 zabbix_server 启动进程数

如图 14.6 所示，zabbix_server 启动后会在日志中记录各进程启动情况，也可以使用 ps 命令查看进程运行状况。

```
2405:20190526:134139.446 server #0 started [main process]
2514:20190526:134139.450 server #2 started [alerter #1]
2513:20190526:134139.451 server #1 started [configuration syncer #1]
2516:20190526:134139.453 server #4 started [alerter #3]
2515:20190526:134139.454 server #3 started [alerter #2]
2522:20190526:134139.458 server #10 started [history syncer #2]
2523:20190526:134139.459 server #11 started [history syncer #3]
2521:20190526:134139.459 server #9 started [history syncer #1]
2524:20190526:134139.460 server #12 started [history syncer #4]
2520:20190526:134139.461 server #8 started [discoverer #1]
2528:20190526:134139.462 server #16 started [task manager #1]
2533:20190526:134139.486 server #17 started [poller #1]
2534:20190526:134139.487 server #18 started [poller #2]
2535:20190526:134139.489 server #19 started [poller #3]
2536:20190526:134139.490 server #20 started [poller #4]
2538:20190526:134139.491 server #22 started [unreachable poller #1]
2537:20190526:134139.493 server #21 started [poller #5]
2544:20190526:134139.494 server #28 started [icmp pinger #1]
2545:20190526:134139.495 server #29 started [alert manager #1]
2527:20190526:134139.495 server #15 started [self-monitoring #1]
2526:20190526:134139.495 server #14 started [proxy poller #1]
2525:20190526:134139.497 server #13 started [escalator #1]
2519:20190526:134139.498 server #7 started [http poller #1]
2518:20190526:134139.499 server #6 started [timer #1]
2517:20190526:134139.499 server #5 started [housekeeper #1]
2539:20190526:134139.500 server #23 started [trapper #1]
2540:20190526:134139.502 server #24 started [trapper #2]
2541:20190526:134139.504 server #25 started [trapper #3]
2542:20190526:134139.506 server #26 started [trapper #4]
2543:20190526:134139.508 server #27 started [trapper #5]
2546:20190526:134139.523 server #30 started [preprocessing manager #1]
2547:20190526:134139.575 server #31 started [preprocessing worker #1]
2548:20190526:134139.575 server #32 started [preprocessing worker #2]
2549:20190526:134139.575 server #33 started [preprocessing worker #3]
```

图 14.6　在日志中查看进程启动情况

这些进程的用途如下：

- alerter：负责发送通知。
- alert manager：告警管理器，管理告警任务队列。
- configuration syncer：管理 Zabbix 监控信息的配置缓存。
- discoverer：用于自动发现，检查网络中的监控设备是否有变化。
- escalator：用于处理动作升级计划。
- history syncer：写入采集到的数据到数据库中。
- housekeeper：周期性删除历史数据。
- http poller：用于处理 Web 监控。
- icmp pinger：执行 ICMP 检查。
- ipmi poller：处理 ICMP 监控项。
- ipmi manager：ICMP poller 管理器。
- java poller：执行 Java 检查。
- poller：执行被动监控检查。

- preprocessing worker：处理数据预处理。
- preprocessing manager：preprocessing worker 管理器。
- proxy poller：负责与被动模式的 Zabbix-Proxy 通信。
- self-monitoring：处理 Zabbix 内部检查。
- snmp trapper：SNMP 采集器。
- task manager：执行其他组件请求任务的进程，如关闭问题、确认问题、立即检查监控项值、执行远程命令。
- timer：与主机维护时间相关的进程。
- trapper：主动检查、采集，与主动模式的 Zabbix-Proxy 通信。
- unreachable poller：处理不可达设备。
- vmware collector：从 VMware 设备中采集监控数据。

14.3 其他优化建议

除了调整 Zabbix 自身配置参数外，还有一些其他方面的原因也会影响 Zabbix 系统的性能，其中数据库优化是提高 Zabbix 性能关键的部分。关于数据库优化有以下建议：

- 选用高性能、稳定的数据库引擎，对于 MySQL 可选用 InnoDB，但使用 InnoDB 将消耗更多的 CPU。
- 采取数据库文档提供的性能调优建议，合理配置数据库参数。
- 定时清理不用的 Zabbix 历史数据和趋势数据，减少历史数据保留时间。
- 对 Zabbix 数据库结构进行优化，history、trends 相关表数据量较大，可对这些表进行分表操作。

以下是可以提高 Zabbix 运行效率的其他建议：

- 根据实际需求自制 Zabbix 模板，减少不必要的监控项。
- 通过更换更优质的硬件和操作系统有助于提高 Zabbix 性能，如搭配更好的 CPU、更快的硬盘、更大的内存。
- 尽量增大监控项更新间隔。
- 优化 Zabbix 架构，采用分布式架构可以将收集数据的工作分摊到 Zabbix-Proxy 中，有效减轻 Zabbix-Server 的负担。

第 15 章

常见问题与建议

在学习和使用 Zabbix 的过程中，难免会遇到一些坎坷。本章将整理一些常见的学习 Zabbix 的问题，并给出解决方法。

15.1 如何启用 Zabbix Debug 调试模式

（1）可在“用户群组”或“用户”配置界面启用该用户组或用户的调试模式权限，如图 15.1 所示。

名称▲	#	成员	前端访问	调试模式	状态
Disabled	用户		停用的	停用的	停用的
Enabled debug mode	用户		系统默认	已启用	已启用
Guests	用户 1	guest	用户类型	停用的	停用的
No access to the frontend	用户		停用的	停用的	已启用
Zabbix administrators	用户 1	Admin (Zabbix Administrator)	系统默认	已启用	已启用
监控平台	用户 1	监控平台用户	系统默认	停用的	已启用

图 15.1 启用调试模式

（2）此时可以在 Web 界面右下方看到“调试”按钮，如图 15.2 所示。

Template VM VMware Guest	应用集 8	监控项 19	触发器	图形	聚合图形	自动发现 3	Web监测	
Template VM VMware	应用集 3	监控项 3	触发器	图形	聚合图形	自动发现 3	Web监测	
Template Server Supermicro Aten SNMPv2	应用集 4	监控项 11	触发器 5	图形	聚合图形	自动发现 2	Web监测	Template Module Generic SNMPv2

图 15.2 显示“调试”按钮

（3）单击“调试”按钮，弹出“脚本探查器”文本框，如图 15.3 所示。在文本框中显示该页面的 SQL 统计信息，以及调用的 API 和各个 SQL 语句的信息列表。

```
******************** 脚本探查器 ********************
总时间: 0.077054
总SQL时间: 0.031811
SQL count: 52 (selects: 44 | executes: 17)
峰值内存使用量: 6M
内存限制: 128M

1. hostgroup.get [CPageFilter.php:435]

参数:                         结果:
Array                         Array
(                             (
    [output] => Array             [19] => Array
        (                             (
            [0] => groupid                [groupid] => 19
            [1] => name                   [name] => Auto Registration
        )                             )

    [preservekeys] => 1           [5] => Array
    [real_hosts] => 1                 (
    [editable] => 1                       [groupid] => 5
)                                         [name] => Discovered hosts
                                      )

                                  [4] => Array
                                      (
                                          [groupid] => 4
                                          [name] => Zabbix servers
                                      )
```

图 15.3 “脚本探测器”文本框

（4）通过查看“脚本探测器”可以分析该页面是否出现性能问题。单击“隐藏调试”按钮可退出查看“脚本探查器”文本框。

15.2 解决中文乱码问题

中文乱码的问题如图 15.4 所示。

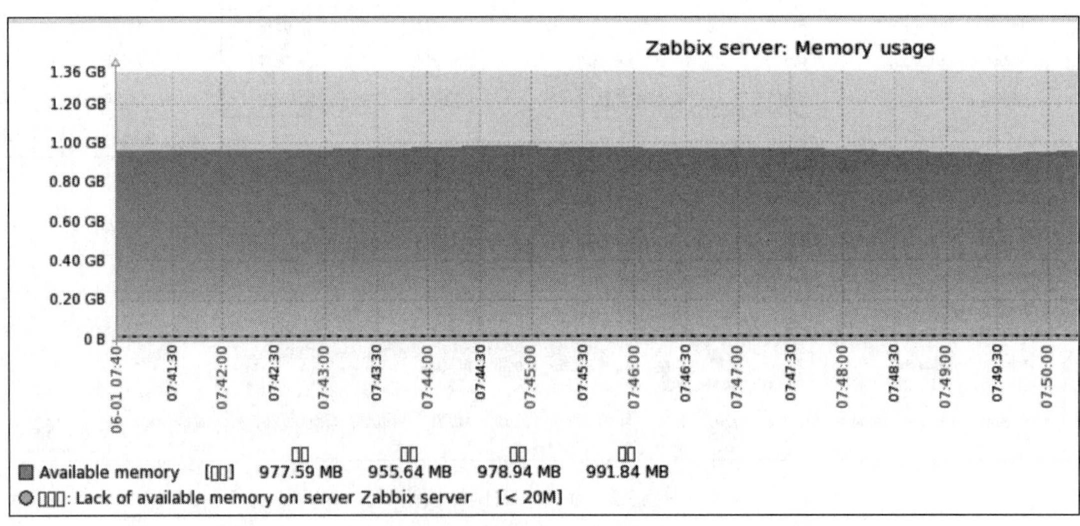

图 15.4 中文乱码

解决方法是：

（1）在 Windows 系统中找到 simkai.ttf 文件，如图 15.5 所示。

图 15.5　找到 simkai.ttf 文件

（2）复制到 Zabbix-Server /var/www/html/zabbix/fonts/目录下，与 graphfont.ttf 位于同一文件夹，并将/var/www/html/zabbix/include/defines.inc.php 文件中的“define('ZBX_GRAPH_FONT_NAME','graphfont');”修改为“define('ZBX_GRAPH_FONT_NAME','simkai');”，如图 15.6 所示。

图 15.6　修改 defines.inc.php 文件

（3）不需要重启服务，刷新页面即可观察到中文可以正常显示，如图 15.7 所示。

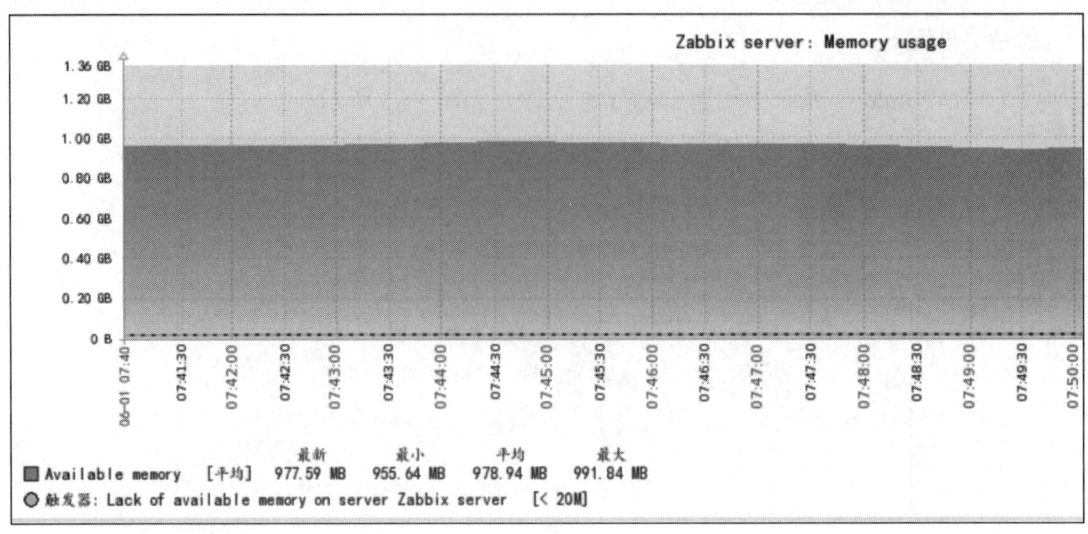

图 15.7 中文显示正常

15.3 zabbix_agentd 命令执行错误

在 Windows 系统执行安装 Zabbix-agent 的命令：.\zabbix_agentd.exe -i -c ..\conf\zabbix_agentd.win.conf 后，命令行提示信息如图 15.8 所示。

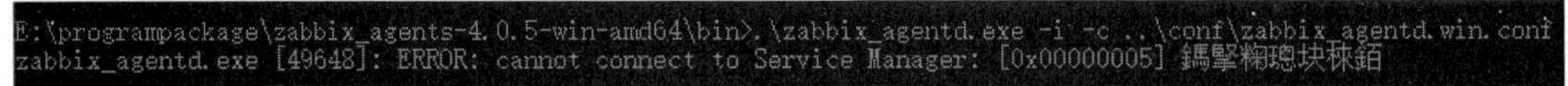

```
E:\programpackage\zabbix_agents-4.0.5-win-amd64\bin>.\zabbix_agentd.exe -i -c ..\conf\zabbix_agentd.win.conf
zabbix_agentd.exe [49648]: ERROR: cannot connect to Service Manager: [0x00000005] 鎷掔粷璁块棶銆
```

图 15.8 提示信息

解决方法是：以管理员身份运行 cmd.exe，重新执行安装命令即可。

如果错误是 connection to database 'zabbix' failed，解决方法如下：

（1）启动 MySQL 数据库。

（2）正确设置 Zabbix 配置文件中查看数据库密码。

若错误是 zabbix server is not running，则检查是否启动 zabbix_server 进程。

若错误是 zabbix_server.log 显示日志如下：

```
cannot send list of active checks to [192.168.19.1]: host [zabbix-agent-win-1] not found
```

则原因是在主动监控模式下，Zabbix 配置界面中被监控主机的主机名称与 zabbix_agentd.conf 中配置的 Hostname 不一致。此时需要在 zabbix_agentd.conf 中修改 Hostname，与配置界面保持一致，并重启 zabbix_agentd。

若错误是 Unsupported item key，则检查监控项 key 是否正确；若为非自定义监控项，则查看 Zabbix 是否支持该 key；若为自定义监控项，则查看被监控主机的 zabbix_agentd.conf 配置文件中的 UserParameter 参数是否配置了该监控项。

若错误是 Invalid % parameter，则检查监控项参数是否使用正确；若前面的参数不填，则需要使用“,”分隔参数。注意：有些监控项参数在 Windows 系统和 Linux 系统中有差异。

如果错误是 Timeout while executing a shell script，解决方法如下：

（1）若为自定义脚本，则记录该脚本正常运行所需的时间；若执行时间过长，则可尝试优化脚本执行效率。

（2）修改被执行主机 zabbix_agentd.conf，修改 Timeout 等参数。

15.4 TIME_WAIT 过多

Zabbix 机器上的网络状态为 TIME_WAIT 的连接过多，如图 15.9 所示。图中 IP 为 192.168.19.131 的机器为 Zabbix-Agent，IP 为 192.168.19.132 的机器为 Zabbix-Server，图中显示 TIME_WAIT 的连接端口大部分为 Zabbix-Agent 的 10050 端口与 Zabbix-Server 的随机端口。

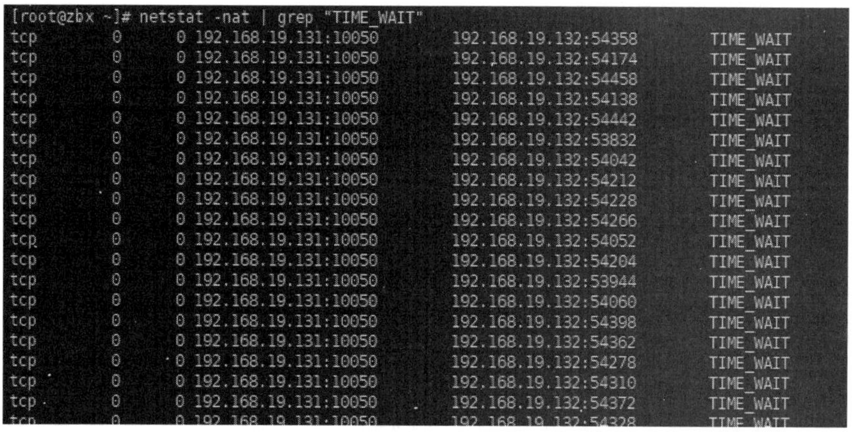

```
[root@zbx ~]# netstat -nat | grep "TIME_WAIT"
tcp        0      0 192.168.19.131:10050        192.168.19.132:54358        TIME_WAIT
tcp        0      0 192.168.19.131:10050        192.168.19.132:54174        TIME_WAIT
tcp        0      0 192.168.19.131:10050        192.168.19.132:54458        TIME_WAIT
tcp        0      0 192.168.19.131:10050        192.168.19.132:54138        TIME_WAIT
tcp        0      0 192.168.19.131:10050        192.168.19.132:54442        TIME_WAIT
tcp        0      0 192.168.19.131:10050        192.168.19.132:53832        TIME_WAIT
tcp        0      0 192.168.19.131:10050        192.168.19.132:54042        TIME_WAIT
tcp        0      0 192.168.19.131:10050        192.168.19.132:54212        TIME_WAIT
tcp        0      0 192.168.19.131:10050        192.168.19.132:54228        TIME_WAIT
tcp        0      0 192.168.19.131:10050        192.168.19.132:54266        TIME_WAIT
tcp        0      0 192.168.19.131:10050        192.168.19.132:54052        TIME_WAIT
tcp        0      0 192.168.19.131:10050        192.168.19.132:54204        TIME_WAIT
tcp        0      0 192.168.19.131:10050        192.168.19.132:53944        TIME_WAIT
tcp        0      0 192.168.19.131:10050        192.168.19.132:54060        TIME_WAIT
tcp        0      0 192.168.19.131:10050        192.168.19.132:54398        TIME_WAIT
tcp        0      0 192.168.19.131:10050        192.168.19.132:54362        TIME_WAIT
tcp        0      0 192.168.19.131:10050        192.168.19.132:54278        TIME_WAIT
tcp        0      0 192.168.19.131:10050        192.168.19.132:54310        TIME_WAIT
tcp        0      0 192.168.19.131:10050        192.168.19.132:54372        TIME_WAIT
tcp        0      0 192.168.19.131:10050        192.168.19.132:54328        TIME_WAIT
```

图 15.9　TIME_WAIT 过多

为了保证数据可靠传输，Zabbix 使用 TCP 协议进行数据通信，而且 Zabbix 不支持长连接方式来长期占用端口。在 TCP 协议中，为了保障 TCP 全双工连接的可靠终止以及允许旧的重复数据在网络中消逝，主动关闭 TCP 连接的一方在最后一次响应后会将 TIME_WAIT 的网络状态保持 2MSL（Maximum Segment Lifetime，最长分节生命周期）。如果 2MSL 时间内有大量的连接建立并断开，就会产生 TIME_WAIT 的情况。

若 Zabbix-Agent 在被动模式下工作，则数据传输完成后主动关闭连接，此时 Zabbix-Agent 仍会将 TIME_WAIT 状态保持 2MSL，在此期间其他大量的监控项数据传输连接相继完成，就会出现图 15.9 所示的情况。

对于 Linux 机器，可以修改 /etc/sysctl.conf 文件中的 net.ipv4.tcp_tw_reuse、net.ipv4.tcp_tw_recycle：

- net.ipv4.tcp_tw_reuse = 1: 开启 TIME_WAIT 套接字重用，允许将 TIME-WAIT sockets 重新用于新的 TCP 连接，默认为 0，表示关闭。
- net.ipv4.tcp_tw_recycle = 1: 开启 TCP 连接中 TIME-WAIT 套接字的快速回收，默认为 0，表示关闭。

Linux 不允许直接修改 MSL，Linux 系统中默认的 TIME_WAIT 超时时长为 60s（2MSL），可在内核文件 include/net/tcp.h 中查看，如图 15.10 所示。

```
#define TCP_TIMEWAIT_LEN (60*HZ) /* how long to wait to destroy TIME-WAIT
                                  * state, about 60 seconds     */
```

图 15.10 查看 Linux TIME_WAIT 超时时长

对于 Windows 机器，可以通过修改（或新建）注册表“\HKEY_LOCAL_MACHINE\SYSTEM\CurrentControlSet\Services\Tcpip\Parameters”中的 TcpTimeWaitDelay 变量来调整 TIME_WAIT 超时时长，如图 15.11 所示。

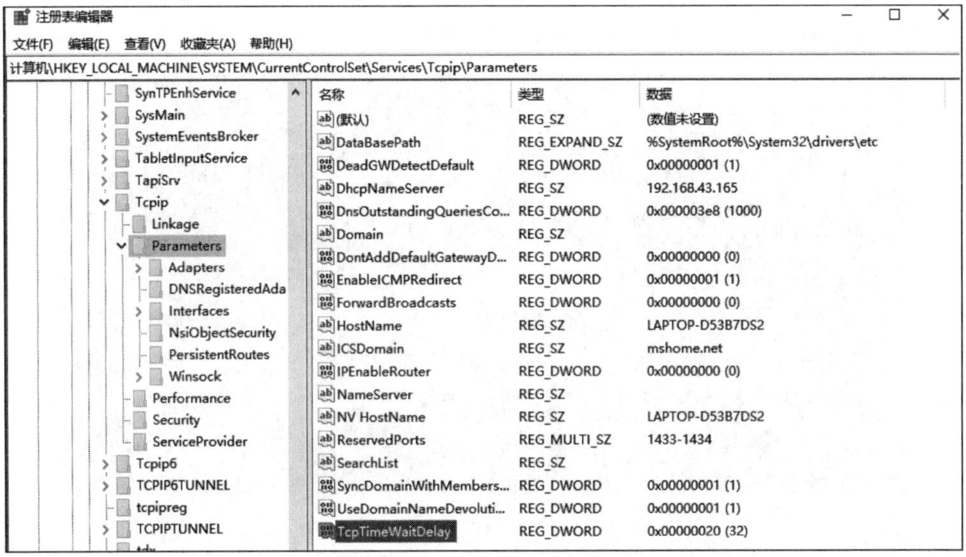
注册表编辑器
文件(F) 编辑(E) 查看(V) 收藏夹(A) 帮助(H)
计算机\HKEY_LOCAL_MACHINE\SYSTEM\CurrentControlSet\Services\Tcpip\Parameters
SynTPEnhService
SysMain
SystemEventsBroker
TabletInputService
TapiSrv
Tcpip
Linkage
Parameters
Adapters
DNSRegisteredAda
Interfaces
NsiObjectSecurity
PersistentRoutes
Winsock
Performance
Security
ServiceProvider
Tcpip6
TCPIP6TUNNEL
tcpipreg
TCPIPTUNNEL
名称 类型 数据
(默认) REG_SZ (数值未设置)
DataBasePath REG_EXPAND_SZ %SystemRoot%\System32\drivers\etc
DeadGWDetectDefault REG_DWORD 0x00000001 (1)
DhcpNameServer REG_SZ 192.168.43.165
DnsOutstandingQueriesCo... REG_DWORD 0x000003e8 (1000)
Domain REG_SZ
DontAddDefaultGatewayD... REG_DWORD 0x00000000 (0)
EnableICMPRedirect REG_DWORD 0x00000001 (1)
ForwardBroadcasts REG_DWORD 0x00000000 (0)
HostName REG_SZ LAPTOP-D53B7DS2
ICSDomain REG_SZ mshome.net
IPEnableRouter REG_DWORD 0x00000000 (0)
NameServer REG_SZ
NV HostName REG_SZ LAPTOP-D53B7DS2
ReservedPorts REG_MULTI_SZ 1433-1434
SearchList REG_SZ
SyncDomainWithMembers... REG_DWORD 0x00000001 (1)
UseDomainNameDevoluti... REG_DWORD 0x00000001 (1)
TcpTimeWaitDelay REG_DWORD 0x00000020 (32)

图 15.11 修改 Windows 注册表中的 TcpTimeWaitDelay

15.5 Support for SMTP authentication was not compiled in 问题

RPM 方式安装的 Zabbix 可能会出现 Support for SMTP authentication was not compiled in 的错误，如图 15.12 所示。若编译安装出现该问题，则可通过升级 curl 版本到 7.20 以上并加上--with-libcurl 重新编译解决。

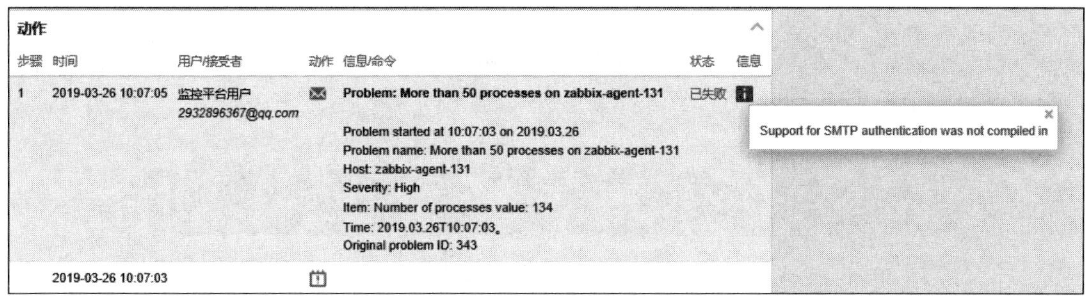

图 15.12　错误提示

此时可通过自定义方式发送邮件报警，具体方法参见 7.2.2 小节。

附 录

Zabbix配置文件参数说明

本章将分别介绍 Zabbix 配置文件各参数的作用。了解配置文件中各个参数的含义，对 Zabbix 调试、性能优化、功能拓展都有帮助。

1. zabbix_server 配置文件

zabbix_server 配置文件默认位于/etc/zabbix/zabbix_server.conf，表附 1.1 为各参数说明。

表附 1.1 zabbix_server 配置文件各参数说明

	参数选项	说 明	参数值范围	默 认 值
通用参数	ListenPort	指定服务端的监听端口， 监听 Zabbix-Agent 或 Zabbix-Proxy 主动发送数据时的连接请求	1024~32767	10051
	SourceIP	服务端的 IP 地址，用于连接其他主机时的本机 IP 地址		
	LogType	Zabbix 日志类型： system：写入系统日志； file：写入 LogFile 指定的文件中； console：标准输出		file
	LogFile	日志文件路径，当 LogType 为 file 时需指定		LogType 为 file 时，默认值为：/var/log/zabbix/zabbix_server.log。其他日志类型下不指定默认值
	LogFileSize	单个日志文件最大大小（单位为 MB），0 表示禁用日志轮转	0~1024	1
	DebugLevel	指定 Debug 级别，用于调试，对应级别的日志将被写入日志文件： 0：关于进程启动和停止的基本信息； 1：关键信息； 2：错误信息； 3：警告； 4：调试信息； 5：扩充调试信息	0-5	3
	PidFile	PID 文件名		/tmp/zabbix_server.pid

（续表）

	参数选项	说 明	参数值范围	默 认 值
通用参数	SocketDir	存储 Zabbix 进程间通信的 Socket 文件的目录		/tmp
	DBHost	数据库主机名		localhost
	DBName	数据库名，必填		不设置
	DBSchema	数据库模式名，MySQL 数据库不需要指定		不设置
	DBUser	数据库用户名		不设置
	DBPassword	数据库密码		不设置
	DBSocket	MySQL 套接字（Socket）文件路径		不设置
	DBPort	数据库监听端口，MySQL 默认为 3306	1024~65535	不设置
	HistoryStorageURL	历史数据存储的 URL，可用于 ElasticSearch		不设置
	HistoryStorageTypes	历史数据类型，用逗号分隔		uint,dbl,str,log,text
	HistoryStorageDateIndex	启用历史数据存储的预处理，以便根据日期将值存储在不同的索引中： 0：禁用； 1：启用	0~1	0
	ExportDir	以 JSON 格式接收 Zabbix 事件/历史数据/趋势数据的文件目录		
	ExportFileSize	输出文件的最大字节数，需指定 ExportDir	1MB~1GB	1GB
预分配进程	StartPollers	服务启动时预分配的轮询器（Poller）子进程数量	0~1000	5
	StartIPMIPollers	服务启动时预分配的 IPMI 轮询器数量。若有一个以上的 IPMI 轮询器启动，则 IPMI 管理进程会自动启动	0~1000	0
	StartPreprocessors	服务启动预分配的预处理（Preprocessing Worker）子进程数量。若有一个以上的预处理进程启动，则预处理管理进程自动启动	1~1000	3
	StartPollersUnreachable	服务启动时预分配的目标不可达轮询器数量，用于探测一些不可达主机（含 IPMI、JAVA）的进程数量。如果有任意一个轮询器启动，那么至少需要启动一个探测目标不可达轮询器	0~1000	1
	StartTrappers	服务启动时预分配的 Zabbix 采集器（Trapper）数量，用于接收 zabbix_sender 发送的数据，设置数目要大于等于 1 个	0~1000	5
	StartPingers	服务启动时预分配的 ICMP Ping 进程数量	0~1000	1
	StartDiscoverers	服务启动时预分配用于自动发现的进程数量	0~250	1
	StartHTTPPollers	服务启动时预分配的 HTTP 轮询器数量，用于 Web 监控	0~1000	1
	StartTimers	服务启动时预分配的计时器数量	0~1000	1
	StartEscalators	服务器启动时预分配的 Escalators 进程数量，Escalator 用于动作（Action）升级	1~100	1
	StartAlerters	预分配的报警进程数量	1~100	3

（续表）

	参数选项	说 明	参数值范围	默 认 值
Java	JavaGateway	Zabbix Java 网关的 IP 地址或主机名，Java 轮询器启动时才需要此参数		
	JavaGatewayPort	Zabbix Java 网关监听端口	1024~32767	
	StartJavaPollers	预分配的 Java 轮询器数量	0~1000	
VMware	StartVMwareCollectors	预分配的 VMware 采集器进程数量	0~250	
	VMwareFrequency	从 VMware 采集数据的时间间隔	10~86400	
	VMwarePerfFrequency	从 VMware 采集性能数据的时间间隔	10~86400	
	VMwareCacheSize	存储 VMware 数据的共享内存大小	256KB~2GB	
	VMwareTimeout	VMware 采集器等待 VMware 服务响应的超时时间	1~300	
SNMP	SNMPTrapperFile	临时文件，用于传递 SNMP Trap 守护进程的数据给服务端。必须和 zabbix_trap_receiver.pl 或 SNMPTT 配置文件中的配置保持一致		/tmp/zabbix_traps.tmp
	StartSNMPTrapper	1：启动 SNMP Trapper 进程	0~1	0
	ListenIP	采集器监听的 IP 地址，多个 IP 用逗号分隔，默认监听所有网络接口		0.0.0.0
HouseKeeping	HousekeepingFrequency	Zabbix 执行 HouseKeeping 的频率（单位为小时），HouseKeeping 负责从数据库中删除过期数据，该选项设置为 0 表示禁用自动执行 HouseKeeping，此时只能通过 housekeeper_execute 来启动（zabbix_server-R housekeeper_execute）	0~24	1
	MaxHousekeeperDelete	housekeeper 表包含清除任务，该参数表示一个 HouseKeeping 周期内，housekeeper 任务删除的最大行数（对应表名、字段名、值），设置为 0 表示不限制删除的行数	0~1000000	5000

（续表）

	参数选项	说　明	参数值范围	默 认 值
缓存	CacheSize	缓存大小（单位为字节），用于存储主机、监控项、触发器数据的共享内存大小	128KB~8GB	8
	CacheUpdateFrequency	缓存更新频率（单位为秒），zabbix_server -R config_cache_reload 可更新缓存	1~3600	60
	StartDBSyncers	预分配的数据库同步进程数量	1~100	4
	HistoryCacheSize	历史数据缓存大小（单位为字节）	128KB~2GB	16MB
	HistoryIndexCacheSize	历史数据索引缓存大小（单位为字节）	128KB~2GB	4MB
	TrendCacheSize	趋势数据缓存大小	128KB~2GB	4MB
	ValueCacheSize	历史数据缓存大小（单位为字节），用于缓存监控项的历史请求数据，设为 0 表示禁用该缓存	0,128KB ~ 64GB	8MB
时间	TimeOut	等待 Zabbix-Agent、SNMP 或外部检查的超时时间（单位为秒）	1~30	3
	TrapperTimeout	Zabbix-Trapper 处理数据的超时时间（单位为秒）	1~300	300
	UnreachablePeriod	当主机不可达多少秒后便认为该主机不可用	1~3600	45
	UnavailableDelay	当主机处于不可用状态时，Zabbix 检查主机是否恢复可用的时间间隔（单位为秒）	1~3600	60
	UnreachableDelay	主机不可达后，Zabbix 检查主机是否恢复可达状态的时间间隔（单位为秒）。TimeOut 参数亦会影响主机可达性检查的时间。若 TimeOut 设为 20s，UnreachableDelay 设为 30s，则下一次检查将在主机不可达 50s 后进行	1~3600	15
自定义脚本	AlertScriptsPath	自定义报警脚本位置，默认值依赖安装时的 datadir 参数，可使用 zabbix_server -h 查看默认位置		${datadir}/zabbix/alertscripts
	ExternalScripts	外部脚本位置，可使用 zabbix_server -h 查看默认位置		${datadir}/zabbix/externalscripts
fping	FpingLocation	fping 程序的路径，需确保 fping 程序的所有者是 root 用户，并且设置了 SUID 标记。用于 Zabbix 以 zabbix 用户身份执行 fping 程序		/usr/sbin/fping
	Fping6Location	fping6 程序的路径，需确保 fping6 程序的所有者是 root 用户，并且设置了 SUID 标记。用于 Zabbix 以 zabbix 用户身份执行 fping6 程序，如果该参数不设置，就表示用 fping 程序处理 IPv6 地址		/usr/sbin/fping6

（续表）

	参数选项	说　明	参数值范围	默 认 值
SSH	SSHKeyLocation	SSH 检查和操作的公钥、私钥的位置		
	LogSlowQueries	数据库查询时间（单位为毫秒），大于该时间将会被记入日志，DebugLevel 设为 3、4、5 时该参数才可用 0：不记录慢查询日志	0~3600000	0
	TmpDir	临时目录		/tmp
Proxy 代理	StartProxyPollers	被动模式下轮询 Zabbix-Proxy 的进程数量	0~250	1
	ProxyConfigFrequency	被动模式下，Zabbix-Server 向 Zabbix-Proxy 发送配置信息的时间间隔（单位为秒）	1~604800	1
	ProxyDataFrequency	Zabbix-Server 向 Zabbix-Proxy 请求历史数据的时间间隔（单位为秒）	1~3600	1
运 行 身份	AllowRoot	允许 zabbix_server 以 root 身份运行。如果该参数被禁用，并且服务仍以 root 身份启动，服务就会切换到使用 User 参数指定的用户运行： 0：禁止； 1：允许	0~1	0
	User	当 AllowRoot 被禁止时，将以该默认身份启动服务		Zabbix
	Include	指定单个文件或指定一个目录，文件或目录下的文件将作为子配置文件		
SSL	SSLCertLocation	用于客户端身份验证的 SSL 证书文件的位置，仅适用于 Web 监控，可通过 zabbix_server -h 命令查看默认位置		${datadir}/zabbix/ssl/certs
	SSLKeyLocation	用于客户端身份验证的 SSL 私钥文件的位置，仅适用于 Web 监控，可通过 zabbix_server -h 命令查看默认位置		${datadir}/zabbix/ssl/keys
	SSLCALocation	为 SSL 服务器证书验证覆盖证书颁发机构（CA）文件的位置。如果不设置，系统范围的目录将被使用，此参数仅用于 Web 监视和 SMTP 身份验证		
	StatsAllowedIP	以逗号分隔的 IP、CIDR 地址或 Zabbix 的 DNS 名称。只接受此参数列出地址的统计信息请求，如果未设置，就不会接受任何统计请求		

（续表）

	参数选项	说　明	参数值范围	默 认 值
扩 展 模块	LoadModulePath	模块的绝对路径，可通过 zabbix_server -h 命令查看默认值		$(libdir)/modules
	LoadModule	Zabbix-Server 启动时加载的模块，这些模块用于扩展 Zabbix-Server 的功能，这些模块必须位于 LoadModulePath 参数指定的路径中，允许指定多个 LoadModule。格式为：LoadModule=<module.so>		
TLS	TLSCAFile	包含用于对等证书验证的顶级 CA（s）证书文件的完整路径名，用于 Zabbix 组件之间的加密通信		
	TLSCRLFile	包含已吊销证书文件的完整路径名，用于 Zabbix 组件之间的加密通信		
	TLSCertFile	包含服务器证书或证书链文件的完整路径名，用于 Zabbix 组件之间的加密通信		
	TLSKeyFile	包含私钥文件的完整路径名，用于 Zabbix 组件之间的加密通信		

2. zabbix_agentd 配置文件

zabbix_agentd 在 Linux 中的配置文件默认位于/etc/zabbix/zabbix_agentd.conf。表附 1.2 所示为 Linux 下 zabbix_agentd 各参数说明。

表附 1.2　zabbix_agentd 配置文件各参数说明

	参数选项	说　明	参数值范围	默 认 值
	PidFile	PID 文件名		/tmp/zabbix_agentd.pid
	LogType	Zabbix 日志类型： system：写入系统日志； file：写入 LogFile 指定的文件中； console：标准输出		file
	LogFile	日志文件路径，当 LogType 为 file 时需指定		
	LogFileSize	单个日志文件最大大小（单位 MB），0 表示禁用日志轮转	0~1024	1
	DebugLevel	指定 debug 级别，用于调试，对应级别的日志将被写入日志文件： 0：关于进程启动和停止的基本信息； 1：关键信息； 2：错误信息； 3：警告信息； 4：调试信息； 5：扩充调试信息	0~5	3

（续表）

	参数选项	说 明	参数值范围	默 认 值
	SourceIP	客户端的 IP 地址，用于连接其他主机时的本机 IP 地址		
	EnableRemoteCommands	是否允许执行来自 Zabbix-Server 的远程命令： 0：不允许； 1：允许	0~1	0
	LogRemoteCommands	Zabbix 执行远程 SHELL 命令时是否记录到日志： 0：禁用； 1：启用	0~1	0
被动模式	Server	Zabbix-Server 或 Zabbix-Proxy 的地址，地址可用 IP、CIDR 或 DNS 域名表示，多个地址用逗号分隔。若 StartAgents 参数未被指定，则该选项为必填项		
	ListenPort	Zabbix-Agent 在此端口监听 Zabbix-Server 或 Zabbix-Proxy 的连接	1024~32767	10050
	ListenIP	Zabbix-Agent 的监听 IP 地址，用于接受 Zabbix-Server 或 Zabbix-Proxy 的连接		0.0.0.0
	StartAgents	Zabbix-Agent 预分配的用于被动模式的子进程	0~100	3
主动模式	ServerActive	用逗号分隔的 IP:port（或 DNS 域名）对，用于在主动模式下连接 Zabbix-Server 和 Zabbix_Proxy。若未指定端口，则使用默认端口（10051）。若该参数未指定，则主动模式被禁用		
	Hostname	自定义的 Zabbix-Agent 主机名称，大小写敏感，此名称可与系统的主机名一样，也可不一样，但需要与服务 Web 端配置的主机名称一致。若不指定该参数，则使用 HostnameItem 生成名称		
	HostnameItem	用于指定自动生成主机名称方式。若 Hostname 参数已经被指定，则忽略该参数		system.hostname
	HostMetadata	定义主机标识，用于主机自动注册。若该参数未指定，则使用 HostMetadataItem 生成标识		
	HostMetadataItem	定义主机标识生成方式，用于主机自动注册。若设置该参数为 uname，则该参数最终返回值为 Linux 或 Windows，以此区分操作系统类型，链接不同模板	0~255 characters	
	RefreshActiveChecks	发送主动检查请求的时间间隔（单位为秒），Zabbix-Agent 向 Zabbix-Server 或 Zabbix-Proxy 主动发送请求，获取最新主动监控的监控项列表	60~3600	120
	BufferSend	Zabbix-Agent 采集的数据保存到缓冲区的最大时间，到达最大保存时间后，会向 Zabbix-Server 或 Zabbix-Proxy 提交数据，该参数值越小表示提交数据越频繁，对本机系统资源消耗越大，但同时监控数据的提交和报警也越及时	1~3600	5
	BufferSize	保存采集数据的缓存的最大容量。若缓存被填满，则 Zabbix-Agent 向 Zabbix-Server 或 Zabbix-Proxy 发送所有缓存中的数据	2~65535	100
	MaxLinesPerSecond	监控日志时，Zabbix-Agent 每秒向 Zabbix-Server 或 Zabbix-Proxy 发送的最大日志行数。该参数值会被 log、logrt 监控项中的参数 Maxlines 替代	1~1000	20

（续表）

	参数选项	说　明	参数值范围	默 认 值
高级参数	Alias	设置参数的别名，用别名替代长而复杂的参数名称。若设置该参数为 Alias=zabbix.userid:vfs.file.regexp[/etc/passwd,^zabbix:.:([0-9]+),,,,\1]，则此时可用 zabbix.userid 键值获取 zabbix 用户的 ID。参数别名可用于 HostMetadataItem 中，但不可用于 HostnameItem		
	Timeout	采集数据超时时间（单位为秒）	1~30	3
	AllowRoot	允许 zabbix_agentd 以 root 身份运行。如果该参数被禁用，并且服务仍以 root 身份启动，服务就会切换到使用 User 参数指定的用户运行： 0：禁止； 1：允许	0~1	0
	User	当 AllowRoot 被禁止时，将以该默认身份启动服务		Zabbix
	Include	指定单个文件或指定一个目录，文件或目录下的文件将作为子配置文件		
用户自定义监控参数	UnsafeUser Parameters	是否启用用户自定义监控脚本： 0：不启用； 1：启用	0~1	0
	UserParameter	用户自定义监控参数，允许多个自定义参数。格式：UserParameter=<key>,<shell command>		
可加载模块	LoadModulePath	模块的绝对路径，可通过 zabbix_agentd -h 命令查看默认值		$(libdir)/modules
	LoadModule	Zabbix-Agent 启动时加载的模块，这些模块用于扩展 Zabbix-Agent 的功能，这些模块必须位于 LoadModulePath 参数指定的路径中，允许指定多个 LoadModule。 格式为：LoadModule=<module.so>		
TLS	TLSConnect	Zabbix-Agent 主动检查时连接的认证方式，只能指定以下方式中的一种： unencrypted：不加密； psk：使用 TSL 和共享密钥； cert：使用 TLS 和证书	Unencrypted、psk、cert	unencrypted
	TLSAccept	外来连接接入时的认证方式，多种方式用逗号分隔： nencrypted：接受不加密连接； psk：接受 TSL 和共享密钥保护的连接； cert：接受 TLS 和证书保护的连接	Unencrypted、psk、cert	unencrypted
	TLSCAFile	包含用于对等证书验证的顶级 CA（s）证书文件的完整路径名，用于 Zabbix 组件之间的加密通信		
	TLSCRLFile	包含已吊销证书文件的完整路径名，用于 Zabbix 组件之间的加密通信		

（续表）

	参数选项	说 明	参数值范围	默 认 值
TLS	TLSServerCertIssuer	允许的服务器证书颁发者		
	TLSServerCertSubject	允许的服务器证书主题		
	TLSCertFile	包含服务器证书或证书链文件的完整路径名，用于 Zabbix 组件之间的加密通信		
	TLSKeyFile	包含私钥文件的完整路径名，用于 Zabbix 组件之间的加密通信		
	TLSPSKIdentity	预共享密钥身份字符串，用于加密与 Zabbix-Server 间的通信		
	TLSPSKFile	包含预共享密钥文件的完整路径名		

在 Windows 下，Zabbix-Agent 的配置参数大部分与 Linux 相同，不同的参数是 PerfCounter，读者可自行查阅资料。

3. zabbix_proxy 配置文件

zabbix_proxy 配置文件默认位于/etc/zabbix/zabbix_proxy.conf，proxy 参数与 server、agent 大致相仿。表附 1.3 仅列出与 server、agent 不同的参数。

表附 1.3　zabbix_proxy 配置文件参数说明

	参数选项	说 明	参数值范围	默 认 值
通用参数	ConfigFrequency	主动模式下，proxy 向 server 获取配置信息数据的间隔时间（单位为秒）	1~604800	3600
	DataSenderFrequency	主动模式下，proxy 将采集到的数据以一定时间间隔（单位为秒）发送给 server	1~3600	1
	HeartbeatFrequency	主动模式下，proxy 发送心跳的频率（单位为秒）。 0：表示禁止	0~3600	60
	JavaGatewayPort	Zabbix Java 网关监听端口	1024~32767	10052
	ProxyLocalBuffer	Proxy 在本地保留数据的时间（单位为秒），即使数据已与 server 同步	0~720	0
	ProxyMode	Proxy 工作模式： 0：主动模式； 1：被动模式	0~1	0
	ProxyOfflineBuffer	如果无法连接 server，数据在 proxy 中保留的时间（单位为小时）		

4. Zabbix API 通用参数

表附 1.4 列出 Zabbix API 中的通用参数。

表附 1.4 Zabbix API 中的通用参数

参 数	类 型	描 述
countOutput	boolean	返回结果中数据的条目数
editable	boolean	若设置为 true，则只返回用户具有写入权限的对象。默认为 false
excludeSearch	boolean	返回 search 参数中给定条件匹配之外的数据
filter	object	仅返回与给定过滤条件完全匹配的结果。 接收一个数组，其键是属性名，值是单个值或要匹配的值的数组。 不适用于 text 类型字段
limit	integer	限制返回数据条目数量
output	query	要返回的对象属性。默认为 extend，即返回所有对象
preservekeys	boolean	在返回的结果数组中，使用 ID 作为键
search	object	返回与给定通配符搜索匹配的结果（不区分大小写）。 接收一个数组，其键为属性名，值为要搜索的字符串。若没有提供额外的选项，则所有含有该字符串的数据都将被匹配到
searchByAny	boolean	若设置为 true，则返回与 filter 或 search 参数中给出的任何条件匹配的结果，而不是匹配所有条件。默认为 false
searchWildcardsEnabled	boolean	若设为 true，则允许在 search 参数中使用“*”作为通配符。默认为 false
sortfield	string/array	按给定属性对结果进行排序，排序前不会将宏展开
sortorder	string/array	排序规则，指定按升序排序还是降序排序。若传递数组，则数组中的值与 sortfield 参数中的属性依次匹配： AEC：升序； DESC：降序
startSearch	boolean	匹配以 search 参数指定字符串开头的数据

5. 修改 Web 界面文字

本节以修改“添加仪表盘”文字为“所有仪表板”为例，展示修改 Web 界面文字的方法。

（1）下载 Zabbix 汉化翻译源文件 frontend.po（https://www.zabbix.org/pootle/zh_CN/Zabbix-4.0/）。

如图附 1 所示，编辑 frontend.po，将“添加仪表盘”修改为“所有仪表板”，保存后退出。

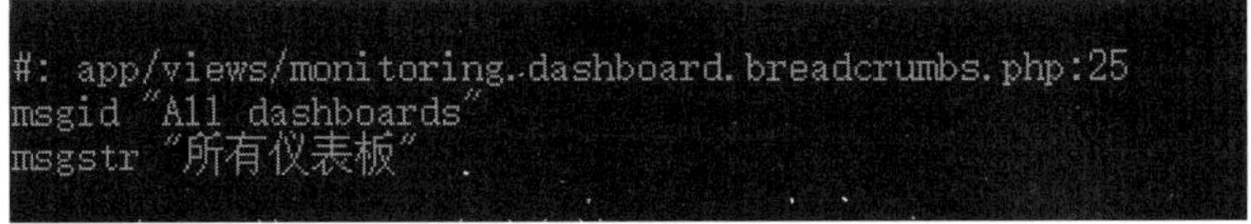
#: app/views/monitoring.dashboard.breadcrumbs.php:25
msgid "All dashboards"
msgstr "所有仪表板"

图附 1 编辑 frontend.po

（2）运行如下命令安装 gettext ：

```
[root@zabbix ~]# yum install gettext
```

（3）通过 msgfmt 命令生成翻译二进制文件 frontend.mo：

```
[root@zabbix ~]# msgfmt -o frontend.mo frontend.po
```

（4）复制 frontend.mo 到/var/www/html/zabbix/locale/zh_CN/LC_MESSAGES/目录，重启 httpd 服务，刷新 Zabbix Web 页面即可观察到页面中的文字已被修改，如图附 2 所示。

图附 2　Web 界面中的文字已经被修改

本书中对 Web 界面中文翻译的其他修改如下：

- 修改所有“仪表盘”为“仪表板”。
- 修改“添加仪表板”为“所有仪表板”。
- 修改时间筛选器中的“还剩*秒/分钟/小时/天/月/年”为“最近*秒/分钟/小时/天/月/年”。
- 修改所有“agent 代理”为“代理”。
- 修改“要监控什么”为“由什么监控”。
- 修改“新的事件标记”为“新的事件标签”。
- 修改“新的主机组事件”为“新事件的主机组”。
- 修改“新的事件标记值”为“新事件的标签值”。
- 修改“过去的时间标签值”为“过去的事件标签值”。
- 修改菜单栏名称管理→“一般”为管理→“常规”。
- 修改所有“资产纪录”为“资产记录”。
- 修改所有“资产记录栏位”为“资产记录字段”。
- 修改“用于资料库断线信息的用户群组”为“数据库关闭时接收消息通知的用户组”。
- 修改“日志与 SNMP 采集器不符”为“记录不匹配的 SNMP 采集器日志”。
- 修改“用户名第一部分”为“名”。
- 修改配置→主机→加密→共享密钥（PSK）界面中的“共享密钥一致性”为“共享密钥身份”。
- 修改配置→主机→加密→证书界面中“主体”为“主题”。
- 修改监控项配置界面中的“进程”选项卡为“预处理”选项卡。